Children

应用型学前教育专业系列教材

丛书主编　蔡迎旗

本书是国家卓越幼儿园教师培养计划改革项目“中澳合作办学——国际性卓越幼儿园教师培养模式探索”的研究成果

幼儿心理行为的教育诊断

主　编　肖全民

副主编　石　媛

WUHAN UNIVERSITY PRESS
武汉大学出版社

编写委员会名单

（按姓名音序排列）

丛书主编

蔡迎旗

编委会成员

蔡　艳　江汉艺术职业学院
陈　虹　开明出版社教育与心理分社
段晓娅　郧阳师范高等专科学校
邓霁岚　江汉艺术职业学院
胡福贞　西南大学
黄胜梅　淮南师范学院
姜　华　荆州教育学院
姜　勇　华东师范大学
金晓梅　湖北省幼儿师范高等专科学校
李炳顺　襄阳职业技术学院
李玉鸽　襄阳职业技术学院
刘明华　广西幼儿师范高等专科学校
刘晓红　河南师范大学
龙明慧　长沙师范学院
秦振飙　湖北师范学院
王小英　东北师范大学
王　雯　华中师范大学
王　莹　华中师范大学
汪媛媛　信阳师范学院
肖全民　广西幼儿师范高等专科学校
邢莉莉　沧州师范学院
杨　进　武汉城市职业学院
杨　宁　华南师范大学
张玉娥　江汉艺术职业学院
郑晓边　华中师范大学
赵红霞　荆楚理工学院
周立峰　仙桃职业技术学院
周端云　湖南民族职业学院
朱　楠　华中师范大学教育学院
卓　萍　武汉城市职业学院

总　序

幼儿教师是幼儿学习与发展的支持者、促进者与引导者。幼儿教师的素质直接决定着我国幼教机构的办学水平，也是保障我国适龄儿童接受基本而有质量的学前教育的关键性因素。而高质量的幼教师资来源于高水平的学前教师教育。为顺应我国学前教育事业发展的迫切需求，2011 年至 2012 年，我国先后颁布了《教师教育课程标准（试行）》和《幼儿园教师专业标准（试行）》，幼儿园教师资格制度和聘任制度也随之进行了系列急剧变革与转型。

我国教师职前教育倡导育人为本，要求准教师们树立正确的儿童观、学生观、教师观与教育观；奉行实践取向，引导未来教师主动建构教育知识，掌握必备的专业知识与技能，发展实践能力，学会发现和解决实际问题，形成个人的教学风格和实践智慧；要求他们终身学习，树立正确的专业理想，养成独立思考和自主学习的习惯，加深专业理解，形成终身学习和应对挑战的能力。

我国学前教师教育课程改革既具有一般教师教育所具有的共性，也具有鲜明的学前教育特色，这彰显了学前儿童的年龄特征和我国独树一帜的学前教师教育的传统与积淀。当前，我国学前教师教育课程已呈现如下五种趋势。

第一，生动多样的师德与理念教育。除必要的公共政治课程以外，国家要求各级各类幼师院校突出师德修养教育，采取多种生动活泼的教育教学方式，提升准幼儿教师的师德修养。如开设幼儿园教师专业特点与道德规范、中国名师风采录、幼儿教师生涯讲座、学前教育政策法规、现代幼儿园教师职业风范与专长成长等课程。

第二，保教相融的课程体系。依据幼儿园教师专业标准，遵循教师培养和发展规律，以加强专业理想、专业基础、实践能力、反思与研究能力为核心，构建保育与教育相融合、幼儿园与家庭和社区教育相结合、幼儿生活与游戏和学习于一体的课程体系，用以培养准幼儿教师的保教一体化的能力。

第三，全面平衡的课程结构。我国正通过幼儿园教师资格制度、聘任制度、评优评先制度等的改革，倒逼各级各类幼师院校与专业，促使其纠正以往过分偏重艺术技能而相对忽视人文科学类课程、教育素养类课程的倾向，注意课程结构中的师德理念、人文素养、科学素养、信息素养、教育素养、艺体素养、科研素养等的协调与平衡。

第四，实践取向的课程内容。为培养准幼儿教师的教育教学能力，许多幼师院校与专业开设了大量务实的实践取向课程。如幼儿园五大领域的活动设计和案例分析类课程、幼儿园环境布置与玩教具制作、动漫画设计技术、音乐、美术、戏剧等方面的课程。

第五，模块式的课程设计。我国各类幼师院校与专业正竭力打破学前教育学、学前心理学、幼儿园各科教学法“老三门”的课程结构体系，开设模块化的、开放的、专题性的学前教育课程。基于学前教育专业各类人才培养目标，合理配置各课程模块，如音乐教育模块、美术教育模块、健康教育模块、特殊教育模块等。通过设先行课，将学生导入不同模块课程，引导学生多样化、有个性地发展。

以上学前教师教育课程改革已对我国原有的传统意义上的大中专学校的教材和教辅资料提出了严峻挑战，要求学前教育同仁务必更新教学资源观、教师教育观和学前教师观，依据我国幼儿园教师专业标准和教师教育课程标准，遴选课程并合理设计教材。

本套基于《教师教育课程标准（试行）》的应用型学前教育专业系列教材，正是应我国学前教师教育改革的时势而生，充分体现了以上提及的学前教师教育课程改革的五种发展趋势。适用于大中专学校的课程与教学，也可作为学前教育爱好者、相关工作人员的专业拓展学习。本丛书涵盖了学前教育大中专学校绝大多数专业课程；内容具有一定的理论性，更具有实践应用的特征；编写规范与设计务实活泼，知识点和案例穿插其中；丛书的编委遍及全国；作者主要来自华中和华南地区的本、专科院校，他们均具有丰富的教学经验和较好的研究基础。

在丛书的编写过程中，我们参阅、借鉴和引用了国内外许多同行的观点与成果。各位同仁的研究奠定了本丛书的学术基础，在此一并感谢。另外，受水平和时间所限，书中难免有疏漏和不当之处，敬请读者批评指正。

最后，我谨代表丛书的所有编委和作者，衷心感谢本丛书的策划者谢群英编辑和武汉大学出版社有关领导。他们对学前教育满腔热情，对丛书的未来充满信心，极度地敬业与审慎。出版丛书虽是一项浩大而艰苦的工作，但有谢群英编辑和武汉大学出版社相伴而行，相信梦想终会成真。

蔡迎旗

2015 年 5 月

武汉桂子山 · 华中师范大学教育学院

前　言

为了适应我国学前教育发展的新形势和新要求，培养与之相适应的幼儿园教师，通过深入研究和吸收我国学前教育理论和实践的新成果，我们在长期教学实践的基础上，编写了《幼儿心理行为的教育诊断》这本新教材。本书系统阐述了幼儿心理行为的教育诊断基础理论知识和一般方法，主要内容有：幼儿心理行为概述、幼儿行为观察与分析、幼儿认知心理行为的教育诊断、幼儿学习行为的教育诊断、幼儿生活行为的教育诊断、幼儿社会行为的教育诊断、幼儿情绪行为的教育诊断、幼儿语言发展的教育诊断以及幼儿异常行为的教育诊断。本书体现了新的幼儿教育基本理念，突出实际运用，语言通俗易懂，可作为高等院校学前教育专业的基础性教材，亦可作为学前教育工作者和爱好者的参考读物。教师可以根据实际情况和教学大纲的要求灵活使用教材。

本书的作者均为学前教育专业一线教师，具有丰富的理论和实践经验。书稿的撰写分工如下：第一章幼儿心理行为概述由肖全民撰写，第二章幼儿行为观察与分析由陆海莲撰写，第三章幼儿认知心理行为的教育诊断由付红珍撰写，第四章幼儿学习行为的教育诊断由刘英撰写，第五章幼儿生活行为的教育诊断由覃丽撰写，第六章幼儿社会行为的教育诊断由伍友艳、黄婉圣撰写，第七章幼儿情绪行为的教育诊断由唐碧云撰写，第八章幼儿语言发展的教育诊断由周燕军撰写，第九章幼儿异常行为的教育诊断由汪冠楠撰写。全书由肖全民和石媛负责设计、统稿、修改、定稿。

本书得以公开出版，首先要感谢华中师范大学蔡迎旗教授将本书纳入“应用型学前教育专业系列教材”，其次要感谢武汉大学出版社的大力支持和帮助，再次还要感谢“广西幼儿教育师资培养基地”这个平台。为了保证教材的前沿性，在本书编写过程中，参考、借鉴或引用了国内外同行的最新研究成果和资料。虽然我们尽量列出相应的参考文献，但难免有遗漏之处，敬请谅解。在此向提供资料的所有作者表示诚挚的谢意！

尽管本书是笔者通过多年教学和研究积累的成果，而且参与编写的老师付出了辛勤的汗水，但仍有许多问题需要深入研究，不断完善。由于笔者的学术水平有限，书中可能还有不少遗憾和缺陷，不足和错漏之处敬请读者批评指正，以便今后不断修订完善。

《幼儿心理行为的教育诊断》编写组

2017 年 5 月

目　录

第一章　幼儿心理行为概述

学习目标

1. 本章导学：通过本章的学习，了解人类行为的概念，掌握幼儿行为习得理论的主要观点，为研究幼儿心理行为的规律和特点打好基础；掌握幼儿行为特点及其影响因素，正确把握幼儿心理行为与教育的关系，引导幼儿养成良好的行为习惯，对促进其身心健康发展，提高幼儿保教质量具有重要意义。

2. 教学重点、难点：行为的含义，行为习得理论，幼儿行为的影响因素。

3. 教学课时：2 课时。

第一节　行为概述

一、行为的定义

行为是生物适应环境和生存的主要手段，如取食、御敌、繁衍后代等。人的行为是受外界刺激和主观支配所产生的反应或活动，是在社会文化制度、个人价值观念的影响下不同的个体或群体生活方式的具体表现。人类通过一定行为与外部环境进行联系，实现相互作用，进而适应外部环境，满足其生存和发展的需要。

随着人类文明的进步，人类行为成为诸多学科研究的领域之一。“行为”也是心理学的一个重要概念。一般心理学认为，行为是由满足某种需要的动机引起，又是达成一定目标而使需要得到满足的手段和过程。行为既是某种需要和动机的结果，又是这种需要和动机的反映。一般来讲，行为的定义可分为广义和狭义两种。从狭义上来看，行为是指个体能够被观察或测量到的外显的反应或活动，如跑步、说话、打架等。从广义上来看，行为不仅包括个体能够被人们观察或测量到的活动，还包括不能被人们观察到的个体内在的意识活动或反应，如心算、默读、思考等。

幼儿的行为受先天和后天两个方面因素的影响，两者交互作用。幼儿的行为是可以通过适宜的教育和引导而得以养成和改变的。受个体发展水平所限和周边环境的影响，个体行为会出现不同程度的不适应，表现出各种不当的行为。幼儿发展过程中表现出来的不当行为主要有三种：一是行为不足，成人希望发生的行为不发生或少发生(如语言发展迟缓、动作不协调、不会交往等)；二是行为过度，某一类行为表现过多(如注意力不集中、经常攻击同伴、随意插话、不守纪律等)；三是行为不当，表现出不符合时间、场合和身份的行为(如故意找借口上厕所、集体活动时随意离开座位、爱发脾气等)。①

二、人类行为分类

从不同的维度可以对人类行为进行不同的分类。

(一)依据行为的功能划分

从人的行为目的和产生的功能来看，人类行为可以分为：取食行为、领域行为、攻击行为、防御行为、繁殖行为、节律行为(周期性行为)和社会(群)行为等。当然，这些行为具有相关性，往往多种行为同时存在。

(二)依据行为的产生划分

从人类行为的产生来看，人类行为可以分为：先天行为和后天行为。先天行为一般由遗传决定，无个体差异，如婴儿吃奶、性行为等。后天行为是通过后天学习获得，又称学习行为，个体差异显著，如知识的学习。当然，先天行为并不是出生时就一定具备，有的要发育到一定年龄才能表现出来(比如性行为)；后天行为虽然与学习和生活经验关系密切，但并不是与遗传因素无关。先天行为是后天行为形成的基础，为个体生存所必需；而后天行为可以增强个体的环境适应能力，有利于更好地适应环境。

(三)依据行为与动机的关系划分

从行为产生与动机的关联性强度来看，人类行为可以分为：动机性行为和习惯性行为。动机性行为由明确的动机支配而产生，习惯性行为是由行为惯性支配而产生。习惯性行为并非没有动机支配，只是动机不太明显，不起关键的支配作用。

(四)依据行为的启动方式划分

从行为主体主观愿望与外部力量的关系来看，人类行为可以分为：主动行为与被动

① 黄锐：《幼儿行为分析与教育对策》，中国轻工业出版社2012年版，第4~5页。

行为。主动行为是受到行为主体的主观愿望支配，自觉自愿做出的行为反应。主动行为既包括由内在需要而引发的行为，也包括外部因素刺激下所做出的行为反应。被动行为是指在外部强制力的作用下，行为主体做出非自愿的被迫行为。

(五)依据行为的效果划分

从行为产生的效果来看，人类行为可以分为：积极行为和消极行为。积极行为是指有助于实现行为目标，并取得良好结果的行为；消极行为则是无助于目标的实现，不能取得良好的结果。对幼儿的教育引导就是要鼓励其积极行为，克服其消极行为。

(六)依据行为的性质划分

从行为后果与社会性规范关系来看，人类行为可以分为：正确行为和错误行为。符合社会行为规范要求的行为即为正确行为；违背社会行为规范要求的行为则是错误行为。正确行为我们要坚持，错误行为要及时纠正。

三、行为习得理论

在现代心理学研究中，人们对人类行为的习得进行了长期探索，形成了一些经典的行为习得理论。最具代表性的有：行为主义理论、社会学习理论和建构主义理论。

(一)行为主义理论

行为主义理论又称"刺激——反应理论"。该理论认为，人的行为是与外界环境相互作用的结果，即形成"刺激——反应"的联结。

1. 经典条件反射理论

伊万·P. 巴甫洛夫(Ivan Petrovich Pavlov，1849—1936)最早创立了经典条件反射理论。巴甫洛夫用狗喂食来做实验：在给狗喂食的同时提供铃声，狗开始学会把铃声和食物相关联(见图 1-1)。如此反复之后，狗虽然没有见到食物但只要听到铃声的时候就会流出口水。即

学习之前：出现食物——分泌唾液，铃声刺激——不分泌唾液；
学习过程：铃声+食物——分泌唾液；
反复学习之后：出现铃声——分泌唾液。

在这个实验中，食物是非条件刺激物，狗看到食物分泌唾液的反射是无条件反射。这是狗先天的行为反应，不需要学习。而在后期的训练过程中，铃声是条件刺激物。狗听到铃声而分泌唾液的反射是条件反射，是习得的结果。在幼儿园的教育活动中，经典条件反射的例子很多。比如，幼儿午睡前播放舒缓的音乐，老师告诉幼儿"午睡的时间

图 1-1

到了”。一段时间之后，老师可以只播放音乐而不用语言指令。幼儿就自然知道午睡的时间到了。幼儿对音乐建立起了一个条件反射行为——自觉地去午睡。

经典条件反射理论告诉我们，幼儿行为的塑造可以通过条件刺激物来完成。但是，条件反射不是永恒的。如果铃声响起而食物没有出现，那么一段时间之后，狗听到铃声后也不会分泌唾液。也就是说，如果条件反射不存在了，那么其习得的行为也将逐渐消失。

2. 操作条件反射理论

“教育心理学之父”桑代克(Edward L. Thorndike，1874—1949)开展了著名的操作条件反射实验。在实验中，他制作了一个迷箱，把一只猫放进笼子里，然后把食物放在笼子外面猫可以看到的地方。他要观察猫是如何踏到机关，打开笼子的门并得到食物的。经过反复实验，他发现猫初进迷箱时动作是紊乱的，只是偶然碰到机关，逃离迷箱。但在以后的重复练习中，紊乱的动作随着练习的次数增加而逐渐减少，最后学会了一进迷箱就能开门取食。每次这只猫一被放进笼子，它都能很快地打击杠杆，因为打击杠杆的行为对环境产生了良好的影响：使猫能够吃到食物。这个实验说明，行为的改变是个体对发生在环境中的事情做出反应的结果。

20 世纪 30 年代后期，斯金纳(B. F. Skinner，1907—1967)改进了桑代克的迷箱实验，设计了一个自动控制箱叫“斯金纳箱”(见图 1-2)。实验箱内平行设置杠杆，按动杠杆一次，食物盘中会出现一粒食物。斯金纳把饥饿的白鼠放进箱内，开始白鼠在箱内只会四处嗅闻乱抓，后来偶然碰到杠杆，看见有一粒食物滚入食盘，重复多次，白鼠学会了按动杠杆取食的行为。小白鼠按动杠杆获得食物的反应称为操作条件反射，可以用“刺激——反映——强化”的模型来表示。

斯金纳通过研究动物的行为，提出了操作条件作用学习理论，其中的强化理论是其最核心、最基础的部分。所以，强化理论是操作条件反射理论的一个重要内容。在条件作用中，凡能使个体操作性反应的频率增加或维持的刺激，都称为强化，产生强化作用的刺激称为强化物。斯金纳认为，强化的目的是使个体的某种行为能够重复出现。强化是儿童行为塑造的基础，儿童行为如果得不到强化就容易消退，如果得到及时强化则有

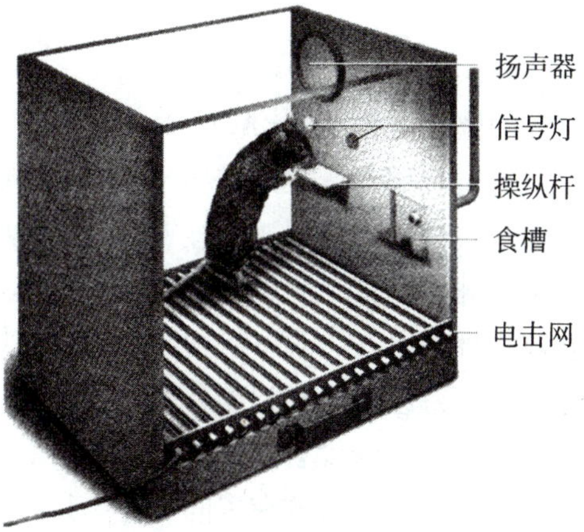

图 1-2

利于增加某种行为发生的可能性，从而使该行为得到巩固和发展。

斯金纳按照强化物的性质分为正强化、负强化、惩罚、消退等。正强化指某行为出现后增加另一种刺激来强化此行为。例如，当孩子做出令老师满意的行为举止时，老师随机给予语言表扬或奖励鲜花、礼物等，那么孩子的这一行为在以后再次出现的可能性就大大增加。负强化指通过撤销或减弱原来存在的消极刺激或条件，来增加行为产生的可能性。例如，妈妈想让懒于运动的孩子多锻炼，告诉孩子如果每天能拍 10 分钟的球，那么就可以不用做家务了。在以后的行为中，孩子就会增加拍球锻炼的可能性。又比如，一位孩子临考前还在看电视，不复习功课，而母亲就一直在他身边唠叨，直到他去书房看书，母亲才停止唠叨。

在幼儿园教育活动中，老师的表扬、赞赏等都属于正强化，批评和惩罚属于负强化。如何适时强化？斯金纳发现，行为出现后，立即给予强化，行为能够更好地得到重复和习得。孩子做了好事之后，如果得到老师、家长的赞许、奖励，以后这种行为就会再产生。

惩罚是指在反应过后，紧跟一个讨厌的刺激，导致行为再次出现的可能性降低。强化的目的是强化某种行为，惩罚目的都是要使某种行为弱化。惩罚也分正惩罚和负惩罚两种。正惩罚是指行为出现后增加一种弱化某行为的刺激，批评、处罚就是惩罚中常见的手段。当一个孩子犯错了，老师可以给予他一个厌恶的刺激，比如体罚、批评、罚抄等。负惩罚同负强化一样，都属于撤销性的。不同的是，负惩罚是通过撤销让学习者愉快的刺激来达到弱化原来某行为的目的。比如，集体活动中只要孩子不认真配合，老师就不带他去公园玩耍或禁止吃糖果、看电视节目等。

消退是一种无强化的过程，其作用在于降低行为的发生频率，以达到消除某种行为的目的。一般来讲，消退是减少不良行为、消除坏习惯的有效方法。比如，在公园门口小宝哭着闹着要买玩具枪，妈妈不予理睬。这时，妈妈就是通过无任何强化物的方式来降低小宝哭着闹着要买玩具枪的行为的发生频率，即消退。

(二)社会认知学习理论

针对行为主义理论存在的弊端，班杜拉(A. Bandura，1925—　)提出了社会认知学习理论。他认为，行为可以通过观察他人这一方式习得，即观察学习。1961 年，班杜拉以学前儿童为对象进行了一个实验(见图 1-3)。他让三组幼儿看一个结尾不同的电影。电影中，是一个成人拿着球棒，打一个充气玩偶，玩偶被打翻后，成人坐在它身上用东西砸它，口中还说着攻击性的语言。第一组幼儿看到的结尾是：另一个成人走进房间，奖励给该成人一些糖果；第二组幼儿看到的结尾是：该成人因为攻击行为而受到了训斥，并被扇了一巴掌；第三组幼儿既没看到惩罚，也没看到奖励。随后，他让这些幼儿和玩偶玩，成人用来攻击玩偶的工具就放在房间里。结果，第二组幼儿表现出更少的攻击行为，其余两组则都表现出攻击行为。电影中人物受到的正强化和负强化并没有直接施加给幼儿，却对幼儿的行为产生了影响，班杜拉称之为“替代强化”。幼儿在观察学习的过程中，看到榜样行为被奖励时，这种行为更可能被幼儿模仿。我们在幼儿园教育实践中经常会看到这样的例子。这说明，幼儿能够通过观察和模仿来习得行为。所以，当下电视、网络等传播的大量不良信息充斥着幼儿的生活，对幼儿的影响要加以防范。

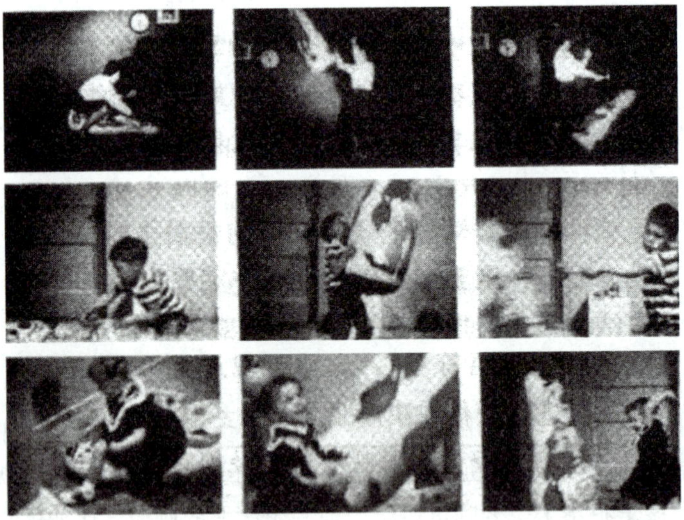

图 1-3

班杜拉在观察学习研究中注重社会因素对行为习得的影响，强调观察学习过程中榜样的作用，主张行为、个人、环境三因素是相互影响的，于是他指出学习的产生来自于观察和模仿。

(三)建构主义理论

皮亚杰(Jean Piaget，1896—1980)创立了建构主义理论，认为儿童的学习来自自己的动作和对自身环境的探究，行为习得就是转变旧的经验、建立新的经验已发展新知识的过程。他提了图式、同化、顺应、平衡四个重要概念。

1. 图式

在皮亚杰的建构主义理论中，图式是一个特别重要的概念。图式是个体对世界的知觉、理解和思考的方式，也可以把它看做是心理活动的框架或组织结构。皮亚杰给图式下过一个定义："图式是指动作的结构或组织，这些动作在同样或类似的环境中由于重复而引起迁移或概括。"①他认为，在一个活动中，我们把其中的那个能被从一个情景传递到另一个情景因而能加以普遍化和分化的东西称作动作图式。换言之，图式就是同一活动在多次重复和运用中共同具有的那个东西。比如，我们把幼儿堆积木的行为或较大的儿童搜集物品加以分类的行为称为"聚集图式"。像这样的图式我们可以发现很多，甚至把两类事物联系起来的逻辑运算也是一种图式(比如，父亲+母亲=父母)②。图式的形成和变化是认知发展的实质，认知发展受三个过程的影响：同化、顺应和平衡。

2. 同化

皮亚杰认为，个体在获得新经验的时候能够调整自己的图式，对刺激输入的信息进行过滤或改变，这一过程被称为同化。同化发生在个体发现一种现存的图式适合于另一种情况的时候。也就是说，个体在感受刺激时，把它们纳入头脑中原有的图式之内，使其成为自身的一部分。比如，当儿童学习了三指抓东西后，会有利于穿珠子动作的学习。同化是指对所获得的信息进行转换，以使它符合现有的认知方式。当然，这种转换可能会使信息受到一定程度的扭曲。

3. 顺应

顺应发生在个体意识到自己的图式不适合或不匹配自己所处的情境(或发生在他身边的情境)的时候，它能促使个体去发展新的图式。也就是在外部环境发生变化，而原有认知结构无法同化新环境提供的信息时，所引起的个体认知结构重组与改造的过程。简单来说，顺应就是指学习者调节自己的内部结构以适应特定刺激情境的过程。比如，儿童在习得新的知识之后，将旧知识的概念模型加以调适，以容纳新的内容。

4. 平衡

在同化与顺应之间存在着平衡。个体习得新的知识和行为，不会超出其实际练习、应用和理解的限度。皮亚杰将这种状态称为平衡，即学习者个体通过自我调节机制使认知发展从一个平衡状态向另一个平衡状态过渡的过程。

皮亚杰认为，图式、同化、顺应、平衡这四个方面是儿童发生认知的四个关键过

① 皮亚杰：《儿童心理学》，商务印书馆 1980 年版，第 5 页。

② 皮亚杰：《生物学与认识》，三联书店 1989 年版，第 7 页。

程。儿童的认知结构就是通过同化与顺应过程逐步建构起来，并在“平衡——不平衡——新的平衡”的循环中得到不断地丰富、提高和发展。行为的习得和发生需要考虑到个体的图式，并随之发生同化或顺应，不断达到平衡的状态。

也有研究者对建构主义理论进行了拓展和延伸。布鲁纳（Jerome Bruner，1915—2016）认为，家长和教师可以为幼儿的学习提供“鹰架”（或称“脚手架”），使幼儿的学习变得更易控制。比如，在对幼儿自信心的培养中，首先要给孩子一个相对难度较低、宽松的环境，让幼儿进行从易到难、有梯度的练习。维果斯基（Lev Vygotsky，1896—1934）认为，社会互动是儿童学习的基础。个体的学习是在一定的历史、社会文化背景下进行的，社会可以为个体的学习发展起到重要的支持和促进作用。维果斯基提出了个体发展的两种水平：现实的发展水平和潜在的发展水平。现实的发展水平即个体独立活动所能达到的水平，而潜在的发展水平则是指个体在他人帮助下所能达到的活动水平。这两种水平之间的区域就是“最近发展区”。幼儿教师的角色是幼儿知识建构的支持者、帮助者和引导者，幼儿的角色是教学活动的积极参与者和知识建构者。教师应当注意使孩子成功的机会尽量处于维果斯基所提出的“最近发展区”，并为孩子提供一定的支持和帮助。

第二节　影响幼儿行为的因素

幼儿行为的产生和发展受一定因素的影响。下面我们从外在因素和内在因素两个方面来进行分析。

一、影响幼儿行为的外在因素

幼儿的生活环境以及周围环境中发生的一些相关事件往往会影响其行为发展。

（一）家庭环境

家庭是幼儿成长的主要环境，家庭成员尤其是父母的行为方式几乎影响着幼儿身心发展的各个方面。特别是不同父母的教育方式和家庭氛围会对幼儿产生不同的影响。比如，在权威型的家庭中，父母对孩子普遍赋有高期望值，希望孩子处处遵循自己的要求。但孩子往往因难以达到父母的要求而经常感到无力和缺乏自信。相反，在民主型的家庭中，父母对孩子的要求较为宽松，家庭氛围比较和谐，孩子的个人观点和行为会受到更多的尊重，孩子的自信和主动性会更强。

家庭中父母的性格和教养方式对幼儿的社会交往能力有一定程度的影响。如果父母性格都比较内向、不善交往，孩子受父母的影响，其社会交往能力也会得不到锻炼。研究发现，幼儿的各种不良行为几乎都与其父母的不当教育方式有关。比如，幼儿的对抗性行为往往与父母愤怒、批评等消极的教育方式有关；幼儿在交往过程中的胆怯、退缩及依赖等抑制性行为往往与父母的过度保护有关。

家庭的亲密度也影响幼儿的行为表现。比如，家庭亲密度高的孩子远比家庭亲密度低的孩子性格开朗，乐于交往，阳光向上。在现代社会中，家庭结构和家庭功能的不完整也增大了幼儿各种问题行为出现的可能性。比如，单亲家庭的孩子多呈现内向孤独、性格怪僻、过分自尊和逆反心理等人格特征。婚姻冲突也容易导致孩子问题行为的出现。比如，幼儿容易与家庭疏远，而与有不良行为的同伴接近。

(二)分离

在幼儿的生活中，完整的家庭结构及其家庭成员构成了他认知和行为发展的基础。但是在现实生活中难免会出现家庭结构的改变、家庭成员的变化，比如，父母长期外出、父母离异、亲人离世等现象是常见的。这些分离不可避免地会对幼儿行为产生一定的影响。有研究表明，家庭生活中父亲的参与可以降低儿童的反社会行为症状。也就是说，在没有父亲的家庭中，母亲对孩子的管教往往比较松弛，孩子容易出现不良行为；而在父亲存在的家庭中，父亲比母亲更容易制止孩子的反社会行为。

亲人离世是一个比较极端的分离事件。在亲人离世后，幼儿的情绪会发生极大的变化，有的产生分离焦虑和诸多行为，比如情绪消极、沮丧、伤心、困惑，甚至出现攻击性行为。在亲人离世后，有的家长出于保护孩子幼小的心灵而选择欺骗或有意忽视的方式来应付孩子的行为，但往往会让孩子更加困惑，对幼儿行为的发展会产生不利影响。成人应该对幼儿多进行生命教育，对生命和死亡有一个科学的认识，以更好地珍惜生活，以积极的心态去适应亲情变故。

(三)社会环境

社会环境是指整个社会的政治环境、经济环境、文化环境以及国际环境等。这些因素对幼儿行为的影响虽然是间接的，但也是不可低估的。比如，重大的政治震荡、经济危机、传统习俗和种族冲突等，都会程度不同地影响人们的行为表现。特别是社会文化环境对幼儿的心理和行为发展影响是深远的，比如民族习俗、种族歧视、传统观念等对幼儿身心发展无不产生深远影响。比如，当下在不良的文化市场中充斥着一些暴力、色情等“儿童不宜”的内容，如果幼儿一旦接触了这些不良影响就会去模仿。现实生活中我们也经常看到一些接触媒体暴力行为的幼儿，其行为往往更具有攻击性和暴力倾向。

上幼儿园是幼儿成长过程中的一件大事，是幼儿适应社会生活的第一站。园所环境(包括物质环境和人际心理环境)对幼儿的心理行为发展具有极其重要影响。幼儿从家庭生活的松散小环境进入到一个集体生活的、规范的大环境，从原来只与少数的抚养者接触转移到与很多陌生人接触。幼儿园的环境从规模到实质都发生了很大的变化，幼儿都需要一个适应的过程。而且，幼儿与来自不同家庭背景、不同生活习惯的人相互接触，还要学会遵守社会规则，所有这些对于每个幼儿来说都是一种挑战。

从物质环境来讲，幼儿园所布置的都是适宜和帮助幼儿适应集体生活和交往的愉悦、欢快、温馨的环境。从人际心理环境来看，师幼关系和同伴关系对幼儿的心理行为都有很大的影响。研究表明，经常受教师积极评价的幼儿的内倾和外倾问题行为明显高于经常受教师消极评价的幼儿。幼儿如果频繁地接受教师的负面评价，而很少得到教师的积极情感的支持和鼓励，就很容易形成恶性循环，出现问题行为。教师对幼儿实施强制性的纪律惩戒比实施民主协商的行为管理更容易导致幼儿的行为问题。教师一味地使用强制性的高压手段施教，会使反抗性的幼儿表现得更加逆反，而性格内向的幼儿在社会交往中更加退缩。

同伴关系对幼儿心理行为也有很大影响。依据儿童的同伴关系特点，儿童可以分为5种类型：受欢迎的、被拒绝的、矛盾的、被忽视的、一般的儿童。被拒绝的和被忽视的儿童统称为不受欢迎的儿童。他们在同伴关系中处于不利的地位，最容易出现外显和内隐问题行为，表现出攻击性、冲动性和破坏性的行为，或者变得害羞、敏感、退缩。①往往性格内向、不善交际的幼儿，与同伴游戏时处于跟随地位，容易被同伴忽视和冷落。这样，他们在行为上就退缩和不主动，不善于表达自己，一味地迁就。

（四）虐待

幼儿在生活中遭受虐待或欺凌是比较常见的现象。生活中比较常见的幼儿受虐方式有：过度的惩罚、体罚、欺凌、创伤、性侵等。所有这些都会对孩子幼小的心灵和心理行为造成创伤，对幼儿当下和未来的生活产生负面影响，有的甚至会埋下精神疾病的隐患。受过心理虐待的幼儿会表现出紧张、恐惧、胆怯、孤僻、沉默、不信任、缺乏自信心和安全感、爱发脾气等问题行为。他们在同伴活动中可能还会出现攻击行为或表现出一些与暴力、性相关的内容。虐待不仅对幼儿自身心理行为带来立竿见影的影响，而且还会对其人生产生持久的不利影响。幼儿受到虐待后，往往没有意识到“虐待”是一种不正常的行为，相反还误将“虐待”当成一种行为模式，很有可能从“受虐者”演变成“施虐者”。

（五）自然环境

幼儿所处的自然环境包括幼儿生活、学习空间的各方面条件和设施。这类因素是满足幼儿基本需要的物质条件，对人的心理和行为有着重要的影响作用。良好的生活环境能够使人心情舒畅、积极向上、健康发展。相反，生活环境恶劣，必然使人的情绪受到影响，精力被分散，行为受到牵制，引发消极行为。

二、影响幼儿行为的内在因素

幼儿行为的产生和发展不仅受先天因素影响，而且也很大程度上受到后天因素的影

① 黄锐：《幼儿行为分析与教育对策》，中国轻工业出版社2012年版，第16页。

响。在幼儿发展过程中，影响其心理行为发展的内在因素有以下几个方面：

(一)遗传

从某种程度来说，生物遗传的稳定性和规律性对幼儿行为发展起决定性的作用。婴儿刚一出生，处于明显的孤弱状态，其行为能力和经验几乎接近空白。但是，刚出生的婴儿仍然有一些本能的行为表现。比如，通过吮吸、哭闹等行为表达自己饥饿、身体不适的心里愿望。也有一些因为先天疾病带来的非正常行为，比如一些有遗传基因所导致的行为(如自闭症、唐氏综合征)。

(二)需要

个体的内在需要支配着人的行为。亚伯拉罕·马斯洛(Abraham Maslow，1908—1970)认为，人有一些普遍的、类似于本能的需要，而且这些需要存在着一定的层次划分。幼儿有生理的需要、安全的需要、爱的需要、尊重的需要，也有自我实现的需要。为了满足这些需要，幼儿会产生相应的行为：饿了要寻找食物，渴了要寻找水，感到恐惧时要寻找呵护，感到孤独时要寻找归属和关爱，感到迷惑不解时想要寻找答案，表达自我意识和想法，有了成就时需要得到别人的赞许和奖励，等等。

(三)人格

在人的各种心理因素中，人格是影响个体行为的重要因素。羞怯、勇敢、自信等人格品质，都明显地影响幼儿的行为表现和发展。Achenbach 等认为，儿童的性格特点与问题行为紧密相关，性格极端或适应能力不强的儿童日后更容易出现问题行为(1992)。[①] Daniel 运用自编的儿童问题行为量表，探讨了儿童自控能力与儿童问题行为之间的相关性，发现控制能力较强的儿童更容易出现内倾性的问题行为(比如社交退缩)，而自控制能力低的儿童则更容易出现外倾性的问题行为(比如攻击他人)。

(四)疾病

幼儿的身体健康状况也影响其行为发展。短期病症一般不会影响幼儿的整个发展进程。但由于身体不适，幼儿会变得格外敏感，更多地向他人寻求关注和安慰，表现出缺乏自信，在社会性交往方面会变得有些退缩。另一方面，父母和看护者对生病中的幼儿一般会给予更多的同情和呵护，对其行为的要求和教育会有所放松。这对幼儿来说，在一定程度上可以看作负强化，有可能养成一些不好的行为习惯，或者造成已有的良好行为发生消退反应。当然，一些慢性的或遗传性的疾病会在一定程度上限制幼儿的发展，直接影响幼儿的行为表现。

---

① 黄锐：《幼儿行为分析与教育对策》，中国轻工业出版社 2012 年版，第 14 页。

第三节 幼儿心理行为与教育的关系

一、幼儿心理行为发展特点①

从儿童感觉统合能力发展的进程来看，0~6 岁这个阶段是幼儿感觉统合发展的重要时期，其心理行为发展具有以下特点：

（一）0~1 岁阶段：以触觉、动作的感觉输入为主

这个时期的婴儿通过口腔内丰富的触觉细胞来认识自己的身体及外界环境，也可以通过触觉来舒缓情绪。比如，母亲在给婴儿哺乳的过程中，母婴之间有直接的身体接触、视觉和情感交流，这对于增强母婴间的亲密感、婴儿的安全感，舒缓情绪都有好处。在动作发展方面，0~1 岁的婴儿基本遵循“二月抬头、三月翻身、六月坐、八月爬、十月站、周岁会走”这样的动作发展规律。因此，我们要遵循幼儿行为发展的规律，在婴儿早期给予足够的时间和空间进行动作练习，增强本体感和平衡感，发展视知觉感受。比如，让婴儿在 0~1 岁这个阶段多处于俯趴的状态，锻炼背脊（从颈部、胸部、腰部到尾椎）神经肌肉的挺拔。在婴儿学习爬行的阶段，成人要保证环境安全、卫生，允许婴儿自由探索，以达到促进触觉和动作发展的效果。

（二）1~2 岁阶段：以视觉、动作发展为主

孩子会走后，其动作信心大增，开始摆脱对别人的依赖，喜欢到处走，四处探索。比如，追着小动物跑，追逐小皮球或是抛接球等。此阶段孩子的观察力也非常敏锐，他们观察大人的一举一动，展现出惊人的模仿和学习的能力。大人要引导孩子主动学习，比如让孩子尝试自己用勺子吃饭，把垃圾放到垃圾桶里；还可以将简单的几何积木、套套杯、插棍等玩具，给儿童把玩。在听知觉和语言方面，亲子间要多进行语言互动，可以配合肢体动作，加强孩子的听觉理解；也可以通过播放音乐调节与释放儿童的情绪。在此阶段，大人要多带着孩子到户外去观察大自然，拓展视野。多样化的活动和实际操作的机会，会让孩子的学习能力得到进一步加强，动作的熟练度也会得到提高。虽然电视的声光效果很能吸引儿童的注意，但是直接操作玩具对脑部及视力的发展效果，是电视不能取代的。再加上看电视等电子产品时，如果用眼不当，也容易造成孩子散光、弱视或近视等情况，影响视力的发展。

---

① 莫春梅：《儿童发展敏感期，你不知道的秘密》，载《中国教育报》2015 年 6 月 28 日。

(三)2~3 岁阶段：以语言、动作发展为主

在这个阶段，我们需要通过规范来促进幼儿社会性发展。2~3 岁幼儿的语言理解及听觉记忆的能力都有了一定的基础。大人如果适时教以性别、颜色、形状、大小、数量等词语及概念，孩子就能很快与人对答、主动发问、接电话、听故事、玩扮演游戏、讲述简单故事和唱歌等。孩子通过模仿也能快速地掌握相应的技巧性动作。因此，这一时期，父母可以通过和孩子说话，引导孩子进行语言表达；也可以和孩子一起看绘本或图画书，培养孩子阅读的习惯；父母还可以通过请孩子帮忙做事，如扫地的时候请他帮忙拿簸箕、帮忙端水杯等，锻炼他们的沟通交流能力和动作的技巧。

(四)3~4 岁阶段：不满足于单调家居生活

在这一时期，儿童喜欢多姿多彩、富有变化的生活，单调的居家活动无法给予他充实感和满足感。如果孩子还没有上幼儿园，那么家长需要给他提供丰富的玩具和充足的游戏活动的机会，经常开展有意义的对话和互动，让感觉统合顺利开展。通过与同伴的交往，使孩子与同伴能快乐地融合，培养孩子社会化的潜质。

(五)4~5 岁阶段：建立起基本的感觉判断和动作反应能力

这一年龄阶段幼儿的行为能力发展有了质的提升。孩子进行活动时，能够通过获取丰富的感觉回馈进行检查，进而调整下一步的动作。因此，在家长与教师的陪伴、指导下让孩子去尝试一些有挑战性的活动是有必要的。大人要多带孩子到社区、公园等场所玩耍，让孩子参与团体性的游戏，尝试各种玩法，通过观察同伴、互相切磋等来提升孩子的行为能力。

(六)5~6 岁阶段：动作发展处于良好状态

这一阶段的幼儿逐渐变得更加独立，太简单的活动会让他们觉得枯燥、无聊。因此，在这个阶段，家长与教师需要整合多元感觉刺激，来增加活动的趣味性和复杂程度，从而提高孩子参与活动的动机。此时，孩子视知觉和听知觉发展更为充分，需要运用动作技巧的活动孩子都会非常喜欢。通过扩充孩子的生活经验，让孩子的活动能力发展与日常生活相结合。比如，在家里让孩子自己穿衣、洗头洗澡，在外出购物时请孩子帮忙寻找要采购的物品，利用各种机会锻炼他们，让他们耳聪目明。

总之，幼儿教师和父母了解幼儿感觉统合发展的规律，适时提供合适的刺激和活动，能让孩子成长得更健康，避免出现感觉统合失调的状况。对于感觉统合失调的儿童，需要通过相应的评估，再有针对性地给予干预训练，其症状也才有减轻的可能。

二、早期教育对幼儿心理行为发展的影响

良好的行为习惯是可以通过教育来实现，正如俗话所说：“播下行为，收获习惯。播下习惯，收获性格。”早期教育与幼儿心理行为发展有着密切关系。3~6 岁的儿童正处于人生的初始阶段，一切行为的习得都要靠学习。从培养行为习惯入手，促进幼儿健康人格的发展，符合儿童身心发展规律。我国著名幼儿教育家陈鹤琴先生曾说：“从出生到 7 岁，是人生最重要的一个时期，什么习惯、言语、技能、思想、态度、情绪都要在此时期打了一个基础，若基础打得不稳固，那健全的人格就不容易建造了。”他的著作《家庭教育——怎样教孩子》就全面阐述了早期教育与心理发展的关系。幼儿的有些行为发展在很大程度上取决于早期教育的优劣，比如，2~3 岁是儿童学习口头言语的最佳年龄，4~5 岁是开始学习书面语言的最佳年龄，学弹钢琴要从 5 岁以前开始，等等。

儿童一出生是一张“白纸”，其诸多行为都是后天因素影响下形成的，如家庭的影响、周围环境的影响等。良好行为习惯的养成有利于幼儿成才、成人，有利于家庭和睦幸福，有利于社会文明进步。早期教育在促进幼儿心理行为的发展过程中起着主导性的作用，制约着幼儿心理行为发展的方向和速度。当然，早期教育对幼儿心理行为发展的影响和作用并不是唯一的，也不是单向的。早期教育与幼儿心理行为发展之间存在着比较复杂的相互依存的关系。一方面，我们必须从幼儿身心发展出发科学施教，早期教育的内容和方法必须适合幼儿的生理和心理发展水平和特点才能起到促进作用。另一方面，幼儿心理行为发展又受到其他各种社会因素的影响，我们对其实施的教育也不能忽视这些因素在心理行为发展中的作用。再一方面，幼儿心理行为发展是在幼儿自主活动中实现的，教育工作必须激发起幼儿的学习积极性和自我发展的需求，将教育这种外部力量转化为幼儿本人的需要，才能取得成效。

为此，促进幼儿心理行为发展的教育应该做到以下几点：(1)教育要有目的性，方向性要明确；(2)教育内容要适合幼儿的心理发展水平，并在此基础上提出略高的要求，使大多数幼儿经过努力能够获得学习效果，并通过学习效果进行自我强化，培养起学习兴趣，力争做到从全体出发，又照顾到个别学生；(3)要选择适宜的教育方法，激发幼儿的学习动机，使其对所学的内容产生兴趣；(4)要考虑到幼儿家庭和社会环境的作用，尽可能做到互相配合、协调一致；(5)教育的影响是一个慢过程，不可能一蹴而就，要考虑到教育的迟效性和反复性，要注意教育的连贯性和系统性，给幼儿身心发展施加持续的积极影响。

那么如何从幼儿的心理特点入手，培养幼儿良好的行为习惯呢？

第一，充分利用好幼儿在园的一日活动，给幼儿的行为习惯潜移默化地施加影响。3~6 岁是培养幼儿良好行为习惯的重要时期，往往这个年龄段正是孩子们在幼儿园度过的时期。幼儿园的一日活动的每个环节都渗透着教育的意义。比如，抓住幼儿日常生

活中的不良行为，将一日活动中不良的行为进行及时纠正，给幼儿一个正确的榜样，使得孩子们养成良好的行为习惯。

第二，通过各种游戏活动让幼儿在游戏中养成良好的行为习惯。在幼儿园课程中，“游戏”是幼儿学习的主要方式，游戏有益于儿童身体、智力和道德的发展。幼儿园的游戏不只是组织一个玩的活动，或者是让幼儿学会什么，而是在游戏活动中造就幼儿的良好行为习惯和健康人格。

第三，开展家园共育，共同促进幼儿良好行为习惯的养成。家庭是孩子的第一所学校，家长是孩子的第一任老师，家长的教养方式直接影响到孩子的行为。根据《幼儿园工作规程》的要求，面向幼儿家长提供科学育儿指导，促进幼儿身心和谐发展，是幼儿园的任务之一。

第二章　幼儿行为观察与分析

学习目标

1. 本章导学：

观察是对幼儿实施适宜教育基础。为什么要观察幼儿的行为？观察什么？怎么观察幼儿的行为？怎么分析幼儿的行为？在这个单元，我们将一一探讨这些问题。

2. 学习重点、难点：重点掌握幼儿行为观察与分析的基本原则与基本方法，难点在于将幼儿行为观察与分析的方法运用到实践。

3. 教学课时：4 课时。

第一节　幼儿行为观察与分析的意义

一、幼儿行为观察的概念

（一）观察

观即观看，察即察觉、省察、思考，合在一起，观察就是既看又想的过程。具体而言，观察不仅是我们感觉器官直接感知事物的过程，而且是我们大脑积极思维的过程。观察是指研究者按照一定的目的和计划，通过感觉器官或辅助仪器对研究对象进行系统、连续、全面的观看，并做出具体、详尽的记录，以便全面地掌握所要研究的情况，收集有关资料加以分析和解释，从而获得对研究问题认识。观察由观察目的、观察对象、观察者、观察手段和观察对象的状态几个要素构成。

(二)幼儿行为观察

行为是指人在主客观因素影响下而产生的外显活动。幼儿的行为是指幼儿在主客观因素影响下而产生的外显活动。依据直接的观察，可以把幼儿的行为简要概括为动作、语言、表情、神态等，以此推知其内在难以观察的心理活动的部分。

幼儿行为观察是指通过感官或仪器，有目的、有计划地对自然状态下发生的学前儿童的行为表现进行考察、记录、分析，从而获取事实资料的方法。观察内容包括：幼儿日常生活的行为、幼儿使用工具(材料)的行为、幼儿与同伴的互动行为、幼儿与成人的互动行为、幼儿的游戏行为、幼儿的语言和阅读发展的情况、幼儿的认知能力、需要特殊照顾的幼儿的行为，等等。

幼儿行为分析是在观察幼儿行为获得的数据或文字资料的基础上，利用幼儿教育学、幼儿心理学知识对所观察到的幼儿行为进行分析。幼儿观察目的是通过观察在对学前儿童行为了解的基础上，对他们的个性、需要、兴趣等不同方面的了解与分析，以便调整教育行为和教育策略。因此，幼儿行为观察与分析的目的是教育者调整教育观念和教育行为的有效方法和途径。

案例分析

为什么辉辉总是欺负人？①

事件一：

晨间，早来园的幼儿在桌上玩插塑。和辉辉同组的孩子有三个，大家都在玩小方块积木。箩筐里的积木方形的多，长条的少。于是大家都选长条的玩。月月刚取到一长条积木，辉辉见状立即去抢。月月拽着积木不肯松手，辉辉早就快速低头狠狠咬了对方的手。月月“哇”的哭声充满了整间活动室。手指皮已咬破，可见很用力。

事件二：

晨间谈话，老师指出了几名做操不认真的幼儿。话音刚落，辉辉就冲到其中一名被批评的幼儿旁，挥动手臂用力打他，并严厉说道：“你怎么不好好做操啦……”

事件三：

集体活动结束，幼儿三三两两进厕所小便。男厕的小便槽不算小，不过同

① 内容来自百度文库：http://wenku.baidu.com/link?url=i-xQ3kYPozF-SKO59DWkslTo0g5BxvhqyU2lpnUSUki5tFsA66hxm5MR_FDIR2SreQWa8BVq7N7fJM29tVAnKzHladjwKznPMeOqdtzsHSu,2017-2-15。

时如厕的人较多，于是会有几个人在旁等候。此时小便槽边都是人，辉辉也等在一边。淙淙解完小便，小雨跟上，这时辉辉突然猛推了小雨，把位置留给了自己。小雨倒在地上，辉辉瞧也不瞧。

【案例分析】

攻击性行为是幼儿不良情绪与问题行为之一。通过教师的认真观察与分析，辉辉强烈的攻击行为的产生主要有三个原因：(1)多次看见辉辉发脾气殴打教养他的奶奶，而奶奶只是一味地说："告诉你爸爸去，告诉你爸爸去。"脸上却是笑。可见在奶奶面前他是大王。在奶奶面前可以为所欲为，势必影响了他面对班级幼儿的时候也同样为所欲为，自我中心意识强烈。(2)爸爸工作忙碌，极少和他呆在一起。最多的父子碰面时间可能就是奶奶报告辉辉的行为问题，爸爸一贯坚持用"棒子教育"。这样长期以来在辉辉的心里形成了这样的想法：攻击就是教育。(3)未入园前，辉辉与其他孩子接触甚少，全部生活几乎只与奶奶在一起。奶奶事事由着他的性子，他也就没有机会学习同伴间该如何交往，也就不用学习什么是分享、什么是谦让，道德意识薄弱。

【专家建议】

1. 体验成功

案例中，辉辉的绘画不是很好，经常是乱涂乱画，有时甚至涂得整张纸都是黑的。但如果老师能及时地表扬他，在集体面前展示他的作品，给他成功的体验。

2. 榜样示范

辉辉走路时经常会撞到其他小朋友，惹得小朋友看到他就急忙躲开。教师可以利用榜样的力量帮助辉辉控制行为。教师可以对他说："如果你走路时慢慢地走，不去撞人家，别人就会跟你玩了。你看，舒舒小朋友走路慢慢的，眼睛看好了走，她就不会撞到别人了。欣欣小朋友小心地走，看到小朋友多，就绕开了，她也不会撞到别人。如果你也像他们一样，小朋友就喜欢跟你玩了，对吗？"逐步帮助幼儿努力克制自己的行为。

3. 赏识激励

每个孩子都有他的闪光点，辉辉也有他好的地方。如他喜欢帮助老师做事情，我就以赏识他的语气对他说："辉辉，你真是个勤劳的孩子。如果以后你一直听老师的话，和小朋友友好相处，上课时认真举手，那老师小朋友就会更喜欢你了。"他点了点头，说："我会认真的。"

二、幼儿行为观察的意义

《幼儿园教育指导纲要(试行)》对教师如何观察幼儿有明确的要求：教师在教育活动的组织与实施过程中应成为幼儿学习活动的支持者、合作者、引导者，既要以关怀、接纳、尊重的态度与幼儿交往，耐心倾听，努力理解幼儿的想法与感受，支持、鼓励他们大胆探索与表达；又要善于发现幼儿感兴趣的事物、游戏和偶然事件中所隐含的教育价值，关注并敏感地察觉幼儿在活动中的反应，把握时机、积极引导。教师如果不具备观察幼儿的能力，又如何“善于发现幼儿感兴趣的事物、游戏”呢？更谈不上能“把握时机、积极引导”幼儿，把握住教育的契机了。由此可见，观察在幼儿园教育中的重要意义。

在学前儿童发展与教育的研究中，行为观察具有特别重要的意义：通过行为观察，可以弥补学前儿童理解能力和反应方式等的局限，能观测到许多用其他方法无法测量的行为。与其他研究方法相比，行为观察不受儿童合作态度的影响，不需要儿童有意识地做出反应，只是记录学前儿童行为的真实、自然的表现。因此，观察具有如下重要的意义：

(一)观察是理解幼儿的第一步

要了解幼儿就像要解开一个谜团，幼儿是一个秘密宝藏。由于幼儿的年龄较小，语言发展水平的局限，我们无法用测量的方法或语言描述来理解他们。而观察作为一把金钥匙，为我们打开幼儿这个秘密宝藏提供了可能。通过观察，我们可以了解幼儿无法被测量的行为，也可以不受幼儿情绪和不合作态度的影响下就能记录幼儿的具体行为。通过专业的观察技巧，我们记录观察幼儿的行为，加以分析和判断，可成为我们理解幼儿的第一步。

(二)观察可以了解幼儿的发展水平

通过观察，教师可以了解幼儿身体发育、动作发展、认知发展、情感和社会性发展的各个方面的信息，发现幼儿的经验、兴趣、需要、动机、气质类型、性格以及幼儿在群体中的不同身份和幼儿在交往中所处的位置等。另外，幼儿因生理、心理及教养方式的不同，会呈现不同的学习方式，教师通过观察可以了解幼儿的学习兴趣，发现幼儿是如何学习的。深入了解幼儿的发展水平和特点，有助于教师更好地开展幼儿园的保教活动，同时也可以为家长开展家庭教育提供教育参考。

总体来说，观察可以帮助教师了解幼儿以下几个方面的内容：经验获得水平、各项能力的发展情况、心理需要与心理发展、个体的学习方式与学习兴趣点。

案例分析

区域活动规则谁做主？①

区域活动的时间到了，汪老师照例将全班幼儿召集在一起，用提问的方式来明确区域活动的规则："小朋友在选择活动区域的时候，如果你喜欢的区角胸牌已经被其他小朋友拿走了，你应该怎么办？"幼儿们立即争先恐后地回答："明天早点去选了，今天就不能玩了，可以到别的区域去玩。"汪老师紧跟着顺势引导说："对，所以大家在进入自己喜欢的活动区角时，应该先怎么样呀？"幼儿们齐声说道："应该先挂胸牌，再进去玩。"听到幼儿们如此清晰的回答，汪老师对这次的区域活动充满了信心。可是，活动刚开始一小会儿，美工区的幼儿便争论了起来，只见青青学着汪老师的样子对东东和龙龙说："你们不能进来了，这里已经有3个人了！"东东很着急地辩解道："我必须进来，我昨天画的热带鱼还没有画好呢！"龙龙也说："我想把昨天没有画完的画涂完，再用剪刀剪下来贴到墙上。"但青青坚持说："不行，你们不能进来！老师说了，没有胸牌就不能进来！"正在东东和龙龙进退两难的时候，早已进入美工区等候多时的文文不耐烦地嚷道："东东，你快点进来画画呀，画完了鱼，还要把它剪下来呢！"听到文文的召唤，东东再也按捺不住心情，迫不及待地进入了美工区。龙龙也效仿东东进入了美工区。

此时，汪老师正在观察着全班的各个活动区，她发现，有三个活动区的人数都已超过了规定的数额。为什么幼儿不按照规则进行区域活动呢？如果活动区的人数超过了规定的数额，是否会影响幼儿们开展活动呢？带着这些疑问，汪老师决定不去打断幼儿们的活动，也不强迫他们执行以前的规则选择其他活动区进行游戏，自己先到各个活动区仔细地观察一下幼儿的活动，以便解答心中的疑惑。

汪老师来到美工区，发现文文和东东正在一人涂色，一人剪画呢，他们分工合作完成的一幅剪贴画马上就要完成了，画面既富有创意又充满童趣。接着，汪老师又来到了建构区，她发现媛媛正在用积木把上一次没有完全搭好的房子进行加宽加高处理，并且还用积木拼摆出了房子周围的栅栏、大树、太阳和小鸟。在益智区里，汪老师看到强强和鑫鑫正在合作进行拼图活动，他们拼出的大型拼图"喜羊羊与灰太狼"即将完成了……

通过观察，汪老师意识到，这些所谓违反规则的幼儿大多是在完成上一次

---

① 陈迁：《幼儿园教育的50个细节》，福建教育出版社2011年版，第5页。

未完成的作品，他们玩得非常专注和开心，小朋友之间也配合得非常愉快。虽然活动区里的人数多了，但是幼儿们的活动一点儿也没有受到影响。因此，在这次区域活动结束后，汪老师决定与幼儿们重新讨论一下以前规定的区域活动规则，了解一下他们对这些规则的看法。结果，幼儿的意见出现了明显的分歧，有些幼儿赞成这些规则，有些幼儿则表示反对。持赞成意见的幼儿认为，必须有这些规则，否则活动区里就会乱糟糟的，大家都玩不起来了。持反对意见的幼儿则认为，挂胸牌太麻烦了，而且如果活动区规定的人数满了，自己上一次没有完成的任务就不能继续做了，另外，有些动作比较慢的人总是不能进入自己喜欢的活动区游戏。

了解了幼儿的真实想法后，汪老师决定将参与制定区域活动规则的权力还给幼儿。于是，她向幼儿提出问题："那我们应该怎样进行区域活动呢？"幼儿们七嘴八舌地议论道："可以以不挂胸牌？""不应该限制人数！""上次没有完成的任务可以继续到原来的活动区完成。"汪老师继续引导道："如果人数太多，影响了区域活动，那该怎么办呀？"幼儿又纷纷议论道："大家可以轮流玩，互相谦让。""还可以两个人一起玩。""人多的时候，可以把桌子搬一下，空出地方来。""要接着上次玩的小朋友可以画一张自己的名片摆在那里，别人看见了就知道了。"

在大家共同制定出区域活动的规则后，汪老师马上拿来一些纸和笔，和幼儿一起把刚才制定的活动规则用直观的简笔画画下来，并把它们贴在了各个活动区里。

(三) 观察有助教育教学活动更好地开展

如何使课程更好地满足幼儿的需要和兴趣？其中很重要的一点就是要观察幼儿、了解幼儿。教师在教育过程中有目的地观察幼儿，关注幼儿的谈话、讨论，了解他们的兴趣和需要，关注幼儿是如何学习的，会不会学习，每个幼儿的学习需求和学习方式是怎样的，以及学得怎样，从中发现有价值的活动线索，从而开展有针对性的教育活动。

案例分析

一位幼儿教师的观察记录①

基于幼儿当前关注点的不同，我们在课程实施中采取了有针对性的分组形

① 案例来源于豆丁网：http://www.docin.com/p-533942843.html。

式进行活动。正当一组幼儿忙于自己感兴趣的“秋叶制作”、“树叶分类”等活动时，另一组幼儿已经来到了幼儿园附近的草丛里开始“蚂蚱探寻”活动，并有兴致地把他们的“胜利品”带到自然角里，在我提供的放大镜的帮助下，他们又开始了更深层的“研究”。而此时老师的角色是个观察者、记录者、分析者。下面是我及时记录的他们观察时的语言：

“蚂蚱的眼睛是鼓鼓的。”

“蚂蚱的脚怎么会像大刀?”“它是为了扒泥土。”

“我捉到的蚂蚱是绿色的，你捉到的怎么会是灰色的?”“吃了绿色的小草就会变成绿色的，吃了枯黄的树叶就会变成灰灰的。”

“快来数一数，蚂蚱有几条腿。”

“你说，蚂蚱会生孩子吗?”

……

通过这些语言记录，我了解了幼儿现在的知识经验和最渴求的知识需求，但并没有马上给予他们答案，而是鼓励他们运用多种感官、多种渠道获取信息。他们有的回家问父母，有的自己观察寻找答案，有的想到了上网查询。在这一过程中，我并没有把幼儿了解到多少知识作为幼儿发展的依据，而是把重点放在了问题的解决过程上，提高了幼儿搜集、整理信息和解决问题的能力。

(四)观察是促进教师专业发展的途径之一

学前儿童行为观察的主要目的是为了改进教师的保教工作。教师观察儿童作为自己参与研究、改进教学的手段，通过反思自己的教育理念和教学行为，从而感悟和提升自己的教育教学能力。简而言之，教师通过观察可以理解自己的教育行为，省察教育行为背后的观念。例如，课程观、活动观、儿童观、教育等。还可以体验自己的情感与感受自己的态度，即自己对待幼儿、对自己、对同事、对教学内容、对环境等的情感与态度等。教师在观察中不断反思，在反思中不断提高观察的水平与能力，以达到改进保教工作的最终目的。

有人以反思程度为标准，把教师分为四种类型：

(1)几乎没有自我反思。拒绝过多的反思，或者认为反思没有什么意义，或者根本就很懒，把工作仅仅当成工作，而不是一份职业。

(2)自我反思没有与他人进行分享。教师可能并不知道(或者根本不想和他人分享，或者缺乏和他人分享的技巧)自我反思需要和别人分享才能在反思中获得更多东西。

(3)将自我反思与他人分享。教师有意识、有意愿和他人分享自己的反思，从而促进自己的教学。

(4)评价自我的教学实践并鼓励他人进行反思型教学。

由此可见，观察对于教师来说是一种重要的职业能力，也是岗位工作的要求。反思型的教师，必定是善于观察的教师。教师要真正利用观察手段去了解儿童，必须具备两方面的知识。一是关于儿童身心发展方面的科学知识。只有当教师对儿童身心发展特点和规律有了相当的了解，才能在观察中捕捉到有用的信息，并将这些信息运用到观察实践中。二是关于观察方法的基本知识。掌握了观察方法和技巧，教师就能利用这些技巧，使观察活动进行得更有成效。

三、儿童发展理论在幼儿行为观察中的价值

（一）儿童发展理论为设计观察方案提供科学依据

设计观察方案有两种方法：一是从经验出发，二是从已有理论出发。

（二）儿童发展理论为理解幼儿行为提供理论支持

掌握儿童发展理论，有助于观察者对所观察到的幼儿行为进行理论的分析。例如，观察者在观察幼儿的社会认知发展时，记录到两名2岁半的幼儿在一起抢玩具小汽车，其中一个正在大叫："这是我的！"在分析时，应运用儿童的心理发展理论中关于幼儿的自我意识与合作能力为支撑对幼儿的行为进行分析。2岁左右的幼儿社会合作意识差，容易发生冲突和攻击行为(指向外部世界)。自我意识开始发展，这种自我意识更多来自于对特定所有物的保护(指向内部世界)。又如，当观察者记录到一个8个月大的婴儿不断重复着扔掉勺子，然后看着妈妈把勺子捡起来，这一系列动作是外在的、客观的。那么这些动作意味着什么呢？如果缺乏儿童发展理论的支持，就会用一种常见的思路来解释，我们经常听见父母得意地嗔怪："这小家伙很坏，很淘气。"根据皮亚杰的理论，4~8个月的婴儿正处于感知运动阶段的二级循环反应阶段，婴儿会有目的地使有趣的行为结果得以持续发生。通过这种重复，婴儿更熟练地掌握各种简单动作。而那个不断扔掉勺子的婴儿正在通过不断重复，练习抓握、扔掉的动作，这并不是一种调皮捣蛋，而是一种认真的学习。通过儿童理论的分析，我们能为儿童的大多数行为找到合理的解释，从而真正理解儿童。

（三）儿童发展理论为提出发展适应性策略提供可能

行为观察不仅要正确解释儿童行为，更要根据行为观察与分析的结果，总结儿童的发展现状，分析进一步发展方向或发展中存在的问题，为儿童提供发展适应性的教育提出建议。儿童发展理论不仅告诉人们儿童发展的规律，而且根据这些规律，通过实证研究提出许多科学合理的建议。因此，运用儿童发展理论，可以帮助观察者根据行为观察结果，提出适宜儿童发展的教育策略。

知识链接

解释幼儿行为的理论观点

作为一个反思型的教师，只有具备扎实的儿童身心发展方面的科学知识才能有助于解释和分析幼儿行为。这里简单介绍几种解释幼儿行为的理论观点。

一、精神分析论的观点

精神分析论又称心理分析论，由奥地利精神科医师弗洛伊德(Sigmund Freud，1856—1939)提出的。他从治疗精神病患的经验与病理研究中创造了精神分析学派，提出他的人格发展理论。他认为人的一举一动都受到某种动机的驱使，而许多动机源于人的潜意识，非个人所能察觉。此理论着重说明引发行为的内在力量。精神分析论的重要观点有三个：

(一)本能、目标与动机

弗洛伊德认为人是一个复杂的能量系统，所有的行为包括思考、学习以及各种心理功能表现，都是由心理能量所所推动，心理能量的来源则是人与生俱来的本能。本能可分为生本能与死本能两种，前者以促进自我的生存为目标引导个体种种维持生命的活动，如呼吸、饮食以及其他满足身体需要的行为；而死本能则是存在于个体本身的破坏力量，当个体死本能的累积量超过其所能容忍的范围时，就会向外宣泄而产生如自虐、斗殴等行为。

弗洛伊德的基本主张是：人有两种察觉的潜意识。人有两种意识状态，一是可察觉的意识，二是不能觉察的潜意识。人在意识状态中，常会利用一些技巧，即所谓的防御机制(defense mechanism)的精神分析的目的就是把那些被我们压抑的想法提升到意识的层面，使我们能真正地面对及解决它们，这一过程就称为自由联想(free association)。

(二)人格的结构

人格的结构依弗洛伊德的观点，心理能量可以分为三部分，即人格结构中的本我、自我、超我。本我(id)由与生俱来的本能需求组成，主要功能是追求本能需求的立即满足以避免痛苦，其遵循的原则为快乐原则。自我(ego)是指心理能量逐渐从本我转向知觉、学习以及逻辑推理等重要的认知过程时，便形成了自我。自我具有两项功能：一为寻求实际方法以满足本我的需求，如饿了吃东西；二为控制本我的不合理冲动，其所依据的原则为现实原则。超我(superego)是人格结构中的道德仲裁者，由自我发展而成，分为理想自我与良心两部分。3~6岁的幼儿能逐渐将父母或老师的道德观与行为准则内化，成为其自身的道德观与行为准则，能在做错事后产生罪恶感与羞耻心，这就是超我的力量。

弗洛伊德认为，人格结构中的本我、自我和超我虽各司其职，但三者只有维持平衡，才能具有健全的人格，自我居于中间，发挥协调与平衡的作用。

（三）人格发展的分期

弗洛伊德认为性本能是最重要的心理能量来源。他根据不同发展阶段性心理的特征，将个体的发展分为下列五个阶段：

1. 口唇期（出生至一岁或一岁半）

婴儿透过口腔活动来获得满足，如吮吸、咬嚼及吞咽等。母亲或家人对婴儿口腔活动限制与否，会影响其长大后的性格是退缩、悲观还是开放、乐观。

2. 肛门期（一岁或一岁半至三岁）

一岁后，孩子性本能的满足由口腔区域转向肛门区域，孩子会以肛门排为满足的来源。此时期正值父母开始实施大小便训练，父母教养态度是否严格，也会影响孩子是否顽固、刚愎、吝啬或随和、懦弱、浪费。

3. 性器期（三岁至五六岁）

此时期的幼儿常抚摸性器官以获得快感，恋母或恋父情结亦在此时期发生。男孩会爱恋母亲，女孩会爱恋父亲同性亲子关系会因争宠而紧张或敌对。儿童因害怕同性父母的报复会转而认同同性的父母，吸收他们的价值观与人格特质，从而趋向与生理性别相同的性别角色发展。

4. 潜伏期（五六岁至十一二岁）

儿童自五六岁以后，性冲动暂时隐没，心理能量转向学校的课堂与游戏当中，对各种活动都很感兴趣。儿童此时对性别非常敏感，是同性相吸的阶段，把自己的交往局限于同性的群体。

5. 生殖期（十一二岁至二十岁）

随着青春期来临，性器官成熟、性激素分泌增加致使性本能复苏，性器官再度成为身体的敏感区域，青少年男女开始以异性为爱慕对象。由于社会与家庭中的性禁忌，很多青少年会感到紧张，为消除性威胁，有些青少年会从家庭中退缩，也会贬抑父母，造成亲子冲突，直到他们与同伴建立较密切关系后，亲子关系才会恢复正常（黄德祥，1997）。此阶段与前述口唇、肛门、性器等阶段的不同是青少年已从一个追求肉体快感（直接目标）的孩子转变为追求更有价值目标的青少年。这些目标包括形成友谊、从事职业活动与婚姻准备等活动，以便完成生儿育女的终极目的。弗洛伊德的心理分析论受到许多正反面的评论，例如恋母恋父情结并非普遍存在于每个儿童，精神病人的研究是否可以推及一般人的发展等，但是他所提出的儿童早期经验影响长大成人后的人格特质及父母教养态度对子女人格发展之影响等论点，具有不可否认的价值。

新精神分析学派学者中最有名的埃里克森（Erik H. Erikson，1902—1994）。他是美国人，是弗洛伊德的学生，他认为人是社会的产物而非性本能的产物，因而将其理论命名为社会心理发展论。依埃里克森的看法，人格的发展并非止于青春期，而是一个终其一生的过程。他将人的阶段分为八个阶段（见表 2-1），由于个人身心发展的特征与社会文化的要求不同，每一阶段都有其独特的发展任务与所面临的发展危机。

表 2-1 埃里克森的社会心理发展论各阶段分期与重点①

阶段	年龄	阶段危机	发展重点
婴儿期	出生至 1 岁	对人的基本信任 vs 基本不信任	亲子关系是信任与不信任发展的主要力量
儿童初期	1~3 岁	自主 vs 羞愧怀疑	儿童需要学习自我控制，建立自主感
学前期	3~6 岁	主动 vs 退缩内疚	儿童需要保有自由与好奇心以掌握环境
学龄期	6~12 岁	勤奋努力 vs 自贬自卑	儿童需要学习面对不当幻想，努力完成学业，并获得成就
青春期	12~20 岁	自我同一性 vs 角色混乱	青少年需要获得自我的独特感，并学习获得社会中有意义的角色与地位
成年早期	20~24 岁	亲密 vs 孤独	成人需要学习如何爱人与付出爱
成年中期	24~65 岁	创造 vs 停滞	成人需要具有创造力与生产性，包括创造思想、产品与子女
晚年期	65 岁以后	自我整合 vs 悲观绝望	老年人需要满足于过去的一切，但不迷恋，能肯定一生所作所为

埃里克森的社会心理发展理论说明，每个人终其一生都在家庭、友伴、学校、邻居、社区等环境中面对或应付各种心理危机的挑战，修正自己，形成并发展自己的人格。每一阶段的危机皆与家庭中的成员，如父母子女、兄弟姐妹、夫妻、祖孙等人际互动的态度与行为有关。

二、行为论的观点

行为论又称学习论，其重点在于探讨人如何学习人的刺激与反应结合学习过程，才是行为发展的基础。此理论研究的是可观察测量的行为，不涉及经由内省的意识或假想的潜意识等。构成行为的基础是个体的反应，新反应在约作用的控制下产生，个体行为不是先天遗传的而是在后天环境中学习的。行为论有两个主要理论流派：行为学派和社会学习学派。

(一)行为学派

此派创始人华生(John B. Watson，1878—1958)认为，个体发展并非呈阶段式进

① 该表引自王振宇主编：《幼儿行为观察与记录》，华东师范大学出版社 2013 年版，第 1 页。

行，而是透过刺激与反应之间的联结（S-R）过程逐渐习得新的复杂行为模式。其后有提倡操作性条件反射（又称工具性条件反射）的斯金纳（Burrhus F. Skinner，1904—1990）认为，人会因受到强化而继续做出好的行为或因被惩罚而压抑行为。

（二）社会学习学派

此派以美国人班杜拉（Albert Bandura，1925—　）为代表，他认为人类的行为并不完全像行为学派的华生或斯金纳所说，是刺激与反应过程，他主张个体行为多数是经由观察与模仿而形成的。其理论兼顾认知因素与环境因素，并认为个体主要的模仿对象为父母、同伴、老师。个体观察学习的过程包括注意、保留、模仿动作、动机等四个部分，这些模仿对象若能提供良好示范与正确的行为模式供孩子观察与模仿，从而产生正向行为。

三、认知发展论的观点

有关儿童认知发展的理论颇多，最著名的是瑞士学者皮亚杰（Jean Piaget，1896—1980）他自 1920 年代开始研究儿童智力的发展，认为儿童是建构者，他们根据认知发展的层次来建构现实世界，而非完全受本能影响或受制于环境。

皮亚杰认为智力的主要功能是协助个体适应环境。智力是儿童思考的内容，智力结构的基本单位是图式，智力活动的主要目标则是在个体的思考过程与环境之间建立和谐的平衡关系。环境中种种新奇的刺激，如果不能为儿童所理解，则可能形成儿童与环境之间的不平衡，从而促使儿童调节自己的心理结构，以适应环境。皮亚杰认为人类与生俱来具有组织与适应两种心智功能，而且以同化及顺化两种作用来改变认知结构。同化与顺化过程是同时并进、相辅相成的，儿童一方面同化新的经验，另一方面也同时顺化自己的认知结构，以适应环境的新要求。通过此两种过程，儿童对世界的了解增加了，而其认知结构亦朝高层次发展。

皮亚杰认为认知发展是一系列质的变化阶段，即前一阶段与后一阶段有差异，不是程度上、数量上或功能上的区别，而是结构上的不同（蔡春美，1988）。其认知发展阶段的分期如表 2-2 所示。

表 2-2　皮亚杰的认知发展阶段划分

发展阶段	年　龄	主要发展
感知运动期	出生至 2 岁	1. 反射性动作 ⇒ 自发性动作 2. 自我中心，建立物体永存概念
前运算期	2~7 岁	1. 以直觉来了解世界 2. 自我中心，认为万物有灵
具体运算期	7~11 岁	1. 借亲身经验与具体事务进行抽象思考 2. 逐渐脱离自我中心，具保留概念
形式运算期	11 岁以后	1. 能运用符号、文字 2. 能抽象思考，处理假设

第二节　幼儿行为观察与分析的基本原则

一、幼儿行为观察的基本原则

观察的原则是指观察者在进行有价值的观察活动时必须遵循的基本要求和准则。观察只有遵循一定的原则才能尽可能地驾驭观察过程，从而提高观察的质量及其科研水平。

(一) 客观性原则

客观性原则是指观察所获得的现象和过程能如实地反映客观事实，正所谓“眼见为实”。遵循客观性的原则，需要注意以下几个问题：观察要在自然状态下进行；观察要在重复出现的情况下进行；要选择典型的观察对象和观察条件；观察要有科学理论作指导，经验和科学理论知识愈丰富，对事物的认识愈客观、深刻；要全面地观察事物：多方面、连续、完整；防止主观性。

观察中避免一些主观因素影响观察的客观性。

(1) 先入为主的偏见。

先入为主的偏见，常常让我们以原先固有的观念来判断事实而不是根据事实去修正原有的观点。例如，在行为观察中儿童的语言、身体外表等会影响我们观察的客观性。说方言的孩子可能会不受欢迎，健康、整洁、机灵的儿童往往比不健康、不整洁、缺乏生气、木讷的儿童更讨人喜欢等。

如图 2-1 所示，一个小孩站在椅子上拿着剪刀剪花盆中的叶子，你会怎样描述观察到的现象？

图 2-1　剪叶子的小孩

A. 一个快乐的儿童在玩游戏

B. 一个危险的场景——孩子会跌倒，受伤

C. 一个要搞破坏的儿童

(2)无意过失。

无意过失是指观察者在观察过程中无意识地渗透某种主观因素，使观察记录没有如实反映客观情况。幼儿教师在观察时，注意两种现象“观察者放任”现象和“观察反应性”现象。

“观察者放任”现象是来自观察者本身的干扰，是指观察者记录了部分行为后，觉得对幼儿的反应已经“心中有数”了，其行为不外乎是这般，于是产生不耐烦的情绪。这样就会有意无意地凭着前面的印象来判断幼儿的行为，从而使后续的观察记录丧失真实性。

案例分析

一位英国医生让他的学生们亲口尝一尝糖尿病人尿的味道，并当场做了示范：他当众用手指蘸了一下尿，舌头舔了一下手指，然后要求学生完全按照他的样子重复这一个过程。学生们都极不情愿做这种事，但是又不得不做。于是勉强地尝了一点，都说糖尿病人的尿是甜的。

这时医生笑着对他们的学生说：“我让你们完全按照我的样子重复我的动作，可是你们谁也没有仔细观察我是怎样做的。我伸到尿里去的是中指，而用舌头舔的是食指。好了，现在你们真的知道了糖尿病人的尿是甜的，这很好。但你们更应该要记住的是忽视观察细节的教训。”

只有当经验事实十分丰富，并且事实足以反映事物之间的联系的时候我们才能去建立这种联系，切不可用过去的经验和以往的知识去填补观察事物的空白，否则将得出错误的结论。

“观察反应性”现象是来自观察对象的影响客观性的因素。它是指当观察对象知道有人在观察他时，会改变自己的行为，做出不正常、不自在的反应。

要消除无意过失，需要观察者预先熟悉被试，预先来到现场，持续观察一段时间，使被试不再感到陌生，并对观察者在场感到习以为常。

(3)不受假象迷惑。

假象是事物本身所表现出来的又歪曲了事物本质的一种客观现象。如海市蜃楼、筷子在水中变弯。如果我们不能借助理论思维，不用实践去正面，就会把假象当真相。

(4)防止产生错觉。

错觉的产生和人的器官和心理因素有关。如当一个人把左手放进热水而把右手放进冷水中浸泡一会儿，然后再把两只手同时放进温水中时所产生的感觉是不一样的。

(二)目的性原则

观察始终是一种有目的、有意识的认识活动。它始终是和有意注意结合在一起，因而观察具有选择性。

科学观察的目的性，表现在对某次观察所要解决的问题，所要获取的资料，有预先明确的决定，并对所要观察的问题或变量做出明确的操作定义。

明确观察的目的，是科学研究中运用观察法的基本要求。观察目的的明确不仅指明确地提出问题，而且要求详细规定所要观察的具体的行为。

根据研究目的选择典型的研究对象，环境条件和工具，排除无关因素的干扰。实践证明，观察目的、任务越明确，对观察对象的反映就越清晰、越完善，观察的效果就越好。

有时候观察结果可能是意外的发现，称为"随机观察"。这里的观察目的体现在观察者能随时抓住这个意外的决断与动机之中。这就要求我们不仅仅要"明察秋毫"，还要有"远见卓识"，应建立起多级的观察目的。

(三)自觉性原则

自觉性的原则是指在观察时要坚持科学理论的指导。观察由感觉、注意力、理解力三部分组成。观察者要在观察研究中有意识地提高自己的观察力和理性思维的能力。要当科学的教育家，首先要当观察家，通过不断磨炼形成良好的研究品质。

二、幼儿行为分析的基本要点

分析是对记录所做的解释和说明。这个过程，也是对记录赋予意义的过程，同时也是一个建构的过程。对儿童行为观察的结果，教师在分析时应做到理论与实际紧密结合、论述需要突出重点，并具有个人有独到的见解。

(一)主客观的处理

幼儿成长与发展离不开一定的情景；在现场观察时，记录内容由观察者选择。由此而言，我们的记录内容不可避免带有一定的情境性和主观选择性。加之，观察者身上承载着本民族或多民族的文化，致使记录时带有文化的印记。这些方面说明，观察记录做不到完全的客观，这是由于因为每个记录者都有内隐的儿童观、教育观、课程观和价值观。而在记录过程中，这些内隐的个体见解会在不知不觉中影响记录者的视角。故此，记录者难免会有意或无意选择他们认为有价值的信息。幼儿行为的产生、改变、调整等，受到情境中的其他因素尤其是人(外来观察者、教师、同伴等)的影响。这在一定程度上也说明了幼儿容易受到外在心理的暗示。教师在做记录时，要根植于幼儿的活动或教学活动所处的文化尤其是制度文化背景；在选择记录内容乃至对内容进行解释时，不应排斥文化所产生的影响。

教师作为研究者，在对大量的观察记录进行分析时应避免记录内容的情境性而致使在分析时带有个人的主观色彩或主观偏见。我们需要做的不是去否认或完全杜绝自己的主观，而是要在清醒中对自己内隐的观念进行反思、分析、判断甚至是调整等。这也是一个反思型教师专业成长与发展必经历的过程。

(二)依据相关理论分析

研究者在分析观察记录时，要借助相应的儿童心理发展理论，同时又要超越相关的理论，以发展的眼光来看待儿童的成长与发展表现。因此，要想分析好观察记录，教师要掌握和深入理解相关的儿童理论，在不断的教育实践中将理论与实践相结合，使理论较好地指导实践。

案例分析

观察 1：

“丁鹏，别插队。”我站在活动室门口正在组织男孩子们饮水。段阳阳手里拿着水杯也插口道：“丁鹏，你这样不听话，会把老师累坏的。”然后又转向我：“王老师，你不累吗？你也喝点水吧！”“谢谢！段阳阳。”他的胖脸上马上乐开了花。

观察 2：

“高子清，你怎么了？”组织孩子们上完厕所回来。我正在弹琴，稳定孩子们的纪律，孩子们听到琴声也安静地开始听琴做韵律活动了，忽见段阳阳站起身走到前排俯身关切的向趴在桌子上的高子清：“你不舒服吗？是不是有人欺负你了？告诉我，我去告诉王老师！”我也忙走过去问高子清怎么了。后来高子清身体有点不舒服。我忙带她去医务室作了处理。心想多亏了这心细的段阳阳呀！

观察 3：

早上我正在院子里带孩子们做操，忽然发现段阳阳抹着眼泪，不做操了。“怎么了，段阳阳？”我过去问。他不做声。在旁边看操的姨奶奶过来拉起他的手，走出了队伍。做完操回到教室发现姨奶奶正在抚摸着他的头说着什么。我刚要问个究竟，姨奶奶冲我递了个眼色，拉我到一边说：“做操时，他看见张辰喧妈妈亲了一下张辰喧走了，他可能又想起了自己的妈妈。心里难过了。”姨奶奶眼圈红了，我的心里也酸酸的。我走过去对段阳阳说：“来，让老师妈妈亲亲。”亲了一下他的胖脸蛋说：“来，当老师妈妈的小助手，做值日生给小朋友发勺子去吧！”“好吧！王老师。”他红红的眼睛乐成了一条缝，忙开了。

观察4：

孩子们正在安静的操作数字游戏。忽听“嬉……”说笑的声音传开了。放眼望去，又是段阳阳！“段阳阳！”他咧着嘴巴笑嘻嘻地看着我低头开始操作了。但不一会儿他又逗这个小朋友，逗那个小朋友笑了……

个案分析：段阳阳是个胖乎乎、个头较高的小男孩。入园以来姨奶奶就告诉我们老师。孩子生下没几个月妈妈就丢下他走了。因为爸爸和奶奶工作忙，他一直由姨奶奶带着。缺少母爱的段阳阳感情非常细腻，也很脆弱。他很善良，也很有礼貌。懂事的他会在生活中主动关心周围的人，但在集体生活中他的自制力较差，会做小动作，不能很好地遵守游戏规则，动作操作能力较差。因此对于这个纯真、可爱的小男孩，既需要我们做老师的有一颗细腻的母爱之心去鼓励安抚他娇嫩敏感的心，又要有老师的理智去发现、引导他改正不足。①

教师对观察记录的分析合理吗？以上个案中的幼儿，可以运用哪些幼儿关教育理论进行详细的分析？

（三）根据个体年龄特点与身心发展状况分析

分析不但要考虑情境性、内隐的观念与文化价值，也要考虑到群体或个体的年龄特点与身心发展状况，即以一种系统整合的思维方式来分析。个人偏好在幼儿行为分析与解读中的影响不可忽视。幼儿在有些时候、有些场合都可能会有不当甚至是“错误”的行为，问题是如何根据特定情景与幼儿的年龄特点、身心状况去分析与解读这些行为。

教师也可以把观察记录呈现给幼儿，和幼儿一起重温、分享活动的过程并与幼儿一起进行分析。这里，“对话”是一种重要的方式。

（四）分析与反思

做记录是一个选择的过程。有时候，重要的不是选择了什么，而是放弃了什么。我们需要反思的是，是什么原因导致放弃的。做记录不在于展示，而是对所记录的内容赋予意义的过程。而且意义的生成不是普遍意义上的，更多是情境意义上的。分析与解读之后，真正的挑战不在于管理和调控幼儿的行为，而是如何整合多种管理模式中的有效

---

① 案例摘自《幼儿园案例分析个案跟踪记录》：https://wenku.baidu.com/view/593bd4f1aef8941ea76e0540.html。

元素，形成专业的且富有个人独特风格的管理与调控方式。这对于每个渴望追求卓越的教师而言，都可能是一个不小的挑战。

第三节　幼儿行为观察与分析的基本方法

观察记录不是简单的纯粹的活动记录，它的目的在于让教师在关注儿童时，更加自主、深入地观察和了解儿童，能更好地遵循《幼儿园教育指导纲要(试行)》和《3~6岁儿童学习与发展指南》的要求针对每个儿童的不同特点和状况进行科学施教，让教师真正做到和做好“因材施教”。

一、幼儿观察的基本方法

(一)日记法

日记法是研究儿童发展最常用的一种方法。它是对学前儿童做一段长时间的研究(纵向研究)，以日记的方式记载学前儿童成长与发展中某些特定范围的情形。日记法需要观察者与学前儿童之间保持亲密的关系，并且有长时间的接触。1774年，裴斯泰洛齐首创了宝宝传记法，撰写了《一个父亲的日子》；1881年，普莱尔发行《儿童的心理》；1900年，达尔文撰写了《一个婴儿的传略》。日记法可以将观察的事物按时间和发展的顺序进行记录，例如：“某月某日，小蚕破壳而出。某月某日，第一次蜕皮。某月某日第二次蜕皮。某月，蚕身由黑变白，某月某日，蚕身由白变亮。某月某日，开始吐丝织茧，某日茧成。某日茧破蛾出，某日雌雄蛾子交死，某日产卵。”日记法是指研究者运用如同写日记的方法，对学前儿童的行为进行观察和记录。

日记法具有对观察对象进行长期的跟踪观察，即纵向记录。用日记的方式记录新行为表现的两大特征；综合式日记法可以记下孩子大致的发展情形；主题式日记法将观察焦点集中在某一或几种发展的层面，例如语言、社会、认知、动作技巧的发展。

(二)轶事记录法

轶事，是指独特的事件，感兴趣的、有意义的事件。轶事记录法是观察者将自己感兴趣的，并且认为是有价值的、有意义的儿童行为和反应，以及可表现学前儿童个性的行为事件，用叙述性的语言记录下来，供分析儿童的行为所用。

轶事记录法主要用文字描述的方式记录情况，不受限于新行为，内容可以是特定的发展范围，也可以是特别的儿童。

轶事记录具有简单、方便、灵活的优点，也是最简单、最常用的观察方法。研究者用最简略的话描述内容，说明行为的背景及情境，资料清晰，观察具有长期性。但是，这一方法容易受观察者主观偏见影响，且记录的简练导致错误的解释或价值判断。

轶事记录法运用的注意事项：

(1)考虑什么情况下需要运用轶事记录法。

(2)尽可能迅速地将事件记录下来，并记录有意义行为发生的情境。

(3)记录的资料要客观、简化、准确和完整。包括行为发生的情境、时间及基本活动、语言；有开始、事件发生的过程和结尾的完整的内容。

(4)尽可能运用正确的词汇和文字进行记录。

(5)把对事件的描述和对事件的解释区分开来。

(三)实况详录法

实况详录法，是指观察者在一段时间内(如一个小时或半天，甚至更长的事件内)持续不断地、尽可能地记录被观察对象所有的行为动作表现，然后进行分析的方法。实况详录法所记录的内容是被观察者本身，被观察者与他人互动时所做的每一件事和所说的每一句话，以及被观察者所处的背景、环境。观察者详细记录行为、发生时的背景情景、行为发生的先后顺序，甚至被观察者所有的言行都是重要的，都需要记录。

实况详录法使用简单，可以随时记录。只要情境合适，不需要经过很长时间的训练，观察人数不受限制，可以用于对课程的评价。但这一观察方法耗费许多时间和精力，需要快速记录能力，需要优质的观察能力和文字表达能力，研究者处理资料有一定的难度。

实况详录法运用注意事项：

(1)观察记录要详细、全面，以描述的方法记录。

(2)用摄像机或录音笔。

(3)一般连续记录的事件在一个小时左右。

(4)注意区分客观的记录和主观的意见和评价。

(四)时间抽样法

时间抽样法是指在整个时间段内每隔一段时间做一次记录。观察之间的间隔及每次观察的时间长度，通常根据整个记录的时间安排来决定，而完整的观察记录时间通常取决于观察者开展观察的主要目的。比如，如果你想发现一个儿童是否能够在听故事时间里集中注意力，你可以计划每分钟看一下这个儿童，并记录下该儿童在做什么。记录可以是这个样子的：

观察

上午10:01　安静地坐着，看着老师。

上午10:02　专心地看着老师呈现给大家看的图片。

上午 10:03　向上拉她的袜子，并把袜头部分小心地翻下来。
上午 10:04　老师叫她名字的时候，她回应了。
上午 10:05　在老师针对故事内容提问的时候，她举手发言。
……

如果一个孩子具有攻击性行为，或表现不太合群，你可能需要观察一个上午甚至一整天。这个时候，研究者的观察时间可以定为 20~30 分钟。

(五)检核表

检核表，也称为检查清单。检核表可用于记录单个儿童或儿童团体的活动，如表 2-3 所示。检查清单法与叙事、书写的观察不同，后者只要求你将看到的写下来，而前者要求你预先做好准备工作，弄清楚你想从儿童身上揭示些什么。检查清单法在学校中应用得较多。现代多数的课堂教学都允许儿童有一定的自由可以自己安排学习活动，这时，记录他们的学习成就显得必不可少了。这里需要指出的是，我们记录的是儿童的成就而不是他们没能做到某事。当然，我们在这样做时可以识别出儿童的需要。

表 2-3　幼儿动作发展检查清单

活动	A	B	C	D	E
单脚站立 3 秒	√	√	√	√	×
在固定地方双脚跳	√	√	√	√	√
单脚跳	×	×	√	×	√
踢球	√	√	√	√	√
抓住大球	×	√	×	√	√
骑三轮脚踏车	√	√	√	√	√

当然儿童可能无法在一天内完成清单上的内容，也可能不是按给出的顺序完成的。在检核表中，越是年幼的儿童越是不可能做到“按指令做”。如果你把这一评价活动以游戏的形式呈现，你会得到更为真实的结果。①

(六)追踪法

追踪观察法是追踪一个儿童很长一段时间，观察其去哪些地方做些什么。观察结果

① Garole，Diana Vennis 著，单月敏、王晓平翻译：《观察儿童》，华东大学出版社 2008 年版，第 8 页。

的记录可以是描述性的叙述，也可以用图表将结果表示出来。你在实施该观察法之前，应该预先规划好观察儿童的场地，如婴儿屋、教室或户外活动场地。最显而易见的是记录一个儿童在自由活动时间从事哪些活动。这种观察记录可以了解该儿童是专注于一项活动，还是不停地换活动。你也可以用这种方法来记录某个儿童在某个时刻的各种社会性交往活动。

追踪观察法的记录可以如图 2-2 所示。

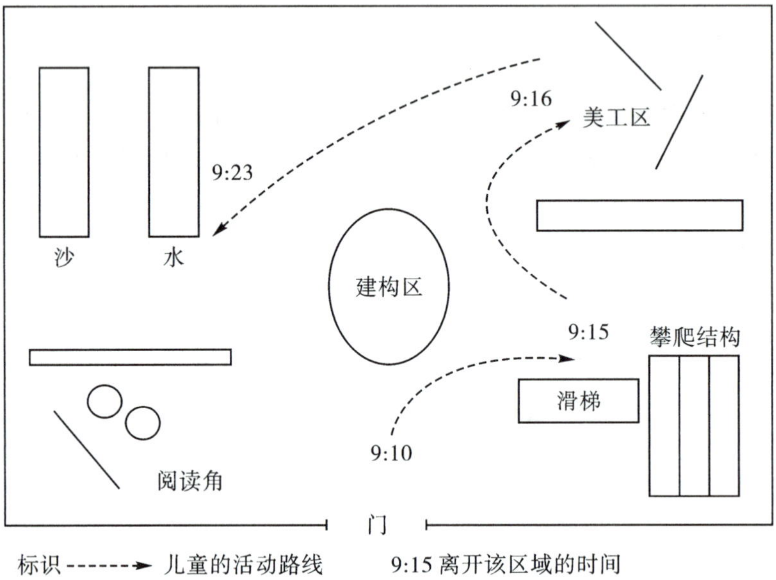

图 2-2 某幼儿追踪法观察图

二、幼儿行为分析的方法

在幼儿行为观察活动中，或者是对幼儿行为观察的研究中，教师会比较关注如何观察幼儿的行为，许多学者也会将观察研究的方法作为重点进行介绍。其实，对幼儿的研究中，观察仅是研究的开始，并不是研究的终点。对观察记录的行为进行分析，才是观察活动的重点。许多幼儿教师会以“叙事”的方式记录一些教学日志，其中包括对幼儿行为观察之后的一些记录。然而，多数老师会让这些记录束之高阁，却又抱怨自己对幼儿的了解不够深入。其原因之一就在于教师对幼儿行为观察记录之后不会分析，也就无法通过这些“观察”来改变自己的教学行为。对行为的分析，没有捷径可走，需要教师一步一个脚印地从实践中积累经验，提高自己的分析能力，提升自己的观察研究素养。下面，不妨通过几个案例来阐述幼儿行为分析的三种策略。

（一）换位揣摩

教师需要从行为主体的角度来思考幼儿行为的动机与价值。在教育实践过程中，老师不要用自己的思维绑架幼儿的思维，也就是不要用成人的思维方式去理解幼儿的行为。

案例 1：玩雪

小 A 拿了一块雪，眼睛看着我，停顿了一下，然后跑向另一个地方。

该案例描述了幼儿一个很简单的行为。在实际的教学过程中，小 A 的行为会有两个结果：一是教师阻止小 A 的行为；二是小 A 的行为被教师忽略了。案例中，教师采用的显然是第二种，或许教师的这种行为反应并不是事先设计好的。事实上，第二种处理方式显然要比第一种好。对小 A 的行为描述中，有四个动词“拿”、“看”、“停”、“跑”。这四个动词表达了小 A 这一行为的心理变化：“拿”是幼儿天性使然，表达了小 A 的高兴情绪；“看”与“停”，表达了小 A 对老师的敬畏，并开始等待老师的“指令”，同时小 A 开始怀疑自己“拿”雪的正确性；“跑”表达了小 A 对老师“指令”的理解，尽管老师没有对小 A 的行为做出指令，但是老师没有对行为做出及时的反应本身就是一种“指令”——默许。小 A 的理解就是：老师没有否定，即是肯定。对小 A 行为的这些分析，还原了当时小 A 对“玩雪”的价值判断，这种价值判断可以帮助老师更好地了解幼儿。

（二）方法归因

对幼儿行为观察目标的分析，应关注幼儿的学习方式与特点的分析，并做到基于行为表现的分析。切忌根据一种情境所体现出来的行为，对幼儿进行“下结论”的分析与判断。这种“下结论”式的判断，是一种静止的分析方法，不适合用在动态发展的幼儿身上。因此，我们将这种关注幼儿学习方式与特点的分析称之为“方法归因”。

案例 2：幼儿的冲突处理

小 A 拿了一个呼啦圈，小 B 也要去拿，两个就争执不下，此时，小 B 就从口袋里拿出一个“像桂圆”一样的东西给了小 A，小 A 就把呼啦圈给了小 B。

从案例中可以看出，这两位小朋友为了呼啦圈产生了一些小小的争执。而这争执，不需要老师关注，争执的产生、发展与结束，均由幼儿自主完成。然而，老师需要关注幼儿采用什么样的方式，解决这些冲突的。案例中的小 B 用了一种“物与物交换”的方式解决了这一冲突。根据对其他幼儿的观察，可以明显感觉到小班幼儿采用这种方法解决冲突的现象比较少见。因此，作为一种“异常”现象，需要老师对小 B 在这一社会性发展方面给予关注。而下面的案例可以告诉老师幼儿的模仿学习无时不在。

案例 3：幼儿的模仿学习

一位小朋友在大家读完之后才来，其他小朋友就说："睡懒觉。"老师说："刚好赶上我们给树装扮。"小朋友就位以后就开始动手做了。此时，又一位小朋友进来了，小 A 就说："他正好赶上。"

在案例中，老师对幼儿迟到的态度，显然与幼儿已有的经验不相符。幼儿已有经验是一种"责备"、"嘲笑"的应对方式，老师的一句"刚好赶上我们给树装扮"，给幼儿一种纠正的机会与学习的范式。果不其然，有一位小朋友就模仿老师的学习，调整了自己对幼儿"迟到"的态度。可见，这则案例可以告诉我们，幼儿的学习经验与教育目标不一致时，老师不能用一种"责备"的态度去否定幼儿的学习，而是给出一种正确的学习方法，供幼儿学习。

(三) 单元分解

尽管在研究的过程中，要求老师以一种行为表现的方式来记录幼儿的行为。然而，幼儿的行为表现往往是整合在一起的，有时难以机械地区分开来。如以下案例。

案例 4：教师引导幼儿说"谢谢"

小 A 给小 B 加牛奶，老师对小 B 说："你应该怎么说?"小 B 只管自己摆弄杯子，摇晃着身子，无论老师怎么要求，就是不说，老师没有坚持，只是说："老师喜欢有礼貌的小朋友。以后小朋友帮你做了什么事后，要说'谢谢'。"小 B 说："哦。"老师顺势说："那么，你对小 A 说'谢谢'。"小 B 很爽快地对小 A 说："谢谢。"小 A 说："不用谢。"

案例 4 的描述，相比案例 1 来说，就复杂多了。像这样的行为观察记录，在分析的时候，需要对其进行"单元分解"。单元分解，就是将一种行为表现按照事情发展的顺序，以独立行为单元的方式进行分解，而后进行分析。这种分解，往往是以事情为单元进行划分的。案例 4 可以分成三个单元：第一单元，老师没能让小 B 向小 A 说声"谢谢"；第二单元，老师表达了自己喜欢小朋友的标准；第三单元，老师让小 B 向小 A 说声"谢谢"。这三个单元组合在一起，体现了老师引导幼儿的策略，同时体现了幼儿处理冲突的方式、认知规律以及情绪表现方式，综合体现了幼儿社会性发展。作为老师的分析，需要根据观察目标来进行，不同的观察目标可以从中分析出不同的内容来。因此，这种单元分解的分析方法也强调了老师对行为观察目标的分析需要有针对性，突现关键信息。

分析策略，在实际研究过程中，远不止以上三种方式，并且分析的时候，也不是一种方式“单打独斗”，需要整合不同的策略进行多角度、整体的分析。唯有这样，才能比较准确地了解幼儿的学习和发展的规律、方式与特点，并有效地引导幼儿更好地学习与发展。①

案例分析

观察与记录：菜死了②

关于“菜死了”这一话题，是我带孩子们去参观蔬菜大棚而引起的。

孩子们一进入蔬菜大棚，就被里边的各种各样的蔬菜吸引了。他们兴奋地说着各种蔬菜的名字，不时这里看看，那里摸摸，有时还凑上前去用鼻子嗅嗅。

几个孩子在辣椒边上争论着：

“快看！辣椒叶子上有好多小洞洞。”

“辣椒生病了。”

“不对。这些小洞洞是虫子咬的。”

“你看，我捉到了一只虫子。这些小洞洞肯定就是它咬的。”

在另一边，几个孩子正在争论番茄树有多高。

“我想，我爸爸会有这么高。”

“不会有这样高的。”

“我爸爸就有这么高！”

“不可能！不相信叫你爸爸来比试一下。”

这时，一个孩子说：“快来，快来！死了，死了！”

大家不知道什么死了，都好奇地围了过去。

陈松杰发现了一株死了的西红柿。

“你们看，这株西红柿死了。”

“不是死了，是蔫了。”

“蔫了就是死了。”

“这株西红柿还没有死。你看，这里还是活的。”

---

① 金卫国：《幼儿行为观察目标的描述及分析策略研究——以社会领域为例》，载《浙江教育科学》2013 年第 4 期。

② 董旭花：《观察记录：走进童心世界》，https://wenku.baidu.com/view/d5e29148e45c3b3567ec8b8a.html?from=search。

"哪里还是活的?"

"这里。我爸爸说，里边干了才是死了。这里是湿的，就是没有死。"

"一定是死了，要不放到这里干什么?"

"叶子黄了，它就死了吗?"

"我知道了。这一株西红柿的叶子已经死了，因为它的叶子已经蔫了；但是它的茎还没有死，因为这里边还没有干。"

"这么说，它既是死的又是活的?"

"它是有点死了。"

孩子们对蔬菜是在什么时候死的问题很感兴趣。有的说，蔫了就是死了；有的说，黄了就是死了；有的说，没有在地里就是死了；有的说，干了才是死了；还有的说，腐烂了才是死了。他们去问管理蔬菜大棚的老爷爷，老爷爷也被难倒了，他们又去问老师，老师说我们回去查查资料吧!

"你看，这里有一个掉到地上的西红柿。我想它也死了。"

"它还是活的。它里边有水。"

"它没在树上就是死了。"

"是活的。烂了才是死了。"

"这个西红柿还可以吃的，没有烂。"

"如果你吃它，你就是在吃活的东西。"

……

教师分析：

一株西红柿是"死"还是"活"，即使让一个学生物学专业的大学生回答，也不是一个简单的问题。让人感到吃惊的是，孩子们居然能如此富有哲理地讨论这个难题。让成人常感到不可思议：蔫了就是死了、黄了就是死了、没有在地里就是死了、干了就是死了、腐烂了就是死了、掉到地上就是死了、没在树上就是死了、烂了就是死了……

儿童对事物的认识，常常依据自己已有的经验。当他们的思维没有受到限制时，他们会创造自己的"理论"，例如"是活的。烂了才是死了。""这个西红柿还可以吃的，没有烂。""如果你吃它，你就是在吃活的东西。"儿童的"理论"初始非常简单，以后逐渐复杂。儿童的"理论"虽然不如科学理论那么精确和连贯，却与科学理论有相似之处。儿童认知的发展就是一系列"朴素理论"的发展和形成的过程。

交流和讨论对于儿童来说是十分有意义的。儿童在与他人的对话过程中不仅影响了他人，也受他人的影响。"这一株西红柿的叶子已经死了，因为它的叶子已经蔫了；但是它的茎还没有死，因为这里边还没有干。""这么说，它既是死的又是活的?”“它是有点死了。”这一类的问题讨论使儿童产生认知冲突，帮助他们重新思考甚至修正原先的“朴素理论”。

教师反思：

1. 幼儿会依据已有的经验创造自己的“朴素理论”，儿童认知的发展就是一系列“朴素理论”的发展和形成的过程。我们要懂得尊重幼儿创造的“朴素理论”。

2. 在合作学习中，交流和讨论能使儿童产生认知冲突，有益于他们重新思考甚至修正原先的“朴素理论”。

推荐阅读

《观察儿童实践操作指南》，作者：Carole Sharman 和 Diana Vennis，由单敏月和王晓平翻译成中文，华东师范大学出版社 2008 年出版。该书是观察儿童行为非常实用的实践操作指南，为初学观察与分析的幼儿教师或家长所适用。书中不但说明了观察的重要性，更难得可贵的是非常清晰地告诉你如何一步一步地做观察、呈现观察，并详细地列举幼儿基础阶段的早期学习目标以帮助观察者用于分析幼儿的发展水平。

拓展训练

请你在幼儿园(见)实习期间，运用幼儿行为观察与分析的原则，选择一种观察与分析的方法对幼儿进行观察、记录与分析。

以下是观察记录与分析的内容参考：

(1) 中班幼儿的分享行为；

(2) 大班幼儿的合作行为；

(3) 小班幼儿的言语行为；

(4) 幼儿的游戏行为；

(5) 幼儿的学习行为。

第三章　幼儿认知行为的教育诊断

学习目标

1. 本章导学：常听到小可的妈妈批评小可："长这么大了，都是上幼儿园的孩子了，还总是穿错鞋子，你怎么就这么笨呢？左脚和右脚明明就不一样，穿错了肯定也很不舒服。稍微观察一下就知道哪只应该穿左脚，哪只应该穿右脚。可是我就不知道为什么，你每次一穿上就绝对是反的，怎么就穿不对一次呢？"小可拿着鞋子看来看去，怎么看也看不明白：应该观察哪儿呀？小可还小，方位知觉还比较差，何况妈妈又没教他怎么观察鞋子的左右。这是不能怪他的。上述情况，我们该如何应对呢？在这个单元，我们将一一阐述。

2. 学习重点、难点：重点了解认知行为的含义，常见的不良认知行为，有效的矫正方法；难点在于将方法运用到实践。

3. 教学课时：4 课时。

第一节　幼儿认知行为的内涵

一、认知行为的概念

案例分析

草地上的小动物

在一次大班幼儿美术课上，老师请孩子们围绕"草地上的小动物"这一主题，自由发挥创作一幅画，孩子们都很感兴趣。没多久，一张张作业纸上跳跃着一只只可爱的小动物：有捉虫的小鸡，采蘑菇的小白兔，悠然散步的小鸭子……看着他们画的画，老师一阵欣喜，同时由衷地赞叹孩子们丰富的想象力。正在这时，老师发现一向爱画画的安安的作业本上除了一团黝黑，再没别的了，不由得有点生气："安安，你画的什么？老师怎么说的？"他抬起头，摆出得意的样子，说："我画的是天快下雨了，乌云。"老师继续问道："那你画的小动物呢？"他说："不是说了嘛，天快下雨了，小动物们都跑回家躲雨了。"

提问：面对这种情况，如果你是老师，该如何处理？

回答：幼儿园大班的孩子虽然比幼儿园中小班孩子在表达能力上有很大提高，但是在思维方式上仍然不同于成人，所以在与孩子交流的时候：不要用自己的逻辑和惯用的思维来推论孩子的想法，而要把自己放在学习者的角度去倾听孩子的想法，充分了解孩子的心理。

认知是指头脑中产生认识的内部处理过程及结果，是人的全部认识过程及其品质的总称。它包括感知觉、记忆、注意、想象和思维等心理活动。认知发展是指个体认知结构和认知能力的形成及其随年龄和经验增长而发生变化的过程。学前儿童认知发展受到遗传素质、生活经验、环境刺激及教育背景等因素的综合影响，并依赖于其原有的认知结构和发展水平。儿童认知的发展是连续的，是从简单到复杂、从低级到高级发展的过程。概括地讲，儿童认知发展包括感知、注意、记忆、想象和思维等方面的发展。

二、认知行为的种类

(一)感知觉

感觉是人脑对直接作用于感觉器官的客观事物的个别属性的反映。如苹果具有颜色、口感、重量、形状等属性，这些个别属性在我们头脑中的反映就是感觉。

知觉是人脑对直接作用于感觉器官的客观事物的整体的反映。如看到一张桌子、听到一首乐曲、闻到花儿的芳香等，这些都是知觉现象。

根据知觉过程中起主导作用的感觉器官，可以将知觉分为视知觉、听知觉、触知觉、嗅知觉、味知觉等。根据被反映事物的特性，可将知觉分为空间知觉、时间知觉、运动知觉以及错觉。其中，空间知觉包括形状知觉、大小知觉、深度知觉、方位知觉等。

知觉和感觉一样，都是对直接作用于人脑的客观事物的反映，但它们之间又有区别：感觉是对事物个别属性的反映，而知觉是对事物的整体的反映；感觉是知觉的基础，没有感觉也就没有知觉；各种感觉一经构成知觉，便有机地发生联系。感觉用来收集信息，知觉用来解释信息。同时，事物的个别属性总离不开事物的整体而存在。当我们感觉某一事物的个别属性时，马上就知觉该事物的整体及内在的联系。因此，我们常把感觉和知觉统称为“感知觉”。

（二）注意

注意是心理活动对一定对象的指向和集中。

注意有两个基本特点：指向性和集中性。注意的指向性是指人在每一瞬间，心理活动选择了一个对象，而忽略另一些对象。注意的集中性是指所有的心理活动都指向这个注意对象，即全神贯注。

（三）记忆

记忆是过去经验在人脑中的反映。人们感知过的事情，思考过的问题，体验过的情感或从事过的活动，都会在人们头脑中留下不同程度的印象，在一定的条件下能够提取，这就是记忆。从信息加工的观点来看，记忆是对信息的输入、编码、贮存和提取过程。记忆有许多种类，按记忆内容分为形象记忆、情绪记忆、动作记忆和逻辑记忆。按记忆保持的时间长短分为瞬时记忆、短时记忆、长时记忆。记忆过程可以分为识记、保持、再认和回忆四个基本环节。

（四）思维

思维是人脑对客观事物概括的、间接的反映，是以词为中介，通过概念、判断和推理的形式，反映事物的本质属性和内在规律。

（五）想象

想象是在头脑中对已有的记忆表象进行加工改造，创造新形象的心理过程。根据新形象的形成有无目的性，可以把想象分为无意想象和有意想象。根据新形象的新颖性、独特性和创造性的不同，又可分为再造想象和创造想象。

三、幼儿认知行为的发展的特点

幼儿认知是一个逐步发展的过程。认知发展的基本趋向：

（1）认知发展由近及远。

（2）幼儿认知客观事物是由某一局部到整体、由片面到比较全面。

（3）幼儿最初只是认识事物的表面现象，以后才随着年龄的增长，认识事物内在的本质属性。

（4）幼儿认识一个事物并不是一蹴而就的，而是从最初的认识发展到比较完全的认识，是要经历多种水平或者阶段，由浅入深。

认知是儿童发展的中心任务。从信息加工的观点看，认知的发展就是人的信息加工系统不断改进的过程。幼儿认知发展的主要特点是具体形象性和不随意性占主导地位，抽象逻辑性和随意性初步发展。

教育的任务在于积极引导幼儿认知从具体形象性向抽象逻辑性过渡，从不随意性向随意性过渡，从而为幼儿进入学校从事正规学习做好准备。

知识链接

认知理论

皮亚杰(Jean Piaget，生于1896年8月9日，逝世于1980年9月16日)，瑞士人，近代最有名的儿童心理学家(见图3-1)。他的认知发展理论成了这个学科的典范，一生留给后人60多本专著、500多篇论文。他曾到过许多国家讲学，获得几十个名誉博士、荣誉教授和荣誉科学院士的称号。

图 3-1

皮亚杰对心理学最重要的贡献，是他把弗洛伊德的那种随意、缺乏系统性的临床观察，变得更为科学化和系统化，使日后临床心理学上有长足的发展。

皮亚杰的认知发展理论摆脱了遗传和环境的争论和纠葛，旗帜鲜明地提出内因和外因相互作用的发展观，即心理发展是主体与客体相互作用的结果。主客体相互作用主要表现如下：

第一，在心理发展中，主体和客体之间是相互联系、相互制约的关系，即两者相互依存，缺一不可。

第二，主体和客体相互转化的互动关系。先天遗传因素具有可控性和可变性，在环境的作用下，可以改变遗传特性。

第三，主体和客体的相互作用受个体主观能动性的调节。心理发展过程是主体自我选择、自我调节的主动建构过程。

皮亚杰认为智力的本质是适应，智慧就是适应，是一种最高级形式的适应。他用四个基本概念阐述他的适应理论和建构学说，即图式、同化、顺应和平衡。图式即认知结构。结构不是指物质结构，是指心理组织，是动态的机能组织。图式具有对客体信息进行整理、归类、改造和创造的功能，以使主体有效地适应环境。认知结构的建构是通过同化和顺应两种方式进行的。同化是主体将环境中的信息纳入并整合到已有的认知结构的过程。同化过程是主体过滤、改造外界刺激的过程，通过同化，加强并丰富原有的认知结构。同化使图式得到量的变化。顺应是当主体的图式不能适应客体的要求时，就要改变原有图式，或创造新的图式，以适应环境需要的过程。顺应使图式得到质的改变。同化表明主体改造客体的过程，顺应表明主体得到改造的过程。通过同化和顺应建构新知识，不断形成和发展新的认知结构。

皮亚杰强调主体在认知发展建构过程中的主动性，即认知发展过程是主体自我选择、自我调节的主动建构过程，平衡则是主动建构的动力。平衡是主体发展的心理动力，是主体的主动发展趋向。皮亚杰认为，儿童一生下来就是环境的主动探索者，他们通过对客体的操作，积极地建构新知识，通过同化和顺应的相互作用达到符合环境要求的动态平衡状态。皮亚杰认为主体与环境的平衡是适应的实质。

皮亚杰认为，心理既不是起源于先天的成熟，也不是起源于后天的经验，而是起源于动作，即动作是认识的源泉，是主客体相互作用的中介。最早的动作是与生俱来的无条件反射。儿童一出生就以多种无条件反射反应外界的刺激，发出自己需求的信号，与周围环境相互作用。随之而发展起来的各种活动与心理操作，都在儿童的心理发展中起着主体与环境相互作用的中介作用。

皮亚杰将影响儿童心理发展的各种要素进行了分析，将之归纳为四个基本因素。

成熟指的是有机体的成长，特别是神经系统和内分泌系统等的成熟。成熟的作用是给儿童心理发展提供可能性和必要条件。经验分为两种：物理经验和数理逻辑经验。

(1)物理经验是关于客体本身的知识，是客体本来具有的特性的反映，是通过简单的抽象活动而获得的直接经验。

(2)数理逻辑经验是主体自身动作协调的经验。皮亚杰经常以一位数学家回忆童年时期获得这类经验的故事来证明这一观点：沙滩上玩石子，把10粒石子排成一行进行数数；发现无论从哪一端开始数，其结果都是10；然后再把石子用不同的形式排列，结果数出的数目仍然是10。

社会环境指社会互动和社会传递，主要是指他人与儿童之间的社会交往和教育的影响作用。其中，儿童自身的主动性是其获得社会经验的重要前提。

平衡化，这种认知发展的内在动力是影响认知发展各因素中最重要的、决定性的因素。平衡化的作用基于两个方面：其一，成熟、经验和社会环境三个因素的作用必须加以协调，这种协调作用正是平衡化的功能；其二，每一阶段的认知结构的形成和发展过程，都是连续不断的同化和顺应的自我调节活动过程，这种自我调节正是平衡化的实质所在。

皮亚杰把认知发展视为认知结构的发展过程，以认知结构为依据区分心理发展阶段。他把认知发展分为四个阶段。

(1)感知运动阶段 Sensorimotor Stage(0~2岁左右)。这个阶段的儿童的主要认知结构是感知运动图式，儿童借助这种图式可以协调感知输入和动作反应，从而依靠动作去适应环境。通过这一阶段，儿童从一个仅仅具有反射行为的个体逐渐发展成为对其日常生活环境有初步了解的问题解决者。

(2)前运算阶段 Preoperational Stage(2岁至6、7岁)。儿童将感知动作内化为表象，建立了符号功能，可凭借心理符号(主要是表象)进行思维，从而使思维有了质的飞跃。其特点：

①泛灵论。儿童无法区别有生命和无生命的事物，常把人的意识动机、意向推广到无生命的事物上。

②自我中心主义。儿童缺乏观点采择能力，只从自己的观点看待世界，难以认识他人的观点。

③不能理顺整体和部分的关系。通过要求儿童考察整体和部分的关系的研究发现，儿童能把握整体，也能分辨两个不同的类别。但是，当要求他们同时考虑整体和整体的两个组成部分的关系时，儿童多半给出错误的答案。这说明他们的思维受眼前的显著知觉特征的局限，而意识不到整体和部分的关系。皮亚杰称之为缺乏层级类概念(类包含关系)。

④思维的不可逆性。思维的可逆性是指在头脑中进行的思维运算活动，有两种：一种是反演可逆性，认识到改变了的形状或方位还可以改变回原状或原位。如把胶泥球变成香肠形状，幼儿会认为，香肠变大，大于球状了，却认识不到香肠再变回球状，两者就一般大了。另一种是互反可逆性，即两个运算互为逆运算。如果 $A=B$，则反运算为 $B=A$；如果 $A>B$，则反运算为 $B<A$。幼儿难以完成这种运算，他们尚缺乏对这种事物之间变化关系的可逆运算能力。

⑤缺乏守恒。守恒是指掌握概念的本质特征，所掌握的概念并不因某些非本质特征的改变而改变。前运算阶段的儿童认识不到在事物的表面特征发生某些改变时，其本质特征并不发生变化。不能守恒是前运算阶段儿童的重要特征。

(3)具体运算阶段 Concrete Operations Stage(6、7岁至11、12岁)在本阶段内，儿童的认知结构由前运算阶段的表象图式演化为运算图式。具体运算思维的特点：具有守恒性、摆脱自我中心性和可逆性。皮亚杰认为，该时期的心理操作着眼于抽象概念，属于运算性(逻辑性)的，但思维活动需要具体内容的支持。

(4)形式运算阶段 Formal Operations Stage(11、12岁及以后)。这个时期，儿童思维发展到抽象逻辑推理水平。思维特点如下：

①思维形式摆脱思维内容。形式运算阶段的儿童能够摆脱现实的影响，关注假设的命题，可以对假言命题作出逻辑的和富有创造性的反映。

②进行假设-演绎推理。假设-演绎推理是先提出各种解决问题的可能性，再系统评价和判断正确答案的推理方式。假设-演绎的方法分为两步，首先提出假设，提出各种可能性；然后进行演绎，寻求可能性中的现实性，寻找正确答案。

道德认知是指个体对社会行为准则和道德规范的认识。皮亚杰对儿童道德认知的研究受到普遍重视，他提出的儿童道德认知发展理论得到普遍的认同。皮亚杰采用含有道德判断的对偶故事，对4~12岁儿童进行研究，根据研究结果，他把童年期的道德认知发展分为如下三个阶段：

(1)前道德阶段。前道德阶段属于道德判断之前的阶段，儿童只能直接接受行为的结果。

(2)他律道德阶段。他律是指道德判断的标准受儿童自身以外的价值标准支配。其特点：

①儿童认为规则、规范是由权威人物制定，不能改变，必须严格遵守。

②对行为好坏的评定，只根据后果，而不是根据行为者的动机。

(3)自律道德阶段，自律是指儿童的道德判断受其自己的主观价值标准所支配，即外在的道德标准内化于己。这个阶段的特点主要有：

①认识到规则具有相对性，是可以改变的。规则是人们根据相互间的协作而创造的，可以按多数人的意愿进行修改。

②对行为好坏的判断依据着重于主观动机或意图，而不只是后果。

第二节 幼儿认知行为的教育指导

一、培养儿童兴趣

好奇是人的天性，兴趣是最好的老师。

兴趣是指一个人经常趋向于认识、掌握事物、力求于某种活动，并且有积极的情绪色彩的心理倾向。一个人如果做他感兴趣的事，他的主动性将会得到充分发挥。即使是过分疲倦和辛劳，也总是兴致勃勃，心情愉快。即使困难重重也决不丧气，而是想办法百折不挠地去克服它。如果让孩子学他感兴趣的知识，学习的时间也许很长，但他丝毫不觉得辛苦，反倒像在游戏。爱迪生几乎每天都在他的实验室辛苦工作长达18个小时，在里面吃饭、睡觉，但他丝毫不觉得辛苦。“我一生中从未做过一天工作。”他宣称，“我每天其乐无穷。”兴趣是人们探求事物和进行活动的动力。当我们对某件事感兴趣时，就会观察得仔细，注意力集中，记忆力增强，思维灵活。

可是，在活动室中，总能看到儿童游离的眼神、心不在焉的表情，幼儿真的是无所谓学习的事情么？原因真的是出在幼儿身上么？教师是否尊重认知水平，尊重幼儿本身的兴趣？教师需要关心什么？怎样培养孩子对学习的兴趣呢？

案例分析

随着孩子进入大班，为孩子创设探索性的区域尤为重要。因为大班孩子对世界具有极大的好奇心和探索欲望，探索性的区域是发展孩子认识行为能力的一个很好的手段。作为老师，也希望能很好地利用这个载体，促进孩子的认知发展。

主题活动“我是中国人”中，我们为孩子创设了“去游”的探索区。区域中我们投放了：中国地图，孩子们旅游的照片，各省市名称的汉字，可插卡的小火车、公交车……希望他们能够与同伴看看照片，引发旅游的兴趣。通过寻找地名，引发对汉字的关注。但是，一天过去了，两天过去了，只有屈指可数的孩子来到这个区域张望。来的人也是手指照片谈论不休，并未出现老师预期设想的行为。是我们的区域布置得不漂亮，还是孩子缺乏旅游的经验，或者是教师引导得不够？后来我们将照片展示在公交车上，没想到孩子们的兴趣就来了。他们手指同伴的照片会问：“你到哪里去玩的呀?”此时，我赶紧追问：“你知道，地图上它在什么位置吗?”孩子们很好奇地去看地图，慢慢地开始关注。然而，但是参与的人依然不是太多，字有一定难度，也比较枯燥。我又投放了矿泉水瓶做的小船，船中盛满了米粒，插上了小花。这一次，孩子们有事没事经常会到小船前，摆弄摆弄小花，拨弄拨弄小米粒。我灵光一闪，决定提供制作小旗子的材料，让他们玩“中国的河流”。此时，我再也不用担心“怎么不去那里玩？那里也好玩。”孩子们自己就玩得津津有味。

儿童一开始对这个区域是感兴趣的，但是只是停留在照片的内容上。如何才能更好地吸引大家的注意呢？我们对儿童的兴趣点进行了分析：

兴趣一：照片；

兴趣二：照片展示在公交车上；

兴趣三：旅游的目的地在地图什么位置；

兴趣四：矿泉水瓶子做的船；

兴趣五：喜欢制作旗子，插到米船上，游玩河流。

【专家建议】

(1)兴趣来自于儿童的生活经验。

教师可以更多地了解孩子在旅游中的见闻，以确定运用何种方式进行，更加吸引孩子。兴趣是学习知识的最大动力，一个孩子如果对一种活动感兴趣，毫无疑问，他一定会学得主动、学得轻松、学得愉快。如果一个孩子对某一门课程产生兴趣，老师应充分满足孩子的求知欲望，使孩子从“要我学”的状态转变为“我要学”。有时候，在和孩子学习时，设计一个小小的“游戏”，在“玩”中就能激发孩子的强烈的求知欲望。孩子是童真的，要问他们最喜欢做些什么？我想大部分的孩子都会回答“玩”。玩是孩子的天性，能够在玩中得到学习，得到帮助，得到知识，未尝不是一件好事。

很多时候，幼儿的探索欲望受到了成人的限制。幼儿时期是一个好奇、好问的时期，他们会问一些探索性的问题，如“太阳是从哪儿升起来的?”“为什么会有白天黑夜?”等，因为他们对这些事物感兴趣。

面对孩子千奇百怪的问题，有的老师会显得不耐烦。然而，这些问题恰恰是求知的萌芽。孩子爱提问是受好奇心的驱使，是兴趣爱好的标志，也是其智力活跃的行为特征。老师应以十分认真的态度关注孩子的提问，并耐心启发、解答、保护孩子的这种求知和探索精神，帮助他们解决“为什么”，认识“是什么”，并从孩子的发问中，仔细揣摩孩子的兴趣方向，发现孩子的爱好。

(2)充分考虑到幼儿记忆的特点和记忆策略。

儿童记忆策略包括视觉复述策略等复述策略，特征定位策略，组织性策略、提取策略，就能有效组织以前的经验。

(3)在活动过程中有意识地给孩子更多的环境和材料刺激。

让孩子在游戏中借助玩具表现活动内容，反映孩子的情感和意愿。如一根小棍子，可以启发孩子想出多种多样的玩法：当金箍棒、钓鱼竿、船桨等。这样一物多用，既激发了孩子玩的兴趣，开阔了孩子的思路，发展了创造性思维。另外，老师还可以用废旧材料和孩子一起自制玩具。如用废布料做小娃娃，用各种纸盒做汽车、家用电器等。孩子通过制作的整个过程发展了注意力、动手能力和克服困难的能力，同时获得了成功的喜悦和美的感受。

(4)鼓励孩子多动手。

在我们周围的生活中，经常会看到有些孩子喜欢拆这拆那。碰到这种情况，老师首先不应立即加以制止。这是一种积极探索愿望的现实表现，老师要加以引导，要向孩子说明哪些东西可以拆，哪些不能拆。同时，要给孩子提供一些可拆装的东西。孩子在动手的过程中，要引导他思考“为什么”，进一步激发他的学习兴趣。除了让孩子拆装东西外，还可以鼓励孩子动手进行一些小制作，如运用橡皮泥制作面条、用纸张制作一些飞机等，这些活动对培养孩子的学习兴趣是大有收益的。

二、尊重儿童的认知水平

皮亚杰认为，在个体从出生到成熟的发展过程中，认知结构在与环境的相互作用中不断重构，从而表现出具有不同质的不同阶段。他把人的发展分为四个阶段。

格塞尔的成熟理论认为，儿童行为发展遵循着以下原则：发展方向原则、相互交织原则、机能不对称原则、个体成熟原则、自我调节原则。

孩子的内心世界很童真，很单纯，只要一个眼神，一个小小的动作，一句简短的话语，就可以培养起他们做一些事情的态度与看法，他们就愿意试着去改变，他们便开始对某件事物产生兴趣，从而进行摸索。

案例分析

一个下雨的早上，我正在观察学前班的小朋友，他们的教师李老师和我一起在角落里观察了一会儿说："学前儿童的思想里充满了大量古怪的逻辑、幻想及错误的推理，每天我都会被他们说话做事中的成熟和创新所震惊。但是有时候，他们的思维又比较局限和固执。"李老师的话总结了幼儿认知中存在的令人难以理解的矛盾。

例如，那天我看到3岁的琪琪在游戏桌前玩。过了一会儿，外面传来一阵巨大的打雷声。他抬头看了看，非常震惊，他对老师说："有个男人打响了雷！"李老师耐心地给他解释说，人是不能打开或者关闭雷的。但是琪琪一直坚持自己的看法，非常确定地说："那就是一个爷爷打响的。"

在其他方面，琪琪的认知技能却高得惊人。在吃甜点时，他非常准确地数："一、二、三、四。"然后拿了四杯牛奶，并且分给和他同桌的其他儿童。琪琪的记忆力和分类能力也非常杰出。坐在阅读区时，他能够熟练地背诵《好饿的毛毛虫(The Very Hungry Caterpillar)》，这个故事他曾经听过很多次。琪琪最喜欢的图画书都是和动物有关的，他能够叫出许多动物的名字，并能进行分类。尽管如此，琪琪的认知技能仍然很不完善。当四个以上的儿童加入到他所在的甜点小组时，琪琪的数数就出问题了。

《幼儿园教育指导纲要(试行)》中指出："幼儿园教育应尊重幼儿的人格和权利，尊重幼儿身心发展的规律和学习特点，以游戏为基本活动，关注个别差异促进每个幼儿富有个性地发展。"《幼儿园教育指导纲要(试行)》中的这一精神以及关于社会教育的具体内容和要求，有助于我们反思当前的规则教育。规则教育从属于社会教育，是社会教育中关于培养幼儿良好习惯、合作意识、初步的责任感和帮助幼儿"理解并遵守日常生活中基本的社会行为规则"方面的教育。

其实，孩子们也有自己的思想，有自己想去接触的事物，在这个时候，老师和家长就应该去聆听他们的内心世界，站在他们的角度去思考问题。不少家长把"兴趣"和"爱好”两个概念等同起来，发现孩子爱好某一事物时，就认为他对其产生了兴趣。其实在这两个概念中，爱好的范围很广，所含感性因素偏多，而兴趣是人们对某一事物高层次的需求。就比如有些幼儿喜欢看电视，这只能说他爱好看电视，而并非兴趣。所以，老师培养孩子的兴趣要多样化，但又不能太漫无边际。要让孩子专心致志地集中到一两种主要兴趣上，而把其他的兴趣作为一般爱好就行。老师和家长只有认识到这一点，把它们区分开来，才能有效地对孩子的兴趣加以引导和培养。

在幼儿园集体教学活动中，老师也许常常会依据新的儿童观告诉自己：幼儿是主动学习者。但是，当幼儿表现出“退缩”、“萎靡”或者情绪和行为“失控”时，老师又不得不这样说服自己：“幼儿是不成熟的，不够懂事的学习者。”或干脆按照心理治疗来安慰自己。老师往往不能解释：“为什么同样的幼儿在另外一些集体教学活动中又表现出‘进取’、‘热情’或‘专注’的状态呢？”实际上，任何事物都不是孤立和静止的，而是受兴趣和环境影响的。

有一次，我在组织音乐欣赏时，教材的选择直接关系到幼儿对音乐欣赏的兴趣。选材应注意幼儿的可接受性、可接纳性。不同的音乐会带给幼儿不同的感受。在音乐活动中，我让幼儿欣赏《秋天》这首曲子。幼儿都说很好听，是树叶飞来了，而且立刻做出了树叶飞的动作，动作优美。当男孩子在乱蹦乱跳时，有的女孩就会说：“不能这样，要比树叶飞得还漂亮的，要轻轻的。”于是我和幼儿们一起参与到树叶飞的动作模仿中。当我放到热情奔放的乐曲时，幼儿个个扭头扭腰，跳起了欢快的动作，而且还在大声说笑，尽情享受，就连平时不怎么言语的小朋友也在活动室中间蹦跳起来……在让他们听《两只老虎》时，他们还模仿着老虎的动作和叫声，虽然他们说不出个所以然来，但是在他们的动作、表情中完全能感受到他们对音乐的理解和表现。音乐的选材很重要，要能吸引幼儿。同时，老师的参与性也很重要。

有一次在游戏时间，我让幼儿听一首钢琴曲，幼儿在刚听到钢琴曲时表现出了好奇，但没过一会儿就表现出了不感兴趣，只顾做自己的事，对音乐置之不理。可见，音乐的选材必须贴近幼儿生活，能让幼儿有切身的体验，他们才能对音乐产生表现的欲望。

一位具有多年教学经验的幼儿园教师在谈到规则教育时，多次用“双刃剑”这个词感慨规则教育的利与弊。

在她看来，成人在借助规则教育这把利剑斩去人性的弱点以培养幼儿良好习惯的同时，似乎也影响了幼儿的健康发展。如一些幼儿变得听话了，但是似乎不再那么亲近教师，甚至也没有以前那么活泼而富有灵性了。规则性教育还包括一个导航性的目标，即《3~6岁儿童发展纲要》总则中提到的“促进每个幼儿富有个性地发展。”背离了这一重要目标，便会在客观上引发规则教育与幼儿个性健康发展之间的矛盾。

所谓的适应性规则的教育应该充分体现《3~6岁儿童发展纲要》总则中指出的“尊重幼儿身心发展的规律和学习的特点”、“关注个体差异”这两个原则，做到“可变”与“不变”的和谐统一。

案例分析

在一次实习活动中，执教老师提了一个有点难度的问题，一时没人敢举手回答。活动现场很安静，老师有点紧张，她试着问："哪位小朋友能回答这个问题？答错了也没关系。勇敢地举起手好吗？"在老师的鼓励下，一个小女孩胆怯地举起手来，但是这位老师并没有马上让她回答，而是又说了一遍："哪个小朋友愿意回答这个问题？"小女孩着急了，把手举得更高，老师只好让她回答了。小女孩回答得结结巴巴，老师也听得心不在焉，没等小女孩说完就迫不及待地请另一个并未举手的孩子回答。小女孩坐下后明显觉得很不开心，很是失落。后来，老师又提了几个简单的问题，孩子们都踊跃回答，气氛非常活跃。只有那个原先举手的小女孩像做错了事一样始终低着头，再也没举过手。

苏霍姆林斯基说过，每个儿童都是带着想好好学习的愿望来学习的。这种愿望像一颗耀眼的火星，这颗火星很容易被尖刻的、不信任的态度所熄灭。

我想，如果在小女孩回答问题后，这位老师能针对她的回答作适当点评，对她的勇敢精神给予表扬，那么小女孩后面的表现肯定会不一样。如果老师能更细心一点，体会到小女孩那一刻的感受，帮助她获得成功感，那么她对学习必定会更加充满信心。遗憾的是，老师没有那么做。

在幼儿园阶段，培养孩子浓厚的学习兴趣，良好的学习态度和习惯比让孩子掌握知识更重要。老师不应以让孩子说出标准的答案为目标，而应重视孩子是否积极思考，勇于表达。当孩子勇敢地举起小手时，老师们一定要给予关注和鼓励、呵护和支持，因为这往往是培养孩子自尊心和自信心的好时机。

三、鼓励儿童表达

儿童感知觉从环境中接受各种事物之后，通过内部心理加工，最终以读、写、玩、运动等外显形式表现出来。

信息加工理论认为，人的信息加工系统由四个主要成分组成：(1)感觉器官，眼睛、耳朵、味蕾、皮肤中的压觉——痛觉神经以及从环境中接收信息的器官；(2)短时记忆或工作记忆，在较短时间内储存有限的信息；(3)长时记忆，以无限地储存大量信息；(4)肌肉系统，受到神经冲动的激发，来执行人们适当动作行为，如阅读、说话、跑步、组装机器等。这一系统也包括每一要素的功能或加工这些要素之间的相互作用。

信息加工理论提醒教育者：儿童是从环境中获取信息，将信息存入记忆，教育者需要给儿童提供实践经验。儿童表达是儿童在感知、短时记忆或长时记忆之后输出的内容。从信息加工系统可以看出，儿童有丰富表达的需要。于是，我们鼓励儿童采用数字、符号、图画、图表等方式表达自己的想法。

四、尊重幼儿的“游戏世界”

1. 让孩子尽情地玩

童年的主要活动就是游戏。如何让儿童在游戏中享受乐趣，获得思维的发展、情感的满足和行为的规范，才是成人需要研究和学习的。在玩的世界里，如果有太多或人的规矩和限制，玩就会变得束手束脚，索然无味。在幼儿园里，教师组织的一些游戏教学，如果在设计时没有准确定位儿童的需要和兴趣，或者由于儿童在游戏中要时刻看着老师的要求和脸色行事，儿童就不够投入，也觉得索然无味。于是，我们在游戏教学结束后，听到孩子长长地松一口气说“终于完了”，这就不奇怪了。

首先要让孩子开心，要让孩子身心投入。教师可以创设提供各种各样的活动环境和活动动材料，让孩子自由自在地，按照自己的兴趣，依照自己的想法选择活动的主题、形式和内容。让孩子痛快地玩，看起来不是一件容易的事情。教师在玩这件事情上，常常有些顾忌：如果我们班的孩子个个脏兮兮的，岂不是没法向家长交代；如果家里的小女孩玩得浑身是泥，岂不是不淑女。成人的顾忌是社会对儿童偏见的体现。

案例分析

让我们看看《窗边的小豆豆》吧！校长让孩子们穿上最差的衣服来学校，正是不想让衣服以及成人对于衣服的看法，束缚孩子玩的天性。

校长先生总是对巴学园的学生家长说：“请让孩子们穿上最差的衣服到学校来吧。”这是因为，校长先生认为如果孩子们担心“弄脏了衣服之后，妈妈要骂的”或者“会弄破衣服的，所以不能和大家一起玩”，那对于孩子们来说，就会减少很多乐趣。所以就让他们穿上最差的衣服，这样无论弄得怎么脏，甚至破了都没有关系。(巴学园附近的小学，有的学校是要穿制服的，像水手服啦、学生服配上短裤啦什么的。可是，巴学园的小学生们都是穿着平时的衣服到学校来。而且，因为有老师的允许，孩子们可以不必在意衣服，能够尽情地玩耍。①

① 摘自黑柳彻子著《窗边的小豆豆》，南海出版公司 2003 年版。

2. 做灵魂的工程师

尊重儿童的游戏世界，还游戏以快乐，是尊重的首要境界。如何让儿童在游戏的世界里体会平等、尊重，需要教育者的智慧付出。教师基于人性的教育，闪烁着人性的大爱——无论什么样的身体，患过小儿麻痹症的、极为矮小的、身体有障碍的，都是平等的，也是美丽的。这种人性光辉，无疑像明媚的阳光，投射在孩子的心灵中。

记得在幼儿园的时候，有位小李老师，当时他班上有几个身体较为“特殊”的孩子，老师每次都会充分考虑这几个孩子的身体状况，开展适合他们的活动，可谓教育无痕、润物无声。无论是肢体健康还是肢体残疾的孩子，都参与其中。当大家毫无区别地在玩，没有担心和恐惧，儿童本我中的力比多得到了最大限度的释放。没有害怕，没有自卑，没有嘲笑，每个人都毫无顾忌地享受快乐。那些肢体残疾的孩子，虽然身体和正常人有区别，但是他们的心灵却是健康和阳光的。

美国幼儿教育协会(NAEYC)指出，教师在决定什么样的教育对幼儿有益的过程中，必须掌握以下三种重要知识：

第一种：幼儿发展与学习的知识——幼儿在不同的年龄都会有不同的发展及学习特质。这些知识能帮助我们对各个年龄层的孩子有概括性的了解；知道什么样的活动、教材、互动对他们是安全、健康、有趣的，并且能力所及，同时还具有挑战性。

第二种：幼儿的个别发展状况——了解群体里每个孩子的特质、兴趣及需要，以针对不可避免的个别差异调整教育方式。

第三种：幼儿所处的社会及文化——了解幼儿的生活背景，才能确保孩子的学习经验是有意义、有相关性的，并能显示对幼儿及其家庭的尊重。

NAEYC 还指出了当前幼儿教育的最大问题：对个别差异关注不够，幼儿园教育方式仍然无法真正重视个别差异的存在，并配合孩子的差异调整教育方式，明知每个孩子都不同，却要求每个孩子要在同一时空、用同样的方式学习。这个案例表明了个别差异的重要性。

案例分析

美国埃德蒙德社区学院（Edmond Community College）对学习中个别差异现象的重视

美国华盛顿州埃德蒙德社区学院的课堂上除了一名教师讲授外，还有一名教师面向学生打手语，因为这个班上有几名聋哑学生。

这些给了我启示，要注重个别差异。

特别是面对健康出现问题的孩子，教育尤其要公平。教育者善于反省自己的儿童，反省自己的行为变得更加重要。教师是塑造灵魂的工程师，那么首先要洗涤自己的灵魂。

3. 不吝惜赞扬

教师常常抱怨自己的教育“出力不讨好”。那么，不妨这样做：坚持原则，不吝惜赞扬，让孩子感受到教师的爱。“好孩子是夸出来的”这句话不无道理。“好”是教育结果，“不讨好”是教师重结果的表述。重结果有道理，但是如果只重短期教育结果，就值得反思了。教育是细水长流的过程，如果每个短期教育行为都能收到显著的效果，那它在很大程度上是以压抑儿童个性为代价的。如一向爱动的孩子，上了两天幼儿园后就动也不敢动了，那么教师教育可能压制了孩子爱动的天性。不能只图眼前效果，不能只图表面的整齐划一，不能只图行为的迅速改变，而更要关注儿童的认知改变、情感体验以及行为的微妙变化。

记得看巴学园的一些视频时，里面的豆豆和老师，给了我深刻的印象。豆豆的行为在很多教师眼里多半是“行为出问题的孩子”，我们冒险的行为、古怪的想法让教师头疼不已。但是，豆豆在巴学园却保留了个性中童真一面。虽调皮捣蛋、出格冒险，给教学管理带来麻烦，但没有因为学校的管理抹杀他的鲜明个性。巴学园给豆豆的个性发展留有空间，这样的教育难能可贵。反思当下的教育，我们培养出的儿童是否有着鲜明的个性，是否各自发展独特的才华？我想答案并不令人满意。有些教育机构培养出的孩子个个看似聪明听话，却更似规格相似的产品。这无疑可以说是教育的失败！

教师究竟有多少时候能像里面的老师那样，看到儿童的闪光点，并做儿童坚强的后盾？里面的老师视孩子为一个平等的人，他耐心地倾听——即使豆豆说了，最终请孩子为做错的事情道歉。这些行为值得教师学习。敏感的教育者会敞开胸怀接纳儿童，他能及时地肯定，适时地鼓励，也能坚持原则，指出儿童的缺点。该怎么做，儿童都感觉到老师是一个值得信任并能给予自己信心的长辈。

4. 要和孩子这样说话

老师尊重儿童的心理世界。他的语言一样为孩子提供了无限的遐想空间。在老师构筑的祥和、温馨的教育环境下，没有叛逆，也没有愤怒。孩子不喜欢说教，他们的自我意识、逆反，都容易让教育变得不那么顺利。

案例分析

海的味道、山的味道

终于，小豆豆盼望已久的“海的味道、山的味道”的午饭时间开始了。要说“海的味道、山的味道”，原来是校长先生要求的盒饭的菜肴。一般来说，学校对学生们的盒饭有所要求时，会这样对家长说，“请注意不要让孩子养成偏食的习惯”，或者“请注意营养的全面和均衡”之类，但巴学园的校长却是这样拜托家长们：

“请让他们带来海的味道、山的味道。”

山的味道……比如说蔬菜啦，肉啦，当然，肉并不是在山上得到的，不大致区分一下的话，牛啊猪啊鸡啊都是生长在陆地上的，就归入“山的味道”里面。海的味道则是鱼啦、红烧海味什么的，总之，盒饭的菜里一定有海里和山上生产的东西。

小豆豆的妈妈非常敬佩校长先生，她认为：“能够把想说的话，如此简练地表达出来，这样的成年人，除了校长先生之外，没有第二个了。”①

老师说话的方式要极具童趣。每个孩子都要吃山的味道和海的味道，不需要大道理，这已经成为大家的共识。简单、朗朗上口的语言，容易被孩子记住。于是，我们在幼儿园经常会听到老师说：“请大家长袖变短袖。”“小手淋淋湿，肥皂抹一抹，手心搓一搓，手背搓一搓。”但是如何让儿童徜徉在有着想象艺术的教育氛围中，却是不容易达到的境界。一个宽容的教师、智慧的教师总是能找到最好的与孩子沟通的方式。

第三节　幼儿不良认知行为的矫正

幼儿的发展是家长和教师共同关注的话题。在家长和教师间，如何才能更好地合作，共同促进孩子的成长则是人们一直在现实的家庭教育与学校教学中探寻摸索。可以说，不同的教师有不同的指导方法。

在学前教育中，我们经常会接触到这样一些问题：注意力不集中，想象力缺乏，记忆力低等。如何来改善呢？

① 摘自黑柳彻子：《窗边的小豆豆》，南海出版公司2003年版。

一、注意力发展指导建议

在整个学前期，尽管儿童的注意能力逐渐在提高，但由于幼儿的生理发展的限制以及知识经验的不足，他们的注意力发展水平总体上依然很差，特别容易出现注意分散现象。幼儿还不能长时间地把注意力集中在应该集中的对象上，有的甚至表现出多动症的行为。所以，客观分析学前儿童注意分散和好动的原因，根据儿童注意发展的年龄特征，正确应用注意的规律对儿童进行注意分散的预防，是幼儿教师和家长必须注意的首要问题。

案例分析

事件一：

老师："强强，你起来回答老师的问题。"一阵沉默。老师："你在往外看什么呢，其他小朋友都在认真地听、认真地回答问题呢。上课不认真听，那么你学到的本领就没有其他小朋友多，知道吗？要认真地听和思考，好不好？"强强："嗯。"老师："老师帮你和××小朋友换个座位。"

事件二：

老师："强强，你起来回答老师的问题。"一阵沉默。老师："厕所那里没有什么好看的，你怎么一直在注意着那里呀！上课的时候要认真地听，你看旁边的小朋友听得多仔细。注意点好不好？"

事件三：

老师："（下午放学的时候）强强爸爸，强强在幼儿园里各方面表现都比较好，特别是运动的时候敢于挑战。生活上许多事情都能做得很好，只是最近上课的时候，我们两位老师都发现他的注意力不是很集中，老师对他进行了位置的调换，但是效果不是很明显。坐在靠窗户往里的时候看外面，坐在教室里面学习活动时眼睛喜欢盯着厕所那里。不知道他最近在家里的表现怎样？"

强强爸爸："是的，我们在家里的时候也发现他有注意力不集中的情况，经常提醒他做事情要集中思想，可是效果不明显。"

"注意"是人们熟悉的一种心理现象，通常称为"专心"。小孩子在听广播、看卡通片时，会聚精会神，而对周围的人和事会听而不闻、视而不见，这就是注意的表现。

引起幼儿注意力分散的原因很多，主要有以下几种：

(1)无关刺激过多。幼儿的注意以无意注意占优势。他们容易被新异的、多变或强烈的刺激物吸引，加之他们注意的稳定性较低，容易受无关刺激的影响。

(2)疲劳。幼儿神经系统的机能还未充分发展，长时间处于紧张状态或从事单一活动便会产生疲劳，出现“保护性抑制”。起初表现为无精打采，随后注意力开始分散。

(3)目的要求不明确。有时教师对幼儿提出的要求不具体，或者活动的目的不为幼儿所理解，也是引起幼儿注意分散的原因。幼儿在活动中常常因为不明确应该干什么而左顾右盼，注意力转移，影响其积极从事相应活动。

(4)注意不善于转移。幼儿注意的转移品质还没有得到充分发展，因而不善于依照要求主动调动自己的注意。

(5)无意注意与有意注意没有并用。教师组织幼儿的一种注意形式，也能引起注意分散。例如，用新异刺激来引起幼儿的无意注意。当新异刺激失去新异性后，幼儿便不再注意。如果只调动有意注意，让儿童长时间地主动集中注意力，也易引起疲劳，出现注意分散。

怎样培养孩子的注意力呢?

首先，制订合理的作息制度。最初应从生活习惯方面培养孩子良好的行为习惯。采取的方式不是急风暴雨，而是从小事抓起。比如要求孩子准时就寝、起床；按时吃饭，吃完饭碗里不留饭；玩具用过后就还原；做事要认真做好，离开了细节教育就没有成就。

其次，培养良好的注意习惯。成人应培养幼儿集中注意学习、集中注意参加活动的良好习惯，使他们在学习或参加其他活动时，不随便行动或漫不经心。成人也不要随便干扰他们，使幼儿在实践活动中养成集中注意力的习惯。那么，要创造安静的家庭学习气氛，让孩子专心学习，家长首先要自己安静，不要做分散孩子注意力的事，如看电视、大声议论或哈哈大笑等。家长也可以认真看书学习，以模范行为让孩子效仿。在孩子学习时，不要过度关心地唠叨，问这问那，更不要在孩子学习的房间接待客人，干扰孩子，使其无法集中注意力。

专心其实是一种可以训练、学习和培养的行为习惯。因此，在埋怨孩子不专心的同时，也要反省自己有无不对之处。例如，孩子玩游戏时全身投入，正是在培养聚精会神的习惯，此时家长切不可任意打扰、干涉和打断。平时家长可以将游戏时间与日常生活配合恰当，并指定一个固定的游戏的地方，将环境安排得有条不紊，以减少孩子分心的外界事物。家长亦切勿要求孩子做不感兴趣或超过能力所及的事。以免他们借着不断变换活动来逃避大人的责备。

第三，适当控制儿童的玩具和图书的数量。这里不是指购买的数量，而是指在阶段时间内提供给幼儿的数量。玩具过多，孩子一会儿玩玩这个，一会儿玩玩那个，很容易出现注意力分散，导致什么活动也开展不起来，什么也玩不长。留下一定数量的活动材料，其余的收起来，不仅能常玩常新，也有利于幼儿注意力的培养。

第四，培养自制力。幼儿在学习中遇到困难和干扰，或碰到不感兴趣的内容时，仅靠注意力是不够的，必须有意识地培养幼儿的自我控制能力，使注意力服从于活动的目的和任务。家长可以通过幼儿在一段时间内专心做一件事，如绘画、练琴、练书法等，来培养孩子的自制力。要帮助孩子确定观察的目的和任务。因为儿童喜欢东张西望，目的性不强，往往抓不住要领，因而得不到收获。因此，家长应有意向孩子提出一些要求和目的，并告知方法，引导孩子抓住本质，内浅入深，专心致志。不要一会儿叫做这件事，一会儿又叫做那件事。训练最好有固定的时间和地点，以便形成一种心理活动的定向。孩子对某事物的兴趣越浓，越容易形成稳定和集中的注意力。家长不要整天把孩子关在房间里学习，要鼓励他们从事各种活动，让他们在活动中发掘和发展自己的能力及兴趣，并借以培养自己的注意力。

知识链接

如何处理幼儿好动现象?

学前期，我们经常看到一些幼儿特别好动，注意力容易分散，不仅影响他们自己的学习，甚至破坏全班的秩序。这些多动幼儿，常常因为周围细小动静而注意力不能集中(他们玩积木、画图、听故事，也只能短时间集中注意。)他们参加规则游戏时，往往不注意听教师讲解游戏规则，所以一旦游戏开始，不知道怎样玩，有时甚至妨碍游戏的进行。在语言课、计算课等学习活动中，注意分散的现象就更加明显：好动的孩子往往不能按照要求专心参加各种活动，专心听讲的时间也保持得很短，难以维持自己的注意。他们虽然有时两眼盯着教师，但是实际上在开小差，根本没有听；当大家回答问题时，他们也会举起手来，但他们的回答往往茫然不知所措。这种儿童只有通过教师严格要求和不断督促，才能把注意力集中得久一些。

研究表明，这些幼儿智力水平往往并不低下，只是注意力分散，集中困难，所以容易影响学习成绩和以后的发展。

父母和教师对于这些多动的儿童十分担心，甚至轻率地断定他们是多动症患者，这是非常不恰当的。多动症也称为轻微脑功能失调，是一种行为障碍，主要特征是活动过多，注意力不集中，容易激动，行为冲动，情绪不稳定。

一个儿童是否患多动症，仅凭经验是难以正确断定的。对于一个多动的幼儿，必须根据生活史、临床观察、神经系统检查、心理测验等进行综合分析才能确定。因此，我们不能轻易地把学前儿童的好动当做多动症来处理。

作为一名教师，首先要从自己的教育和教学工作方面来检查，以此来确定儿童注意分散的原因，切不可把注意力容易分散的儿童轻率地视做多动症患者而排斥和推卸责任。这样不仅不能使幼儿改正其行为，而且会使儿童从小就被贴上多动症的标签而影响他们以后心理的健康发展。教师要审慎地对待多动幼儿，更要重视幼儿注意分散现象，分析和确定其原因，积极改善自己的教育工作。同时，要积极地培养幼儿良好的注意习惯，促进幼儿注意的发展。

二、记忆力发展指导建议

案例分析

健忘的甜甜

甜甜是个聪明活泼的孩子。一首唐诗，她虽然不懂其内涵，但她咿咿呀呀地念几遍就记住了。可是不到半天，她就想不起来了。让她再记一遍，过了一天又忘了。就这样反复训练了几次以后，甜甜终于能够很好地背诵了。当你问她这首诗表达了什么意思的时候，她的大眼睛就眨巴眨巴地，说不出来了。

提问：甜甜的记忆力有问题吗？

回答：所谓“记不住”并不是真的记不住，除了个别脑损伤儿童确实存在记忆障碍之外，大多数正常儿童都是“记得快，忘得也快”。所谓“死记硬背”，是指幼儿期(儿)童的机械记忆占主导地位，由于意义识记尚未发展起来，他们对很多不能理解的事物主要依靠机械记忆。对于幼儿偶尔出现的“记不住”和“死记硬背”现象，我们不必感到焦虑，这与幼儿的记忆特点相符。

但就上述两类问题表现得特别明显的幼儿，家长应在一段时间有意观察之后，带领孩子到有关的幼儿心理辅导中心进行咨询，在专业人士的指导和幼儿园教师的协助下，对幼儿的记忆进行矫正、训练和培养。

“哪里没有兴趣，哪里就没有记忆。”歌德的话正好说中了幼儿记忆的特点。心理学研究表明，3 岁前儿童的记忆基本属于没有预定目的的记忆，即无意记忆；3 岁以后儿童的无意记忆仍然占优势，但有意记忆开始逐步发展。此时，开始针对这一特点，有意识地去培养孩子的记忆能力，主动地教会孩子一些记忆方法，使孩子记得又快又好。

案例分析

幼儿的记忆带有很大的无意性，他们所获得的许多知识都是通过无意识记得来的。心理学研究表明，凡是儿童感兴趣的、印象鲜明强烈的事物就容易记住。幼儿的记忆不精确，多数幼儿表现为记忆不完整。

案例背景①

“三八”国际劳动妇女节前夕，我们组织了“我的好妈妈”的主题活动，其中有一个环节是请孩子们画妈妈。

案例描述：

首先，我启发孩子们：“谁来说一说，你的妈妈长得什么样?”圆圆说：“我的妈妈梳辫子。”婉婉说：“我妈妈头发短。”迪迪说：“我的妈妈头发长，穿红衣服。”乔乔说：“我的妈妈戴眼镜。”佳佳说：“妈妈不戴眼镜，穿的裤子是蓝色的。”君君说：“我的妈妈爱化妆。”……孩子们纷纷述说着自己对妈妈的印象，但是没有孩子描述妈妈的高矮、胖瘦。“谁能说说妈妈是高还是矮，是胖还是瘦呢?”我一再启发，可是没有一个孩子回答这个问题。于是，我就让孩子们根据自己的记忆画妈妈。以下是孩子们的作品(见图 3-2)。

图 3-2

案例分析：

(1)从孩子们不同的叙述中可以看出，孩子们记住的都是妈妈留给他们的最深刻的印象，这些都是孩子们在与妈妈朝夕相处的日常生活中自然地记住的，都是琐碎的、片段的、不完整的，体现了幼儿记忆的特点。

(2)从孩子们的叙述和作品中可以看出内容不同。

(3)这四幅画的共同特点是都没有画耳朵。这是因为耳朵长在人脸的侧面，不容易被幼儿观察到。这印证了幼儿观察的特点：往往只能观察到事物的粗略轮廓，做不到全面细致，只看到面积大的和突出的部分，很少注意细小的和不十分惹眼的部分。

① 案例来源于沈雪梅《学前儿童心理发展分析与指导》。

发展指导：

(1)有意识地记发生和发展，是幼儿记忆发展过程中最重要的质变。为了培养幼儿有意识记的能力，在日常生活和各种有组织的活动中，成人要经常有意识地向幼儿提出具体、明确的识记任务，促进幼儿有意识记的发展。活动前教师可以请幼儿回家观察妈妈的头发是长还是短，是直的还是弯曲的；妈妈的脸是长还是圆，还是有点方；妈妈的个子是高还是矮；妈妈喜欢穿什么颜色的衣服等。引导幼儿有意识地观察和记忆。

(2)当老师请小朋友们描述妈妈的高矮、胖瘦时，没有孩子能够回答这个问题，说明孩子们对高矮、胖瘦的概念不是很清晰，高、矮、胖、瘦较抽象，具有相对性，需要孩子们有意识地观察和比较才能形成相应的概念。因此，老师可以组织一些相关的活动让幼儿获得有关的经验。

(3)开展认识五官的活动，特别引领幼儿观察头的侧部，注意耳朵的位置。

(4)通过玩“猜声音”的游戏，加深幼儿对耳朵功能的认识，以便帮助幼儿在头脑中形成较深刻的记忆。

首先，教会孩子按顺序记忆是一种好方法。顺序可以是从上到下，从大到小，从近到远，从左到右等。如我们可以让孩子做这样的练习：带孩子去玩具店，先让他对一个柜台上陈列的玩具看上几分钟，然后让他回忆玩具柜里有些什么玩具。回答时必须按家长要求顺序。比如从上到下、从左到右等，也可以由孩子们自己选择合适的顺序。同时，观察的内容可以越来越复杂，时间可以越来越短，以此逐步提高孩子的记忆容量和记忆质量。这里要指出的是，一定养成孩子按顺序记忆的习惯。也许不按顺序，孩子仍可以记住很多，但这种记忆“后劲”不大。也许按顺序，孩子暂时记忆不多，但今后会得心应手、受益匪浅。

除了按顺序记忆外，特征记忆也是一种好方法。比如以前去了一处地方，日后当别人谈起该地时，你脑海中就会浮现出有关该地的山川，或是星罗棋布的湖泊、奔腾浩瀚的江河。同样，在训练幼儿的记忆力时，也可帮助从特征入手记住事物。如让幼儿看若干个有明显特征的头像，然后请孩子按特征回忆出画面上有哪些人像。幼儿可以说出有一个大耳朵的人、一个戴眼镜的人、有一个闭着眼睛的人等。开始时，家长还可以和孩子一起回忆，帮助孩子观察特征，寻找特征，从而记住特征。

如果记忆的东西较多，而这些东西又能被加以分类的话，我们就可按类别来记忆。只有分类正确，才能记得准确。所以首先必须有目的地训练孩子对各种东西进行正确分类。如房间里的床、椅子、桌子、电视机、空调、电饭锅、花瓶、画、玩具等，各种物品只要记起大类，就会想起一连串的其他物品。

最后，还应帮助孩子经常复习、巩固所记忆的事物。就像仓库里存放的东西一样，虽然分类了、放好了，但如果不常常检查熟悉，提取时就很难做到迅速而准确。况且，仓库里的东西放在那儿不会自行消失。可记忆若不经常复习、检点，时间长了就会消失得无影无踪。所以，每隔一段时间可以让孩子把学过的儿歌、故事或谜语复述一下，提高记忆的效果。

三、想象力发展指导建议

我们经常听人们说起孩子的异想天开。例如，冬天感到天冷，孩子便会想象金鱼必然也会冷，就把开水倒入鱼缸，想让金鱼暖和暖和；听说喝牛奶人长得快，孩子便会想象小树喝牛奶必然也能长得快，于是把牛奶倒给小树喝；孩子平日里煞有介事地喂布娃娃吃饭；一本正经地朝玩具熊发号施令，等等，真是数不胜数。

案例分析

小领袖

四岁半的小美在同伴中很有号召力，每次户外活动都会带领大家玩追逐游戏。“快跑啊！敌人来了！”“快快躲起来，他们会吃掉我们！”或者站在组合滑梯的平台下面召唤同伴们：“快来救我呀！我被困住了！”之前是灰太狼和喜洋洋的版本，最近又变成了大英雄、特种兵，等等。小朋友们虽然大多对她所说的人物没什么深刻认识，但很喜欢配合她的情景进行游戏。他们也常会邀请老师参加他们的活动，当被老师扮演的“坏人”追逐时，小美兴奋得边叫边跑，表现出很紧张的样子。可当有朋友被老师抓住时，她又会变成“战士”把“坏人”赶走，救出伙伴。

提问：如何结合小美想象力的发展和在孩子中的影响力设计有益于孩子身心发展的户外活动？回答：学前儿童的想象中会有很多夸张的成分，同时也与他们的兴趣紧密相连。如果善加引导，会丰富他们的想象空间。游戏是孩子最主要也是最喜欢的学习方式，学前儿童游戏中也常常充满了各种想象的场景。

在孩子的各类活动中，想象力起着至关重要的作用。孩子的想象力该如何培养呢？

首先，应丰富孩子的感性经验，使他们能有更多的进行想象的“原材料”。

因为想象是人脑中对已有事物的表象进行加工而建立新形象的过程，而感性经验则是人们看过、听过、摸过、闻过、接触过的东西在人脑中留下的印象，它是脑子里加工出“新产品”的原材料。多听、多摸、多走、多想、多接触世界，扩大视野，只要你留心观察，3 岁左右的孩子都有这种无意想象的能力，因而，我们不妨为孩子的这种无意想象积极创设条件，利用各种机会激发并引导孩子的有意想象。带孩子外出散步、去公园，可引导孩子观察天上的白云、月亮、星星，地上的花朵、树叶、小草，试着让孩子想象天上的白云、月亮、星星会变成什么。要是你有一片树叶、一株草，你想让它们变成什么，做些什么事情等。有时候，孩子捡起几片地上飘落的树叶，拿在手里摆弄、玩耍一番，引导孩子说说叶卷起来像什么？贴在衣服上像什么？戴在头上像什么？拿在手上摇摇像什么？在天上飞飞又像什么？这些，对于帮助孩子开展想象，引导孩子感受故事的魅力具有重要作用，也是激发孩子想象的良好方法。

其次，利用故事的魅力激发孩子的想象。德国诗人歌德的母亲在他 2 岁时就每天给他讲故事，而且每次讲到关键之处，就请他“且听下回分解”，后面的情节让歌德自己去想象。为此，歌德作了许多猜想，想象力也得到了发展。这对歌德以后成为世界闻名的诗人、剧作家产生很大的影响。当今的父母，除了学歌德母亲的做法外，亦可选择一些听起来优美动人、念起来朗朗上口的故事，促进孩子想象力的发展。

此外，闲暇时可和孩子一起做想象游戏。成人提出诸如：“我在想一样圆圆的东西，猜猜它是什么？”“假如我会飞，我就……”等问题，引导孩子展开想象，赞赏每个孩子的每一个有创意的想法，鼓励孩子想得越多越好。

知识链接

如何通过想象性游戏培养儿童的社会角色想象力？

游戏，尤其是想象性游戏对儿童社会角色想象力的发展起着重要作用。儿童可以在假想的情境里模仿大人的生活和劳动，像大人在现实生活中对待劳动和人与人之间的关系那样去对待他们想象中的劳动、玩具和同伴。因此，父母或教师要组织引导儿童进行各种想象性游戏来培养儿童的社会角色想象力。比如，开展角色游戏、建筑游戏等。

首先，要丰富儿童的生活经验。想象性游戏的内容都是现实生活的反映，只有儿童具备一定的生活经验时才有可能产生玩游戏的愿望。因此，父母应该在日生活中经常引导儿童观察成人的各种社会角色活动，包括父亲与母亲的家庭角色活动、医生看病的社会角色活动、工人的制造活动、农民的耕种活动等。父母或教师要组织儿童观看电影、文艺表演、各种建筑物和劳动成果，通过给儿童讲故事、朗读文学作品等，开阔儿童眼界，丰富儿童的社会经验。

其次，要创设游戏所必要的条件。为儿童提供游戏的场所和所需用具，如沙子、玩具，创设游戏所必要的条件。不要让孩子放任自流地游戏，应该适当地对其加以指导，指导儿童确定游戏的主题、分配游戏角色、布置游戏场景、选择游戏材料等，因为有目的地进行游戏才能提高儿童想象力。同时让儿童积极参与到游戏中，发挥其主导作用，将游戏更有效地进行到底，从而达到培养儿童想象力的目的。

四、思维能力发展指导建议

案例分析

事件一：爱磨蹭的宝贝

很多妈妈都有这样的困惑：2 岁、3 岁的宝宝，做事总是爱磨蹭，拖拖拉拉，怎么办？早上出门特别困难，妈妈磨破了嘴，孩子还是坐在地上玩，最后只好手忙脚乱地给宝宝穿好衣服和鞋子出门；吃饭的时候孩子边吃边玩。如果不管他，他会玩到饭都凉了，可能最后也没吃到什么；幼儿园的老师也总反映孩子动作慢，别人穿衣服的时候他在旁边或玩或看着，别人都出去了他才想起来要穿衣服，着急得要哭；别人都吃完饭了，他才刚吃几口。

提问：如何培养孩子的时间观念，让孩子动作快起来呢？

回答：看似简单的穿衣吃饭的动作，其实是需要大脑与各种感官、神经及手部骨骼、肌肉相互协作配合共同完成的。由于孩子的生理发展并不成熟，因而动作比成人慢很多。而生活中家长无微不至的照顾也剥夺了孩子锻炼的机会，动作笨拙就会更慢。但若能在家中有意识地锻炼孩子的动手能力，同时帮助孩子建立时间概念，孩子的动作就会渐渐快起来。家长可以和孩子一起确定在家的时间安排。根据孩子现在的速度限定起床、穿衣、吃饭的时间，并在起床、穿衣、吃饭后安排孩子最感兴趣的活动，如讲故事、看动画片、玩玩具等。如果提前完成就可以多留一些时间做后面的事情；如果动作慢了，就得占用后面做事的时间。刚开始孩子会着急哭闹，但只要家长坚持，一段时间后孩子就会形成时间长短的概念，会意识到现在的动作对后面活动的影响，从而主动加快速度。

事件二：抢玩具

3 岁多的宝宝和妹妹一起玩积木。原本很开心的两个人，因为一块积木争抢起来。情急之下宝宝一把推开了妹妹，抢过积木。妹妹没站稳，跌倒在地上，哭了起来。宝宝见妹妹哭了，也委屈地大声哭了起来。妈妈见了赶紧过来安慰两个人，并对宝宝说："你是姐姐，要让着妹妹，怎么能推妹妹呢！"宝宝听了更委屈了，哭声也更大了。

提问：妈妈的做法对吗？如果是你，你会怎么处理呢？

回答：儿童最早的思维不是依靠语言，而是依靠动作进行的。宝宝可能是直接或间接经历过推开对方就能达到自己目的的事件，所以她的思维中就形成了这样的概念：只要推开妹妹，积木就是我的了。其实，她真正想表达的是：我想要那块积木。只是她的年龄和心理认知经验还不足以让她通过语言的形式表达自己的想法，所以她采取了最有效的方式：推开妹妹。包括后面听了妈妈的话，觉得委屈，不会表达，所以还是以动作的形式(哭)直接表达。

3岁多的孩子已经具备一定的语言表达和简单的逻辑思维能力，可以让宝宝和妹妹商量“我想要这块积木，可以给我吗?”或者“我可以用别的什么换这块积木”或者“一个人先用，另一个人再用”，等等。只有教会孩子自己解决问题的方法，家长才不会随时准备着像救生员一样去为孩子解决问题。

学前儿童思维的特点是具体形象思维及初步抽象逻辑思维的可能性，幼儿具体形象思维主要表现在概念、判断、推理三个方面。那么，如何提高幼儿的思维发展呢?

首先，感知、记忆是思维的基础，丰富儿童的感性经验是儿童思维发展的第一步。

案例分析

甲、乙、丙、丁正在角色区的厨房里“做饭”。

甲：“丙，请给我一些土豆。”

丙：“要几个?”

甲：“我要4个。”

乙：“还有吗?”

丙数了数土豆，说：“你要4个，还剩2个。”

丁开始摆放能坐四个人的桌子，他用手点数盘子：“我们还缺一个盘子，现在我们只有三个盘子。大叉子太多了，我们有1、2、3、4、5个!”

甲开始把土豆放在盘子里，她说：“我们的土豆多了。”

丁回答说：“那是因为我们的盘子不够，我们还需要一些盘子。”

思维是在感知的基础上产生和发展的对客观世界正确、概括的认识，绝不是主观臆造或凭空虚构的，而是通过感觉获得大量具体、生动的材料后，经过大脑的分析、综合、比较、抽象、概括等思维活动过程才获得的。只有这样，才能反映事物的本质和内在联系。因此，感性知识越丰富，思维就越深刻。从某种意义上讲，感性知识是否丰富，在很大程度上影响思维发展成熟与否。因此，幼儿园教师要针对幼儿思维以具体形象、向抽象逻辑过渡的特点，有意识、有计划地通过组织各种活动发展幼儿的观察力，丰富幼儿的感性认知，促进幼儿思维能力的发展。

其次，儿童思维的发展与其思维的积极性主动性密切相关。儿童好奇好问就是思维积极性的表现，成人应该保护并加以利用。同时，要培养儿童勤动脑、善思考的习惯。

案例分析

幼儿姓名：可可(5岁)

时间：2002年5月14日上午9点35分

地点：结构区

事件实录：可可用纸卷了两个长短不一的桥墩，然后将积塑拼插成的桥面放到桥墩上，塌了。他又试了两次，桥还是塌了。

他停了下来，拿起“桥墩”看了看，又竖着比了比，再重新放，桥又塌了。接着他拿起“桥墩”继续看了看，又竖着比了比，叫“王老师，我想要杯子。”他将老师给的纸杯排起来，再把桥面小心地放上去。这一次，桥没有塌了。

思维总是从提出问题开始的。幼儿好奇心很强，会频繁地提出各种问题。教师和父母必须主动、热情、耐心地对待幼儿的问题，决不能采取冷淡或压制的态度，特别是在学前儿童提出成人难以马上回答的问题时，更应注意态度。可以告诉学前儿童：“让我想想再告诉你”。同时，鼓励幼儿多想、多问，称赞他们会动脑筋，促进他们思维的发展。

第三，思维是在解决问题过程中发展起来的。成人要有意识地为儿童设置一些问题情境，让幼儿动手动脑，独立去寻找答案。成人给予必要的指导，如告知解决问题的方法等。

案例分析

最近班级里发生了这样一件事情：明明带来了一根洗衣机的下水管，这根管子和另外一个孩子带的下水管很相近，孩子们饶有兴趣地摆弄着，并自发开展了对两根管子的比较。尽管两根管子的外形很相近，但是其中一根管子的终端没有接口，也不能够伸缩，可它却有一定的弹性。如果将这根管子折叠后，它还能够自动地弹回原来的角度。原来管子也是具有弹性的物体，孩子们觉得既新鲜又有趣。生活中还有哪些物体有弹性呢？我没打扰孩子们的议论，而是在科学区角中悄悄投放了一些皮筋、轮胎带和松紧带等带有弹性的物品，引导幼儿探究“谁的弹力大”。这些材料很快引发了孩子们探究的兴趣。“皮筋的弹力最大”。“不对，弹性最大的是松紧带。”孩们争执不下，就向我寻求帮助。

于是，我根据孩子们的提问反问道：“是呀，我们怎样才能知道谁的弹力最大呢?”孩子们想了想说：“比比看。”围绕着怎样比，孩子们了展开实验。有人用尺子量，有人用重物垂挂的方法测量，还有的幼儿将皮筋缠绕在瓶子上，数数谁绕的圈数多……我发现选用这些方法有些不够准确，就设计了一个讨论、交流的环节，引导幼儿对各种方法提出疑问，讨论使用这些方法需注意的事项。这样不仅解决了孩子们的问题，保护了幼儿的探究热情，也使幼儿在活动的过程中体会到科学活动的严谨性和准确性。

最后，多做思维训练的游戏。通过开展各种游戏(智力游戏、教学游戏)，培养学前儿童的创造性思维。比如开展变一变、不做别人的小尾巴(要求幼儿无论绘画、游戏还是编故事结尾，都必须和别人不一样)、看图说话以及问题抢答(以最快的速度找出最多的答案)等游戏，这些游戏有助于培养学前儿童思维的变通性、流畅性和独特性。另外进行分类练习，促进学前儿童的概括能力、抽象逻辑思维能力的发展。

知识链接

了解儿童掌握概念水平的常用方法①

概念的掌握受概括能力发展水平的制约。概括水平一般有3种：动作水平的概括、形象水平的概括和抽象水平的概括。儿童的概括水平属于前两种。有3种方法可以用来测查儿童的概念水平。

分类法：在儿童面前随机摆放好若干张图片，图片上画的都是儿童熟悉的事物(内含几个种类)，如麻雀、大象、小狗、老虎、苹果、西瓜、西红柿、茄子、白菜、皮球、图书、玩具熊等。请儿童把自己认为有共同之处的放在一起，并说明理由。根据儿童图片分类情况和说出的理由，我们可以了解其掌握概念的水平。

排除法：它实际上是分类法的一种特殊形式。依次在儿童面前放若干张图片，每组4~5张。其中有一张与其他几张是非同类关系，要求儿童将这一张找出来。待儿童找出后，再继续出示下一组。

解释法：说出一个儿童熟悉的词语，请他加以解释。例如，问儿童：你说说“动物”这个词是什么意思？根据其解释的程度确定对概念掌握的情况。

① 摘自刘玉娟、岳毅：《学前儿童发展心理学》，北京出版社2014年版。

推荐阅读

《学前儿童心理发展与咨询辅导》一书是李桂英编著的。该书系统地介绍了学前儿童心理发展的一般规律和如何实践的方法。在合乎本原的基础上，理性对待儿童成长中的一些现象，并及时正确地引导。这是一本幼儿教师或家长所适用的书。

拓展训练

1. 案例分析：小飞机①

一天，我在组织孩子们进行户外集体游戏时，一架飞机从操场上空飞过。“飞机，飞机。”孩子们奋地叫着、跳着。飞机已经飞远了，孩子们的情绪还没有平静下来，依然沉浸在飞机掠过的兴奋状中。

我没有强制孩子们安静下来，而对孩子们说：“刚才谁看到了飞机是怎样飞行的？”有的孩子回答：“我！”有的孩子张开双臂用动作模仿。“我们一起来模仿飞机飞行好吗？好！飞机起飞啦。”听到我的口令，孩子们都伸开双臂在操场上跑起来。“注意手臂要伸平，飞机的机翼是平的。”孩子们调着自己手臂的位置。“飞机开始减速，慢慢降落了。”一架架“小飞机”停落在操场上。之后我原定的学习计划顺利地开展了下去。

结合案例说一说，幼儿注意的特点是什么？如何根据幼儿注意发展特点组织教学活动？

2. 实践操作：

（1）从大中小班选择一个年龄班，搜集一组具有典型意义的幼儿美术作品，分析这些作品中所反映出来的儿童想象力的发展特点。

（2）在分析的基础上，提出下一步的教育建议，尝试设计一个美术教学环节，鼓励幼儿积极思维，并用适宜的方式进行表达。

（3）实施教育计划，体会计划与实施的过程，并观察幼儿在该活动过程中想象力的表现，分析制约和激发幼儿想象力发挥的主要因素有哪些？思考如何调动积极因素，避免消极因素，促进幼儿想象力的发展。

---

① 沈雪梅：《学前儿童心理发展分析与指导》，复旦大学出版社2014年版。

五、训练认知的智力游戏

(一)注意力

1. 从游戏入手

(1)拼图、下棋。让孩子尽早学会拼图，并逐渐增加拼图的块数；学习简单棋类的玩法。

(2)猜物。把几种不同形状、轮廓鲜明的东西放在袋子中，让孩子去摸，然后提问孩子：“一共有几样东西？都是些什么？你是怎么知道的？”

(3)什么东西不见了。摆出几样东西，让孩子看上 1~2 分钟，再让孩子闭上眼睛，拿掉其中的一样或两样东西，再请孩子说说什么东西不见了(提示：可先从少数几样东西开始，等孩子记忆力增强后，再逐渐增加东西的数量和拿掉的数量)。

2. 从语言入手

(1)听故事。在讲故事前，先向孩子提出问题，让孩子带着问题去听，听完后回答问题；还可以要求他在听完故事后复述给你听。

(2)传话。经常让孩子做传口信的人。“你去告诉爷爷，今天晚上 9 点，中央电视台有他喜欢的节目。”从简短的到长一些的句子依次复述。

(3)学话。教孩子跟随你说话。在完整地说一句话后，你说前半句，让孩子说后半句。

3. 从数学入手

(1)找数字。让孩子在纸上把大小不同、次序混乱的 1~100 的数字依次找出并圈上(提示：这个训练可常做，每次记录下时间；或跟家长比赛，增加训练的趣味性)。

(2)连图形。让孩子把 1~100 甚至更多的数字按顺序连接起来，组成各种有趣的画面。

4. 从交往入手。

经常让孩子帮助家长拿各类小东西，从一件到几件不等，要求他在一次完成。例如，“请帮我拿一个苹果、一把小刀、一些纸巾和几个牙签。”

5. 从听和看入手

准备配有磁带或 CD 的图书，让孩子先听，再看图书，理解其中内容。这种图书以听为主，用图书来加深理解。此方法对孩子将来进入学校学习有非常大的帮助。孩子在听、看的过程中不仅丰富了知识，提高了对事物的理解能力，更主要的是培养了孩子安静、注意听讲的好习惯。

(二)想象力的游戏

准备：开放的心灵、放松的头脑。

玩法：

(1)随意想象：看到什么就联想什么。比如看到一只猫，就从猫联想；看到一本书，就从书联想。

(2)图形想象：画一些最简单的图形，比如圆、方、三角等，与孩子一起想象“这是什么”，而且还可以边想象边进行绘画呢。如对上述最简单的图形进行“想象画”，从一个长方形—格子床单—琴谱架—灯泡，最后竟然想成了一个背对着我们“提裤子”的人，是不是妙趣横生呢？

(3)故事想象：随便说出几样东西，然后与孩子一起编故事，比如猎人、兔子、金钥匙与红狐狸，花生米、小孩子、风、老奶奶，等等。

(4)“云”的想象：云是大自然的产物，是想象的绝妙材料。建议你带孩子外出的时候，可以边行走，边看云，边想象，边快乐。

(5)“如果”的想象：“如果”本来就是用来假设的，假设就是一种想象。与孩子一起尝试“如果”的想象吧！“如果没有水了，世界会怎么样？”“如果人长三只眼睛，会怎么样？”“如果人也能飞，会怎么样？”“如果鼻子长在头顶上会怎么样？”

(6)“联觉”想象：什么是“联觉”呢，就是将不同的感觉联系起来。比如，将视觉与触觉联系起来，抚摸不同的东西来想象其形象、色彩(比如，摸到柔软的想到粉红色，而摸到坚硬的想到灰色等)。另外，还可以将“色彩”与“情绪”进行联觉想象。比如用黑色表示恐惧，用红色表示兴奋，用蓝色表示忧郁等。这样的游戏不但丰富了孩子的想象力，也教会孩子用色彩来表达情绪、用图画来表达意愿。

(三)记忆力

1. 复述游戏

一般来说，注意力难以集中的孩子都有点小聪明，性格上也很自负。对于学习，如果他自己认为没有难度、没有挑战性，5 分钟后，他的兴致就会一落千丈：“我会了！”因此，在“集中注意力”的针对性训练中，一定要创造出“层层递进、出人意料”的梯度感，让孩子的心神不会因自负而涣散——让孩子看图画书 15 分钟，或看一节完整的“大风车”寓言动画，立即合上书或在关上电视后，要求孩子按要求复述故事。为了预防孩子摸准你的要求后，只看个梗概就走神，可灵活安排“复述”内容：可以提几个主要问题，可以要求孩子把刚看过的动画形象画下来，可以一家人分饰其中的几个角色。如果孩子只能完成全部任务的一半以下，可让他重看图画书或录下的动画片。渐渐地，孩子就会逐步理解集中注意力的必要了。

2. 韵律操、拼图

对特别好动的孩子而言，学会较复杂的韵律操可以带来成就感，也可以解决其心神浮躁的问题。每个难以集中注意力的孩子，我们都要分析他是好静型还是好动型。对于好静的孩子可以玩拼图游戏，可以从块数比较少的图形开始。对于好动的孩子，让他三天之内学会一套韵律操，会使他的注意力和接受能力成倍上升。

3. “开火车”游戏

这种游戏要三人以上，一家三口就可以完成。当然，如果有爷爷奶奶或其他小朋友参加，那就更好了。为了方便叙述，现以三人为例，方法是：三人围坐一圈，每人报上一个站名，通过几句对话语言来开动“火车”。如父亲当作北京站，母亲当做上海站，孩子当做广州站。父亲拍手回答：“北京的火车就要开。”大家一齐拍手喊：“往哪开？”父亲拍手回答：“往广州开。”于是，当广州站的儿子要马上接口：“广州的火车就要开。”大家又齐拍手喊：“往哪开？”儿子拍手喊：“往上海开。”这样火车开到谁那儿，谁就得马上接得上口。“火车”开得越快越好，中间不要有间歇。这种游戏由于要做到口、耳、心并用，因此能让注意力高度集中，同时也锻炼了思维快速反应能力。而且这种游戏气氛活跃，能调动参与者的积极性，孩子玩起来乐此不疲。

4. 寻找城市

在地图上寻找一个不太熟悉的城镇，也能提高观察时集中注意的能力。

第四章　幼儿学习行为的教育诊断

学习目标

1. 本章导学：幼儿的学习既不同于婴儿学习，也不同于小学生的学习，它有自己独特的特点。研究幼儿学习的规律，了解幼儿学习方式对于教师开展教育活动有很大的帮助。幼儿的学习行为对幼儿的学习与发展具有重要影响，决定了幼儿当前和今后学习与发展的质量。幼儿积极的学习行为有助于提高他们的自我调节能力和执行能力，使之学会如何更有效、更高效地学习。幼儿不良的学习行为不利于幼儿的学习与发展，需要教师准确地对幼儿的学习行为作出诊断，对不良幼儿学习行为进行矫正。

2. 教学重点、难点：了解幼儿学习行为的内涵，幼儿学习行为的教育指导策略，幼儿不良学习行为的矫正措施。

3. 教学课时：6 课时。

案例导入

帆帆是 4 岁的小男孩，老师组织的活动很难引起他的好奇心与兴趣，在活动中专注性很差，注意力不集中，经常东张西望或摆弄东西。老师布置的任务较少参与，其他小朋友都在操作练习，他就坐着发呆或自己玩，有时候还会在其他小朋友练习的时候在教室里跑来跑去。有好几次，老师在上课的时候，他离开座位跑出了教室。

案例中，幼儿帆帆智力正常，但在完成学习任务时，却无法正常完成。某些时候他表现出来的行为又指向其学习能力不足。

那么，什么是学习？什么是幼儿学习行为？幼儿期对学习行为习惯的养成有什么作用呢？教师如何培养幼儿良好的学习品质？当幼儿出现不良学习行为时，如何进行矫正？本章将结合幼儿的学习心理来系统探究幼儿的学习行为塑造和矫正问题。

第一节　幼儿学习行为的内涵

一、学习行为的内涵

（一）学习

有关“学习”的定义，不同教育学和心理学理论持有不同的观点。目前最为广泛接受的定义是：学习是学习者在某种特定情境中行为的改变，它源于在这一情境中反复的练习与实践经验。这种改变不是自然发生的，不是因成熟或某种因素所导致的个体状态暂时的改变（如劳累、服药等）（Hilgard，1975）。对学习含义的理解必须把握下面几点。

1. 学习是由练习带来的经验而产生

学习只有通过体验和经验才能产生。经验不仅指外部环境刺激、个体的练习，而且包括个体与环境之间复杂的交互作用。因经验而产生的学习有两类：一类是有计划的练习或训练。例如幼儿在一次一次的探索中习得的行为；另一类来自事先没有计划的活动，在生活中偶然获得的经验。例如，儿童在上学路上，遇到一位盲人不能过桥，于是就扶他下桥。虽然这是一种事先未预料到的经验，但是学到的态度和价值观能影响孩子的发展。

2. 学习是行为或行为潜能的变化

学习所发生的变化有时直接见诸行为，有时未必立刻反映到行动中，它可能需要较长时间才能体现。因此，有些心理学家把它视为行为潜能的变化。例如，幼儿初学识字，一开始看见字形而不知语音与字义。经练习后，见字形即发出字音，并了解字义，学习已经发生了。虽然无法直接观察学习本身，看不到脑内的变化，但是学习已经产生了。如果幼儿注意到字形，也听懂教师教他的字音和字义，但因为在陌生老师面前，不敢将自己所掌握的知识通过行为表现出来，这也应视为已发生了学习。像这种已产生学习未能在行为上表现出来的现象，称为行为潜能。

3. 幼儿行为的变化并非必然意味着学习的发生

学习是由练习或反复经验而产生。主体身上必须产生某种变化，我们才能作出学习已经发生的推论，但这种变化是能相对持久保持的。我们不能简单地认为，凡是行为的变化都表明学习的存在，个体行为变化不仅可以由学习引起，也可以由本能、疲劳、适应和成熟等引起。有些主体的变化，如适应、疲劳，不能称为学习，因为这些变化是暂时的，条件变化或经适当休息，这些暂时性变化就会迅速消失。

学习不仅指有组织的知识、技能、策略等的学习，也包括态度、情感、行为准则等的学习。

在日常教育教学中，我们常常关注幼儿学会念儿歌、唱歌、跳舞，学会做数学题，却忽略了态度、情感、社会性这些幼儿学习的重要内容。

在学前教育界，关于学前儿童的学习存在广义与狭义之分。广义上的学习是指幼儿因经验而引起的思维、行为、能力和心理倾向(包括态度、情感)等持久而深刻的变化。这些变化不是因成熟或是某种原因，如服药、生理短暂变化导致的暂时性改变(陈帼眉，2007)。狭义的学习是指幼儿在教师的指导下，积极主动地探索，掌握粗浅的知识技能，积累生活经验，获得智力和体力的发展，并形成良好个性和社会性的活动。

(二)学习行为

“学习行为”一词，教育界并没有明确的界定，但是已有不少学者使用该词，并有各自不同的理解：依据心理学的观点：学习行为是指个体在环境因素的作用下，通过生活经验和学习而重新获得的行为，是个体接受思想支配后所表现出的外表活动。这里突出的是后天习得某种经验的行为，而不是与生俱来的先天性行为。针对什么是理想的学习行为，台湾教育心理学家张春兴认为，一个理想的学生在行为上的表现是：一会读书，二用功读书，三热爱读书。也有学者将学习行为界定为：学习行为是指学习过程和学习活动；学习行为包括学习能力、学习方法和学习习惯等方面；学习行为是指学生在获取和应用知识的过程中表现出来的个性特征；学习行为是学生在学习活动中所表现出来的反应或动作；学习行为是指学习者在学习过程中所采用的行为形式与方法，它是学习者的思想、情感、情绪、动机、能力及运作程序的具体行为表现，是学习者在特定情景下的学习活动的具体化和现实化；学习行为是指学生在获取和应用知识过程中表现出来的个性特点，这种特征在不同的学习阶段而存在差异。

尽管不同的学者对学习行为的阐述不尽相同，但是总体来说，他们都是把学习行为界定为学生在获取知识的过程中表现出来的各种行为。这些行为可分为多种形式，有外显行为和内隐行为、有言语的行为和非言语行为、有主动行为和被动行为。此外，根据活动的不同作用，可分为积极行为和消极行为。

二、幼儿学习行为的内涵

关于幼儿学习行为的研究，国外比较常见的评定儿童学习行为的量表“有学习行为量表”(Learning Behavior Scale，LBS)和“学龄前儿童学习行为量表”(Preschool Learning Behavior Scale，PLBS)。MeDermott 等人编制的学习行为量表(LBS)，需要老师在正式的学习环境下对 5~17 岁的儿童进行单独的长时间的观察，对其在能力动机、注意或坚持、策略和适应性、学习态度四个维度上的表现进行评定。PLBS是基于LBS的结构框架发展而来的，专门针对3至5岁半儿童使用。其内容集中在注意、对新奇事物的反应、问题解决策略、灵活性、反思、主动性、自我定向和合作学习①。

北京师范大学钱志亮教授针对中国儿童的具体情况，从视知觉能力、听知觉能力、运动与协调能力、知觉转换能力、数学准备、情绪与社会性、学习品质、言语与语言8个维度制定了切实有效的入学成熟水平测量工具，即《儿童入学成熟水平诊断量表》，以此考察儿童的入学成熟水平，为儿童的入学准备服务。学习品质是其中的一部分，包含5个维度，即好奇心、坚持性、主动性、学习态度、学习兴趣。②《3~6岁儿童学习与发展指南》之学习品质领域测查量表是由联合国儿童基金会与教育部编写的《3~6岁儿童学习与发展指南》中的一部分，该测查是通过个别施测的方式在9个认知活动测查任务(比多少、加减、方位、几何拼图、分类、排序、模式、测量和瓶中取物)中进行的，主试在测查时由一名专门观察者对儿童进行观察，观察的主要内容有九项：好奇与兴趣、主动性、专注、坚持、面对困难时的态度、反思与解释、利用已有信息进行推理、描述和探索。

从以往研究结果中可以看出，幼儿的学习行为的范围包括：能力动机、注意或坚持、策略和适应性和学习态度、对新奇事物的反映、问题解决策略、灵活性、反思、主动性、自我定向和合作学习等方面。

幼儿学习行为是指幼儿在学习过程中表现出来的，包括一切内在的和外在的、生理性和心理性的、积极的或消极的行为和反应。即学习行为不仅指学习的外显反应，如回答问题、操作、做练习、听讲、幼儿提问、小组或同伴交流和讨论、复述等，也包括学习的内隐反应，如幼儿的学习兴趣、学习态度、专注力、好奇心、坚持性、主动性等。学习行为不仅包括积极的反应，如有正确的坐姿和握笔姿势、喜欢思考、敢于大胆表现、合作学习、学习专心、不怕困难、对学习感兴趣等，而且包括消极的行为，如不正确坐姿和握笔姿势、不爱动脑，总想让别人帮忙，不敢大胆地表现、缺乏合作意识、学习不认真、不专注、怕困难、缺乏信心、对学习缺乏兴趣、随意离开座位或在教室里随意来回走动、随意插话或高声交谈、与同伴打闹或大声喊叫、捣乱、攻击行为、滑稽行为、偏离任务行为等。

幼儿一日生活皆课程。幼儿的学习不仅在集体教学活动中发生，而是贯穿于幼儿的一日活动中，如存在于区域活动、室内外游戏、各种生活活动中。

---

① Bronson. Organizational performance and learning styles in Hong Kong. The Journal of Social Psychology，1995(3)：401-402。

② 钱志亮，丁攀攀：《〈儿童入学成熟水平诊断量表〉的研制》，载《学前教育研究》2010年第2期。

第二节　幼儿学习行为的教育策略

一、幼儿的学习方式

幼儿学习既不同于婴儿学习，也不同于小学生的学习，它有自己独特的特点。幼儿学习受认知发展、动机等因素的影响，幼儿学习的方式随着语言的发生及其在心理活动中作用的增长而有所变化。幼儿学习方式主要有以下几种：

（一）观察模仿学习

观察是幼儿学习的主要方式。班杜拉反复强调，人类的大部分行为可以在认知的基础上，通过观察社会情境及其结果而习得。由此看来，观察学习在学习中占有十分重要的地位。在幼儿的学习中，其地位显得更为重要。幼儿的观察学习常常与模仿相联系，幼儿的模仿学习比婴儿要多得多。4 岁前的幼儿主要模仿一些表面的现象，别人做什么，他也要做什么。4 岁以后幼儿的模仿开始逐渐内化。幼儿常常在无意中学习，不自觉地模仿家人和教师的举止行为。在这里，潜移默化的影响特别明显。

（二）操作学习

操作学习是幼儿学习的重要方式。幼儿通过对事物外部的操作来获得具体的认识，然后通过内因学习进而获得对事物更深刻的认识。尽管幼儿的言语在不断发展，但操作活动，特别是实物操作活动作为幼儿主要的活动方式，其重要性并没有减弱。操作活动是幼儿探索世界的主要方式。幼儿在操作、摆弄物体的过程中，发现操作与物体结果之间的因果联系，成为幼儿探索自身与物体、物物之间关系的重要方式。幼儿的操作学习是一个复杂的认识过程，有它独特的运行机制。幼儿在操作中得到新认识，能在其后的操作中改进方法，这样就会不断地产生新的操作方法和新的认识。

（三）语言中的学习

言语学习主要借助语言交流，通过意义理解获取知识。幼儿期是口语迅速发展的时期，幼儿借助语言的指导，可以获得更广阔的学习空间。与婴儿相比，幼儿大量使用包括倾听、提问、对话等语言理解的学习方式。与成人比，幼儿的学习更多依赖感性的学习方式。

（四）探究式的学习

探究式的学习是一种积极的学习过程，是幼儿在学习过程中自己探索过程的学习方式。实际上，探究是一种天生的本能。从幼儿诞生的那一刻起，他们就没有停止过探究。在幼儿来到幼儿园之前，探究一直自发地开展着，他们不厌其烦地问这样那样的问题。如“一粒小小的种子怎么会长成那么大的一棵树”、“种子里面有什么神奇的东西”等。

(五)交往中的学习

交往是孩子学习的重要形式。与成人、同伴的交往活动能促进幼儿多方面的学习与发展。哈佛大学心理学家加德纳提出，人际交往是一种基本智能，指能够察觉并区分他人的情绪、意图、动机和感觉，并运用语言、动作、手势、表情、眼神等方式与他人交流信息、沟通情感的能力。幼儿期是人际交往智能成长的关键时期，无论是游戏还是玩耍，幼儿都会有意无意地学到许多的知识、技能，他们在交往中不断地完善、学习和发展。

(六)游戏中的学习

游戏是对幼儿进行全面发展教育的重要形式。对于幼儿来说，游戏不仅是一种玩耍，而且是一种学习、工作和生活。游戏是幼儿进行学习和发展社会性、情绪及认知能力的重要方式，是幼儿练习新能力的舞台，它在幼儿的学习中具有重要地位与作用。幼儿通过各类游戏，不仅可以发展动作技能、语言能力和解决问题的能力，而且可以发展幼儿的想象力和创造力。

二、幼儿良好学习行为的培养

《3~6岁儿童学习与发展指南》(以下简称《指南》)在“说明”部分强调，实施《指南》时应“重视幼儿的学习品质”，并明确指出，“幼儿在活动过程中表现出的积极态度和良好行为倾向是终身学习与发展所必需的宝贵品质。要充分尊重和保护幼儿的好奇心和学习兴趣，帮助幼儿逐步养成积极主动、认真专注、不怕困难、敢于探究和尝试、乐于想象和创造等良好学习品质”。幼儿的学习行为对于幼儿的学习与发展有重要影响，决定了幼儿现在和今后学习与发展的质量。幼儿积极的学习行为有助于提高他们的自我调节能力和执行能力，使之学会如何更有效、更高效地学习。由于幼儿良好的学习行为较多，在此不逐一阐述。重点对幼儿好奇心、合作学习能力、专注力、主动性、坚持性等方面的培养进行论述。

(一)幼儿好奇心的培养

幼儿的好奇心指的是个体遇到新奇事物时或处在新的外界条件下产生的注意、操作、提问等行为倾向。幼儿期是好奇心表现最为丰富的时期，如果能把握住这一关键时期，充分激发和培养幼儿的好奇心，必将对孩子未来学习品质的形成和发展产生积极的影响。我们可以从以下几个方面培养幼儿好奇心。

1. 提供新异事物，激发幼儿好奇心

幼儿对相对新异的事物更为关注。如对新奇的、变化的、神秘的、色彩鲜艳的事物感兴趣，并能产生较多探究行为。教室布置焕然一新，幼儿进教室发现后就觉得很惊奇，会四处察看和触摸。自然角的植物有了新的变化，幼儿会很兴奋地拉着老师一起看，告诉老师这是什么，那是什么，把自己的发现与老师进行分享。同时，也问老师一些别的问题。在集体教学活动中，老师呈现给幼儿一个魔法盒，幼儿拿起盒子摇来摇去，想探个究竟。在科学活动“生鸡蛋与熟鸡蛋”中，当幼儿发现一个鸡蛋能在水杯里浮起来，另一个却不能时，会感到非常惊奇，由此产生探索兴趣。因此，教师应该经常变换环境，增加有益的、多样性的刺激因素。如重新设计活动室内外的布置、变换活动区中的材料、上课时多采用新颖的教具等，从而激发和维持他们的好奇心，为幼儿学习提供强烈而持久的内部动力。

2. 正确对待幼儿的提问，培养幼儿的探究主动性

好奇心强的幼儿对周围的一切事物都感兴趣，一切都想知道为什么，特别喜欢提问。而且幼儿的提问内容非常广泛，涉及周围生活的方方面面，常常会追根究底。如果教师在幼儿提问时出现立即责怪、处罚、无理制止、漠视或随便应付等行为，幼儿就会渐渐地失去提问的兴趣，其探究主动性也会受到扼制。如幼儿面对窗外的风雨雷电提出了“为什么会刮风？为什么会下雨？为什么会有闪电？”等问题时，成人不耐烦或者敷衍地进行回答：“现在我忙，没有空回答。”“长大了你自然就知道了。”“你为什么这么烦人呀！”、“因为雷公公生气了。”殊不知老师的这种做法不但会阻碍幼儿求知欲和好奇心的发展，而且会损坏幼儿的自尊心，导致幼儿自我封闭，变得不自信。因此，教师要为幼儿创设一种轻松的提问氛围，重视幼儿的提问并进行积极的回应和引导。幼儿提问后，教师可不急于给幼儿提供问题的答案，而是通过及时点拨，引导幼儿自己去发现问题，探索问题。如幼儿问“为什么有的灯亮，有的灯不亮？”教师可不直接提供答案，而是拿来电线与灯泡，让幼儿自己探索、发现什么情况下灯泡会更亮。通过幼儿自己的探索，寻找问题的答案。对于教师无法回答的问题，不要采用敷衍的态度，应该对幼儿的提问行为表示肯定，告诉幼儿：“你提的这个问题真好，把老师都给难住了，老师回家看看书、查查资料后，再回答你。如果你知道答案也来告诉老师或者其他小朋友，好吗？”或者教师与幼儿一起探索寻找答案。

3. 鼓励幼儿进行合理的探究

好奇心能驱动幼儿产生一系列的自发探究行为，好奇心越强的幼儿自发进行的探索活动越多。教师在日常生活和教育活动中，若发现幼儿对事物表现出好奇并进行自发探究时，应该鼓励和表扬幼儿的探究行为，使他们的好奇心得到积极表达、维持和满足，从而达到培养幼儿好奇心的目的。当幼儿对所好奇的事物（如动物、植物、实验材料、玩具、图片等）好奇时，会摸一摸、看一看、闻一闻、听一听，此时，教师要给予幼儿充裕的探究时间。只有如此，才不至于使幼儿的好奇心受到抑制和扼杀。

4. 创设问题情境，引发幼儿思考

由于幼儿认知能力有限，自发提出问题的水平比较低，教师可以通过创设问题情景、设疑等方式激发幼儿的好奇心，引发幼儿进行观察、讨论、实验、操作和思考，从而促进幼儿认知能力的发展。例如，科学活动《沉与浮》中，教师为幼儿提供石块、铁丝、木质玩具、塑料玩具、纸张、橡皮泥、树叶、海绵、乒乓球等材料，让孩子们动手做沉浮实验，并提出问题：哪些材料能浮起来？哪些材料会沉下去？孩子们通过操作得知石块、橡皮泥等会沉下去，树叶、纸张等会浮起来。接着，老师继续提出问题："能不能让浮起来的东西沉下去？让沉下去的东西浮起来？"通过老师的提问，激发了幼儿的好奇心和求知欲，进而引发了幼儿操作、实验等探究行为。

5. 通过开展多种活动培养幼儿的好奇心

幼儿的一日生活皆可渗透教育，日常生活中的很多事情都能引发幼儿的好奇心。因此，教师应从日常活动入手培养幼儿好奇心，促使他们提问和探究。如利用散步的时间，让幼儿观察自然现象和一些比较新奇的事物，并就所观察的事物引导幼儿提问和积极探索，以提高幼儿反应的敏感性和探究的主动性。科学活动的内容非常丰富，而且充满神秘感，教师可以根据不同年龄幼儿的特点设计相应的科学活动。如教师引导小班幼儿进行科学观察，发现身边有趣的现象及变化，激发其好奇心；引导中班幼儿进行科学小制作，让幼儿在制作的过程中发现其中的科学道理，培养其好奇心和求知欲；引导大班幼儿进行科学小实验，通过实验操作，激发其强烈的探索精神和求知欲望。

6. 做富有好奇心的成人，感染和唤起幼儿的好奇情绪

好奇心是一种具有感染力的情绪体验，教师和家长对新事物的热切关注、对知识的渴望情绪将会极大地感染幼儿，增强其好奇心和探索精神。因此，教师和家长要提高自身对事物的敏感性，做一个富有好奇心的人，时常关注周围的事物，与幼儿一起用好奇的眼光来看待世界。

（二）幼儿合作学习能力的培养

幼儿合作学习是指两个以上的幼儿围绕一个共同目标，通过分工、协作的形式，共同努力完成任务的一种学习模式。《幼儿园教育指导纲要（试行）》中指出："要通过引导幼儿积极参加小组讨论、探索等方式，培养幼儿合作学习的意识和能力，学习用多种方式表现、交流、分享探索的过程和结果。要让幼儿乐意与人交往，学习互助、合作和分享"，这就要求幼儿园在实践中注重培养幼儿合作学习的能力，促进幼儿学习方式的转变。

1. 创设良好的合作学习环境

（1）创设有利于合作的物质环境。时间、空间、活动材料是幼儿合作学习的物质基础。为了保证合作学习顺利开展，需要给予幼儿一个相对较长的交流、探索的时间。空间是幼儿进行合作学习的物理场所，教师应为幼儿提供宽敞、开放的空间，合理安排活

动的座位，改变传统“秧田式”的座位排列方式。在合作学习中，宜采用圆形、半圆形、马蹄形等座位排列方式，这些排列方式有助于同伴间的交流，促进小组凝聚力的产生。同时，也有助于教师在合作学习活动中进行分组指导。此外，教师还应注意活动室环境的布置。可以制作一些幼儿合作成果展，把幼儿合作学习的情境拍摄下来布置成“主题墙”，或把幼儿合作完成的成果贴在墙上进行展示，使幼儿感受到合作学习的力量。在合作学习活动中，教师应投放一些更容易引发幼儿合作学习的材料，在数量上故意使活动材料不能满足全体幼儿的需求，以此引导幼儿选择合作学习的方式。

(2)营造有利于合作的精神环境。精神环境的创设对于幼儿合作学习也至关重要，和谐的师幼关系、民主和谐、宽松愉悦的学习环境，有利于激发起幼儿的合作意识和行为，有利于幼儿感受和体验合作学习的乐趣。在学习活动中，教师不能强制幼儿合作，也不能因为幼儿合作水平较低而横加指责。对于幼儿之间的合作，教师应给予更多的鼓励、肯定和积极的评价，让幼儿体验合作的快乐，从而使幼儿更加喜欢、愿选择合作的方式进行学习。

2. 为幼儿创造合作的机会

培养幼儿的合作学习能力，创造合作学习的机会尤为重要。教师应有目的、有计划地组织幼儿进行一些合作活动。例如，在美术教育活动中，让幼儿共同完成一幅作品，使幼儿真正体验到合作的快乐，分享成功的愉悦。在音乐活动中，让幼儿与同伴一起唱歌、跳舞，协商分配打击乐，互相配合，共同完成演奏。在语言活动中，两人合看一本书或制作一本图画书，共同体验合作的乐趣。在科学活动中，幼儿分小组讨论并探索如何让鸡蛋浮起来等活动，让其在活动中不仅学到了知识，也学会了合作。在健康活动中，幼儿通过“两人三足”、“运粮食”等合作游戏，不仅身体的运动能力得到发展，而且还能学会共同协商。社会活动中，幼儿合作操作，按照“送水”设计图用直管和转接头拼接运水管，然后送水到小松鼠家幼儿在活动中不仅学会关心、帮助他人，而且体验到团结协作、战胜困难带来的快乐，进一步增强了合作的意识。教师也可以有意识设计材料数量不足的情景，激发幼儿合作的意识和需要，引导幼儿与同伴通过合作来完成任务。比如，在中班幼儿合作学习活动“好玩的彩带”中，教师提供的彩带数量是幼儿数量的一半，教师引导幼儿思考在纱巾数量不足的情况下，怎样才能顺利做游戏。从活动的进展看，纱巾数量的不足引起了幼儿与同伴进行合作的意识，产生了合作行为。

3. 激发幼儿兴趣，提高幼儿合作的意识

激发幼儿想尝试与人合作的欲望。如在“我爱我家”的主题活动中，教师为幼儿准备大白纸让幼儿合作作画，通过幼儿合作画出了一幅漂亮的画，接着老师引导幼儿欣赏和讨论，让幼儿体验大家合作的重要与快乐。教师可以选择体现合作的故事，如《大象家的房子》、《蚂蚁搬豆》等，或根据幼儿的年龄特点创设具体的情境，让幼儿知道合作的好处和必要性，逐步提高幼儿合作的意识。如中班幼儿活动“开火车”，教师在活动前引导幼儿一起探讨“如何才能安全地开火车”。通过教师的引导，幼儿意识到开火车的时候步伐要一致，要按同一个速度，不能太快。同时，打鼓的小朋友要与开火车的小朋友相互配合，这样才能安全、顺利地玩开火车的游戏。

4. 培养幼儿合作的技能

幼儿掌握必要的合作技能是合作学习顺利开展的重要保证。教师应该在观察幼儿的合作行为的基础上，确定幼儿需掌握的合作技能内容。常见的合作技能内容包括：(1)倾听。听人发言要专心，眼睛要注视对方，以微笑、点头表示感兴趣或赞同；努力听懂别人的发言；别人发言时不要轻易地打断别人的谈话，不要随便插嘴；有不同意见时，要耐心听别人说完后再提出，特殊情况需要发言时也要礼貌地打断。(2)协商。在活动中应该分工合作，在出现矛盾时应商量解决，而不是一味地采用告状的方式。在讨论中向对方表达自己的观点，征求对方的意见，并经过相互的探讨得出结论后，再一致行动。(3)寻求帮助。遇到困难时向同伴请教，态度要虚心有礼，接受帮助后表示感谢。(4)自律。在合作学习中遵守纪律，不随意离开座位，不讲与学习无关的话；小组讨论时，有次序地发言，声音要轻，不影响其他小组学习。(5)帮助。主动、热情、耐心地帮助同伴，帮助同伴时说清解决问题的方法。(6)赞同。引导幼儿用赞美的语言(如“我同意××的意见。”“你真棒！”“你的这个主意真好！”)来表示对同伴的认可和肯定，同时，对别人的高明见解以点头、微笑、鼓掌表示赞赏。

5. 树立合作学习的典范

幼儿容易受他人的影响，具有较强的模仿意识。教师作为幼儿心中的权威，每一个细小的行为都会对幼儿产生影响。因此，教师应当在日常工作中注重自己的合作行为，与同班或其他班级教师进行合作，为幼儿树立合作的榜样。如在活动前共同做好活动准备，在活动中相互配合。同伴也是幼儿学习的榜样，教师对有合作行为的幼儿和小组进行积极地评价和鼓励，会激发和增强其他幼儿向他们学习的动机。例如，在科学活动《鸡蛋的沉浮》中，浩浩和方敏两个人配合得很好，浩浩把鸡蛋放到盛有水的盆里，并不断地搅拌盆中的水，方敏则用小勺舀盐往盆里放，两人分工合作，最后他俩发现盆里的鸡蛋慢慢浮出了水面。教师发现她们配合得很好后，及时表扬了他们，并让他们进行示范，以此让其他幼儿知道合作的重要性，掌握活动过程的分工方法。教师也可以在合作学习中开展合作小明星选拔，为每次合作学习中表现优秀的幼儿佩戴小明星勋章，或者建立流动小红旗制度，让合作秩序良好、合作成果突出的小组赢得流动小红旗，以此增强幼儿的合作意识，提高幼儿的合作能力。此外，教师可以有意识地引导合作意识和能力强的幼儿与合作意识和能力稍弱的幼儿一起学习，让合作意识和能力稍弱的幼儿受到潜移默化的影响。

6. 强化幼儿的合作行为

教师要善于发现幼儿在活动中的合作行为。当幼儿有主动合作行为或与同伴一同合作学习时，教师要及时地给予肯定、鼓励。如教师用肯定的语言表扬幼儿的合作行为：“你们商量得真好！”“合作得不错！”“你们一个负责剪纸，一个负责粘贴，分工得真好!”“你们两人三足走这么稳当，真了不起!”此外，教师微笑的面容、赞许的目光以及轻抚幼儿的肩膀、对幼儿亲切地点头、跷起大拇指等体态语不仅能增强幼儿的自信心，让幼儿体会合作的快乐，而且能强化幼儿的合作行为，从而期待着下一次的合作活动。

(三)幼儿专注力的培养

专注力是指把注意力较长时间集中在某一事物上的能力。良好的专注力是幼儿感知事物、学会记忆和思考的基础和条件，不仅可以提高幼儿单位时间内的工作效率，而且可以提高幼儿的学习质量。

1. 专注力训练

(1)视觉专注力的训练。

训练时要求幼儿在观察事物时全神贯注、耐心细致，运用可行的方法从不同角度有条不紊地注意客观事物的细节和本质特征。例如，教师提供一张图片给幼儿观察，并提出一些问题：画面上有些什么人？他们在干什么？他们的姿势是什么样的？除了看到人还有什么？你知道这是什么地方吗？午饭后带幼儿散步，是训练幼儿视觉专注力的良好时机。教师可以询问幼儿：我们幼儿园有什么新变化？这棵树是什么树？它和旁边的树长得一样吗？有什么不一样？它的叶子是什么样的？花儿是什么样的？让幼儿带着问题去进行观察，会让他们的专注力更加集中。同时，对专注力的训练会更有成效。需要注意的是，让幼儿观察的事物需要不断更换，否则幼儿容易感到乏味，失去兴趣。

(2)听觉专注力的训练。

幼儿喜欢听故事，因此教师可以利用幼儿这一兴趣进行听觉专注力的训练。在讲故事之前要提出倾听要求：“故事中小猪遇到了一个麻烦，请小朋友们仔细听小猪遇到什么麻烦了？谁来帮助它了？是怎么帮助的?”那么，幼儿在听故事的过程中就会非常专注地听，努力寻找刚才老师提出问题的答案。当然，对于不同的年龄班幼儿，提问的难度和提问的数量应该不同。对于年龄稍大的幼儿，教师可以要求幼儿听完故事进行复述，这会使幼儿在听讲故事时专注力高度集中。

(3)动作专注力的训练。

教师可以选择一些有助于训练动作专注力的内容对幼儿进行训练。如美术活动中的蛋壳贴画，不仅要求幼儿在底板上绘出美丽的轮廓，而且要求幼儿把胶水均匀地涂于轮廓内，耐心地使用镊子或用手把一小块、一小块的蛋壳粘贴在底板上。蛋壳贴画的制作要求幼儿均匀地把蛋壳贴在底板，避免蛋壳间距离过大，要求幼儿专注、细心、认真。这不仅能锻炼幼儿的动手操作能力，而且能有效地培养幼儿的专注品质。

(4)混合型专注力的训练。

混合型专注力训练就是把眼睛看、耳朵听和做动作结合起来，既训练听觉、视觉，又训练动作。这种混合型注意力能提高幼儿注意的分配能力，其难度相对较大，对专注力的培养非常有效。例如，在打击乐活动中，幼儿手持乐器进行乐器演奏，不仅要有节奏地演奏乐器，同时还要听音乐，以及倾听是否与持同一种乐器的其他小朋友演奏出来的声音和谐，此外还要看老师的指挥，知道什么时候到自己演奏，什么时候自己不需要演奏。需要注意的是，做混合型专注力的训练最初要从简单的开始，不能操之过急。

2. 在游戏中训练孩子的专注力

苏联时期的心理学家曾做过这样一个实验：让孩子在游戏和单纯完成任务两种不同的活动方式下，将各种颜色的纸分别放在与之同色的盒子里，观察孩子注意力集中的时间。实验结果表明，孩子在游戏活动中，其注意力集中程度和稳定性较强。因此，我们可以让孩子多开展游戏活动，在游戏中培养幼儿的专注力。游戏活动方式很多，比如“猜物游戏”。在幼儿面前摆放上汽车、小球、铅笔等多种物品或者图片，让孩子观察几秒钟，然后让他闭上眼睛，趁机悄悄拿走几样物品或图片，然后让他说出什么东西不见了。让幼儿集中注意力去回忆、查看、寻找。这种训练方法简单、灵活、实用。教师或家长还可根据具体情况选择其他类似的游戏方法。

3. 营造安静、简洁的环境

幼儿注意稳定性差，容易因新异刺激而转移，因此教师和家长应根据这一特点，排除各种可能分散孩子注意的因素，为孩子创造安静、简朴的物质环境。例如，幼儿园里幼儿看书的地方应远离过道，避免他人的来回走动干扰幼儿的阅读。同时，墙面布置不应过于花哨。家长最好给幼儿单独的房间，尽量不在家里打牌，尽量减少电视、音响等带来的干扰。当孩子全神贯注地做某件事时，关上电视或收音机，避免频繁来回走动和大声说话，以免打扰孩子，家长最好也坐下来做些安静的活动。电视、糖果等可能吸引孩子注意力的物品也应摆放在较远的位置。

4. 培养幼儿的自我约束力

幼儿自控能力较差是不够专注的重要原因之一。当有新的刺激出现时，成人可以约束自己不去关注它，但幼儿却很难做到。因此，为培养幼儿的专注力，教师或家长可以有意识地创设情景逐渐提高幼儿的自我约束能力。采用游戏的方式，将持久注意的要求变为游戏角色本身的行为规则。例如，与幼儿一起玩“指挥交通”的游戏，让幼儿扮演交通警察，事先约定每班交通警察要站 2 分钟的岗，时间到后才能换岗。在游戏中，对专注力持续时间的要求可以循序渐进地提高。通过不同的游戏活动，幼儿可以慢慢地将外在的游戏规则内化为内部的自我约束。此外，有意识地增加干扰因素也是增强幼儿的自我控制能力的重要途径。通过这种方式，进而培养幼儿的专注力。例如，幼儿在做某一件事时，教师或家长可以假装把他感兴趣的物品放在他的旁边，当幼儿表现出要放弃当前活动去选择新的诱惑时，教师或家长要及时明确地提出要求，让孩子继续专注地做刚才的事。

5. 激发幼儿的内在兴趣与需要

兴趣与需要是幼儿活动的内在推动力，是直接影响幼儿专注力的情感系统。幼儿对事物的兴趣越浓，其专注力越容易形成。幼儿在做自己感兴趣的事情时，总会很投入、很专心，而且注意力维持时间比较长。例如，幼儿对兔子感兴趣，他们能长时间集中注意力观察兔子的一举一动，并能在注意的过程中发现或获得一些真实的知识。因此，教师要善于发现并培养幼儿的兴趣，并以此来培养幼儿的专注力。

6. 运用幼儿注意规律组织活动

幼儿专注力的培养必须遵循幼儿注意发展规律，合理组织活动。幼儿期无意注意占优势，任何新奇多变的事物都能吸引它。教师要充分利用幼儿的无意注意为主，有意注意开始发展的特点，在教育教学过程中运用新颖、多变、强烈的刺激吸引他们。同时也向幼儿提出具体明确的要求，使幼儿主动地集中注意力，两种方式灵活地使用，不断变换幼儿的两种注意，使大脑有张有弛，既完成任务，又不至于过于疲劳。教师在组织活动时创设多种幼儿感兴趣的情境，采用形象化、趣味性的游戏教学，调动多种感官让他们参与到活动中来，充分调动幼儿的兴趣。此外，教师在活动中的语言、表情、动作等也会影响幼儿的专注力。教师要用具有感染力的语言和高低起伏、富有变化的语调、丰富的表情来感染幼儿，激发幼儿的学习的热情，提高幼儿的专注力。如给幼儿讲故事，当讲述地震中房屋倒塌、公共设施遭到破坏时，教师眉头紧锁，表情严肃，情绪低沉，以此感染幼儿，提高他们的专注力。

(四)幼儿主动性的培养

在传统教学里，许多幼儿被动地接受知识，被动地参与游戏。在接受知识的过程中，幼儿的主观能动性往往不能很好地发挥。现代幼儿教育理念在尊重幼儿主体性的前提下，突出了幼儿自主性的发展。主动性是幼儿心理发展的重要前提，也是形成个体心理发展差异的因素之一。主动性强的幼儿对环境中的事物能产生积极的反应，有强烈的好奇心和探求欲望，并常常表现为极强的探索行为。相反，主动性差的幼儿参与活动的积极性低，不善于主动思考问题，常常被动地接受环境影响。这样不仅难以通过自身活动真正掌握知识、发展智力，而且极易养成懒惰、被动的性格特征。可见，培养幼儿的主动性非常必要。

1. 创设适宜的物质环境，激发幼儿的主动性

幼儿是活动的主体，他们在与环境交互中有选择地、主动地参与活动。环境具有教育功能，幼儿是在与环境相互作用过程中认识周围世界的。丰富的、操作性和可变性强的物质材料可为幼儿提供主动感知与探索的物质条件，而单一、贫乏的物质材料可能导致幼儿因得不到操作材料和机会而失去探究的主动性。幼儿天生就是一个主动探索者，教师应该遵循幼儿喜欢探索的天性，设法给他们提供丰富的、多元的、可选择性强的材料，引导幼儿进行自主选择、主动探索，激发幼儿的主动性。教师可以发动家长和幼儿共同收集充足的活动材料，然后与幼儿一起对材料进行加工、整理、分类，共同布置班级环境，让幼儿在参与环境创设中产生学习的兴趣。

2. 营造“民主、宽松、和谐”的主动探究氛围

幼儿的主动学习需要一个民主的、宽松的、自由的活动环境，这样幼儿才会感到心

理安全，产生积极活动的欲望。因此，教师要积极为幼儿创设宽松的学习氛围，鼓励、引导幼儿积极参与各种活动。同时，对幼儿的发现作出积极的评价，帮助幼儿树立自信心，增强幼儿主动探索的积极性。教师应尊重、信任幼儿，放手让幼儿按照自己的意愿和需要来选择，而不是由教师来决定幼儿做什么或不做什么。例如，在美术活动中，让幼儿选择不同的材料和方式进行大胆的表现；在区域活动中，教师引导幼儿根据自身需要、兴趣选择喜欢的区域活动；在游戏中，让幼儿自己选择角色和玩伴。

3. 引导幼儿自由探索，提供充分的操作机会

幼儿学习是建立在操作物体的主动性经验基础上，通过触摸、倾听、摆弄、操作、观察等活动认识事物的外部特征，发现事物的变化和关系，获得知识经验的活动过程。因此，教师应多为幼儿提供操作机会，让幼儿进行自我探索。例如，在“玩彩圈”的活动中，教师不直接告知幼儿玩法，而是让幼儿自由探索彩圈的玩法。在幼儿探索的基础上，老师继续引导幼儿思考：除了用手玩彩圈，还可以用我们身体的什么部位玩？如何让彩圈滚起来？在活动中，幼儿的主动性、创造性都得到了充分发挥，一个个面露成功的喜悦。在进行活动“找五官”中，教师引导幼儿通过看、听、尝、闻等多种手段了解五官的作用，激发幼儿的兴趣，使幼儿学得开心，学得主动，并在活动中得到发展。此外，只要是幼儿有可能做到的事情，教师都应鼓励他们自己去做，以此提高幼儿的自我意识，增强自信心，进而增强主动性。

4. 设计开放性问题

教学活动中教师如何提问，直接影响到幼儿主动性的培养。老师经常这样提问：“这是什么？它是什么颜色的？它是什么形状的？”这种一问一答的封闭性问题会使幼儿只从一个角度去思考，限制了幼儿的思维。因此，教师在活动中要尽可能设计促使幼儿进行多向思维的开放性问题。如在打击乐活动中，教师说：这里有一些乐器，你们自己试试，看看如何让它发出不同声音。玩过后来告诉大家，你是怎么演奏的？这一开放性的问题，促使幼儿自己进行探索，促进了手、眼、脑等多种感官的协同工作。幼儿通过操作探索，了解了敲击乐器不同的部位发出的声音不一样，敲击同一个部位力度不同乐器发出的声音也不同。

5. 采用多种形式进行教学

幼儿园幼儿人数多，传统的教学难以保证每个幼儿都有独自操作的机会。因此，教师要灵活采用多种形式，如除了集体教学外，可多采用小组教学。小组活动不仅能培养幼儿自我认识、交往与沟通能力、理解他人的意识和规则意识，而且能使幼儿在轻松活泼的气氛和环境中接受教育，主动探索，积极思维，有利于幼儿主动性的培养。教师在组织活动时，还应该处理好教师的活动组织和幼儿自主活动的关系。允许幼儿根据自己的理解来活动，并给予幼儿自己表达和创造的机会，使其能在快乐中学习，培养主动精神。例如，在语言活动“三只蝴蝶”中，教师引导幼儿分组来进行故事复述。幼儿可根据自己的能力、兴趣，从“折蝴蝶”、“画蝴蝶”、“角色扮演”三组活动中自主选

择自己喜欢的小组活动，通过“制作讲述”、“绘画讲述”、“扮演讲述”自主参与，不仅实现了激发幼儿主动性的目的，而且较好实现了复述故事的目标。在“过桥”的体育活动中，教师事先为幼儿准备了宽度和高度不同的4块平衡木，将不同能力的幼儿自然分成几组，幼儿可以根据自己的能力选择其中一座“桥”，平衡、快速地通过。在快乐过桥中增强了幼儿的积极性、主动性。幼儿在第二次过“桥”的时候，还可以尝试挑战难度更大的“桥”。

6. 合理运用评价，激发幼儿主动性

由于年龄与生理的特点，幼儿缺乏自主评价能力，他们主要通过外界的评价认识自己，调整自身的行为。教师积极的评价有利于幼儿主动性的发展，因此，教师要仔细观察、认真分析幼儿在各种活动中的表现，对幼儿积极的主动行为、高昂的热情、点滴的进步给予及时的肯定和鼓励。同时，可以采取一些诸如微笑、点头、肯定的眼神、爱抚的动作等肢体动作，强化幼儿的主动性行为，增强其参与活动的信心，促使其自觉地参与到各种活动中。对于幼儿在活动中表现出的不足，教师也要用委婉的方式指出，不能损伤幼儿自尊心。要不断地帮助幼儿树立信心，使他们始终保持探索愿望，以饱满的热情参与活动。此外，教师还要多关注班集体中的弱势群体，因为他们性格内向，不善于与人交往，参与活动的主动性不高。教师对他们的鼓励将直接影响到全体幼儿的参与主动性。

(五)幼儿坚持性的培养

坚持性是将目的贯彻到底以及克服困难或障碍的能力，即在较长时间内连续、自觉地按照既定目的去行动。它是自我意识的重要成分，也是人们学习活动中重要的非智力因素。有关研究指出：幼儿坚持性的发展不仅对其形成健康人格具有良好的作用，而且对于发展幼儿的智力也具有十分重要的意义。坚持性强的幼儿，能最大限度地运用自己的智慧达到认识客观事物的目的，获得知识，发展能力。可以说，儿童的智慧发展与坚持性之间呈正相关。同时，幼儿心理学研究也表明：2~6岁幼儿坚持性水平随年龄的增长而增长，4~6岁则是幼儿坚持性发展的关键期，因此培养幼儿学习活动中的坚持性具有十分重要的意义。

1. 在游戏中锻炼幼儿的坚持性

游戏是幼儿最喜欢的活动，通过游戏培养幼儿坚持性能收到较好的效果。例如，体育游戏“滚地雷”中，幼儿能毫无怨言地坐在椅子上，等待着“地雷”滚过来；在角色游戏“指挥交通”中，幼儿不受其他游戏角色影响，坚守在自己的岗位上指挥过往车辆和行人。根据幼儿喜欢游戏的特点，教师应该充分发挥游戏的作用，用幼儿感兴趣的游戏内容和材料来延长他们的注意时间，在各项游戏活动中培养幼儿的坚持性。例如，在晨间活动区游戏中，教师可以要求幼儿坚持在一个区域内活动，坚持收拾完最后一件玩具再离开。在角色游戏中，教师可以通过角色来约束幼儿的行为；一名幼儿在娃娃家游戏中扮演妈妈在家照顾娃娃，可是每次玩了两分钟后便离开，去做其他事情了。此时，教师通过“妈妈”的角色对幼儿进行约束，对幼儿说：“宝宝一个人在家不安全，她会害怕的。”从而让幼儿坚守在自己的岗位，履行好自己的角色。

2. 利用随机教育培养幼儿的坚持性

生活处处皆教育，教师可以在幼儿一日生活中进行随机教育。如教师与幼儿在自然角或者种植区播种一些植物的种子，引导幼儿每天进行观察，在持续观察植物生长的过程(种子的播种—发芽—长叶—开花—结果)中体会生命的生长，发展其坚持性。再如，教师可以引导幼儿观察天气的变化，并进行播报，培养幼儿关注生活的态度，锻炼其坚持性。对坚持性较弱的幼儿，教师可以推选他做小值日生，帮助大家分勺子，分玩具等，逐步培养幼儿一定要把事情做完的好习惯。

3. 灵活运用强化手段

强化是培养幼儿坚持性的一种行之有效的手段，教师要根据实际情况灵活多变地加以运用。强化分为物质强化和精神强化。长时间使用一种强化手段容易导致幼儿不感兴趣，出现强化价值被贬低的现象。因此，教师应交替使用这两种强化。当幼儿完成某一活动后，可以采用表扬、鼓励、奖励五角星等精神强化方式，有时也可以采用获取图书、玩具、学习用品等物质奖励，以达到幼儿心理上和物质上的同时满足。教师可以设立以“坚持性”为主题的小红花专栏，及时奖励在各项活动中坚持性有进步的幼儿，使他们更直观地看到自己的进步，更有效地起到了激励的作用。频繁的强化会让幼儿感到无需努力也能得到奖励，久而久之会对强化产生淡化的情绪。因此，当幼儿的坚持性得到一定的提高后，教师可以尝试延迟强化。如要求幼儿一星期都能坚持认真完成任务才能得到一个五角星或得到一本图书。

4. 根据不同类型的幼儿因材施教，培养幼儿的坚持性

幼儿个体差异较大，在坚持性方面表现不同。对于不同类型的幼儿，教师应根据其特点，采取不同的教育策略：

(1)服从型幼儿的坚持性的培养。

服从型的幼儿，其坚持性受制于成人的要求，凡成人要求的事情，幼儿会被动地坚持完成。反之，成人没有要求，幼儿就很难坚持完成。因此，教师可以设置障碍情境，对幼儿提出更高的要求，要求他们在活动中持续的时间逐渐变长。另外，在活动中要注意激发幼儿的主动性。当幼儿在进行自主性活动时，鼓励幼儿坚持进行探索，并在幼儿坚持地完成整个任务时给予表扬、奖励。

(2)兴趣型幼儿的坚持性的培养。

兴趣型幼儿，其坚持性的强弱取决于对活动兴趣的大小，他们往往在自己感兴趣的活动中坚持较长时间，而对不感兴趣的事情坚持性很差。因此，教师应该选择幼儿感兴趣的事情培养幼儿的坚持性。此外，教师可故意安排幼儿参加不感兴趣的活动，如复述活动和体育活动，要求并鼓励他们坚持把事情做完，以培养他们克服困难的习惯和能

力，提高他们的坚持性。

(3)成就型幼儿坚持性的培养。

成就型幼儿，其坚持性主要依靠成就动机来维持。他们渴望成功，能在活动中积极主动地克服困难。教师可以为这种类型的幼儿确立成就目标，即超出他们水平，但经过努力能够达到的目标。幼儿为了达到目标，会努力克服各种困难去完成任务。对于坚持完成任务的幼儿，教师要对他们给予积极的反馈，以强化幼儿的坚持行为。

5. 分解目标，逐步培养幼儿的坚持性

根据维果斯基的最近发展区理论，幼儿在教师的帮助和引导下能达到的目标与现有水平之间的距离就是最近发展区。因此，教师设计和组织活动应建立在幼儿现有发展水平之上，给幼儿设置略高于该水平的目标。例如，幼儿的现有水平是能抛接 2 个球，但是经过努力后可以抛接 10 个球，那么教师就可以把“抛接 10 个球”作为学习目标。而抛接 10 个球，幼儿并不能一次完成，需要幼儿长时间坚持。那么教师把这个目标进行分解：一星期后能抛接 3 个球，两星期后能抛接 4 个球……通过幼儿的不断坚持，逐步实现最终“抛接 10 个球”的目标。再如，让幼儿养成良好的站姿，在第一周请幼儿坚持 3 分钟，在这 3 分钟内做到身体正直，双手自然下垂，两眼目视前方。在 3 分钟后，可稍放松要求。到了第二个星期，可告诉幼儿：“这一次我们再努力一下，坚持 5 分钟。”依次类推。通过目标分解，让幼儿每次在小目标实现后体会到“坚持就会成功”的快乐，树立“我能坚持住”的自信心，最终形成“我要坚持”的信念。

6. 加强家园沟通，争取家长的支持与配合

幼儿的坚持性在很大程度上与家长的教养态度、教育方法有关，不科学的教育态度以及不当的教育方法容易导致幼儿坚持性差。如有的家长担心孩子累着，不让孩子做一些力所能及的事情。在孩子遇到困难时，不是鼓励孩子坚持把事情做完，而是包办代替。因此，教师应从家长的观念入手，利用家园联系栏、家长会、家长学校等途径向家长宣传科学的教育理念和教育方法，引导家长转变观念，为幼儿的坚持性发展创造良好的家庭环境。家长不要过度溺爱和过分保护幼儿，应让幼儿做力所能及的事情，鼓励幼儿独立把事情做完。此外，家长还应为幼儿设置难度适中的任务。对于一些难度较大的任务，应把任务分解成一个个小任务，因为任务太难会让幼儿望而生畏，容易产生抵抗情绪或者干脆直接放弃。

第三节 幼儿不良学习行为的矫正

在幼儿学习活动中，幼儿会因为生理需要、能力发展水平、客观环境影响等因素产生一些不适当的行为。真正需要教师进行矫正的“不良学习行为”，是指那些并非幼儿偶然发生的一次性行为，而是幼儿反复出现或持续了一段时间后仍未主动回到学习状态中的行为。

一、不良书写姿势

(一)案例呈现

欢园是中二班的幼儿，画画、写字时常坐在椅子的前半部，将椅子的两条后腿翘起来，甚至只跪坐在椅子了一角。有时喜欢把椅子当做摇马骑，以椅子的两条后腿作为支点，前后摇晃。看书的时候喜欢趴在桌上，有时候把腿蜷在椅子上看书，看书的时候眼睛离书的距离很近，现在已经由于近视戴了眼镜。在绘画活动中，经常大把拽着水彩笔或者油画棒进行涂色，有时一手托着下巴，一手画画。

(二)案例解析

以上案例中，欢园小朋友存在的问题是书写姿势和握笔姿势不良。除了案例中表现的特征而外，有些幼儿不正确的书写姿势还表现为：低头、歪头、头过分前倾、伸颈、驼背、两肩不平、歪肩、斜肩、耸肩、两手趴在桌上、胸紧贴桌的边缘、两脚蹲坐在椅子上、跷二郎腿、手指握笔处离鼻尖太近、笔垂直于纸面写字等。长时间不规范的坐、写姿势容易使幼儿近视、斜视、含胸、驼背甚至脊椎变形、心脏受压迫，严重影响幼儿的身体健康。幼儿正处于生长发育的关键时期，以正确的坐姿和握笔姿势书写，不仅关系到幼儿的学习态度、学习习惯，还关系到幼儿的身体健康和正常发育。导致幼儿不良书写习惯的原因主要有以下几个方面：

1. 教师方面的原因

(1)教师缺乏相关的知识。

许多教师本身对培养幼儿书写姿势的知识虽有一定了解，但不够全面。北京实验幼儿园保健医生侯英对全园 58 名教师进行幼儿书写姿势方面相关的知识调研，发现对 15 项内容全部知晓率为 34.5%。由于部分教师本身缺乏相关的知识，所以不能对幼儿的书写姿势进行有效的指导。

(2)教师没有充分发挥主导作用。

教师在日常的教育活动中，对幼儿的书写姿势没有引起足够的重视，不注意书写姿势的指导。有的教师对幼儿的坐、写姿势只是笼统提出要求，未能细致地对每一个孩子进行个别指导。此外，教师也没有针对幼儿不同发展时期进行相应的教育。在幼儿园，幼儿书写的最初阶段是涂涂画画，所用工具主要是水彩笔或油画棒，而画画时拿水彩笔或油画棒的姿势，特别是大面积涂色时与写字的握笔姿势不同。若不进行有针对性的指导，小中班幼儿在涂涂画画中已习惯运用彩笔和油画棒的姿势，这种习惯自然也会影响幼儿正确握笔姿势的形成。

2. 家长方面原因

(1)家长缺乏相关的知识。

北京实验幼儿园保健医生侯英对全园134名家长进行幼儿书写姿势方面的相关知识调研，发现对15项内容全部知晓率仅为20.1%。很多家长在教育幼儿时，仅凭自己的经验对幼儿进行教育。例如，有的家长按照自己的握笔姿势来教孩子，但是自己的握笔姿势是不正确的。同时，桌椅是否符合要求是幼儿良好坐位姿势保持与否的重要外环境。很多家长由于不了解相关知识，未能给幼儿提供合适的书写桌椅，使用成人桌椅代替，这也不利于幼儿正确书写姿势的形成。

(2)家长未对幼儿进行指导。

不少家长望子成龙心切，孩子还没有到达书写年龄，幼儿已在家书写数字和汉字。由于孩子腕力不足，加上缺乏专业的指导，从而导致不良书写习惯的形成。另外，有些家长在教孩子书写数字和汉字时，只注重孩子书写的内容，不注意孩子坐的姿势、握笔的姿势和书写的姿态。时间一长，有些不正确的姿势已逐步形成，矫正起来有一定困难。

3. 幼儿自身原因

幼儿肌肉还不发达，特别是小肌肉发育比较迟缓，手指协调能力较差，对掌握正确的握笔姿势感到困难。幼儿骨骼较软，容易变形，加之初学绘画和书写神经高度紧张，手、眼、脑、身体不能较好地协调，极易形成不良的坐、写姿势。幼儿刚刚学画画和写字时非常喜欢拿笔，常常是玩到哪儿就写到哪儿，坐、写姿势也是千姿百态：有时趴在地上写，有时跪在小椅子前写，有时在墙上写，坐、写姿势的不确定无形中影响了孩子坐姿和握笔、书写的正确姿势的形成。

(三)矫正措施

幼儿书写姿势不正确，不仅关系到幼儿的学习态度、学习习惯，还关系到幼儿的身体健康和正常发育。如果幼儿不良书写姿势形成习惯，便很难纠正。因此，在幼儿园期间让幼儿掌握正确的握笔姿势，纠正幼儿不正确的书写姿势十分必要。教师或家长可以用以下方法对幼儿不良的书写姿势进行纠正。

1. 示范法

教师和家长注意保持端正的坐姿，给幼儿做好榜样。教师或家长准备好椅子，一把给幼儿用，一把给自己用。教师或家长坐在椅子正中央，双脚自然平放在地面，身体正直，两肩齐平，两眼直视前方，双手自然地放在腿上，让幼儿模仿正确的坐姿。为了矫正幼儿的握笔姿势，教师也可采用同样的办法。教师用拇指、食指和中指拿笔，握笔要自然。由于幼儿经常写写画画，在绘画中会用到不同的笔，因此教师还需分别做示范。如油画棒较软，容易折断，教师示范时告诉幼儿要轻涂色，拿笔时手指尽量靠下捏。

2. 练习法

引导幼儿掌握正确的书写姿势，需要幼儿不断练习。教师应为幼儿准备专用桌椅，指导幼儿坐在小椅子上时，双脚并齐，小腿竖直放在椅子前面，上身正直靠在椅子背上，双手手心向下放在腿上。教师在幼儿练习的时候可以数数，一般是一秒数一个数，初次练习时间为20~30秒即可。教师应注意练习的时间不宜过长，因为幼儿长时间保持一种姿势容易感到疲劳。幼儿在椅子上坐一段时间后，可以让幼儿自由放松休息。

3. 游戏法

教师或家长可以设计、创编或收集一些相关游戏或歌谣，教给幼儿玩或学唱，并引导他们掌握正确的书写姿势。

《握笔歌》1：拇指食指放笔前，两指并拢小鸡嘴。其余三指小翅膀，放在笔后顶笔杆。拳心圆，手心空，五指用力握得紧。

《握笔歌》2：拇指食指头碰头，夹住笔杆上左右。中指小指无名指，扛着笔杆会行走。

《握笔歌》3：一棵大树站不住，手指合家来帮助，爸爸妈妈夹住树，三个孩子顶住树。(注：爸爸——大拇指，妈妈——食指，三个孩子——中指、无名指、小指)

《握笔歌》4：拇指、食指头对头，三指四指低下头，小指藏在最里头。

《坐姿歌》1：小屁股坐坐好，挺起胸膛身坐直，两条小腿儿并并放，两只小手放腿上，眼睛前看仔细听，这样坐着才正确。

《坐姿歌》2：头摆正，肩摆平，脊柱直，胸前挺。大腿对称开放松，小腿竖直放平行，双脚平行摆得正，双臂用力要均衡。

《坐姿歌》3：身体坐直向前倾，胸和桌子有距离，头可不能偏左右，双手抬起肘架平。

《坐姿歌》4：头正肩平挺起胸，两腿并排脚放平。身子稍微向前倾，自然大方坐端正。

4. 了解后果法

教师通过呈现由于不良书写姿势而影响美观和身体发展的图片或视频，让幼儿了解不良书写的后果和给生活带来的不便。如看书时离书太近容易近视，戴眼镜很不方便；坐得不正确容易导致脊柱变形，看起来不美观(见图 4-1)。在活动中若发现幼儿握笔很吃力，教师要及时发现并询问幼儿："你这样拿笔觉得舒服吗？是不是觉得很费力？"让幼儿知道书写姿势不对会让身体觉得劳。

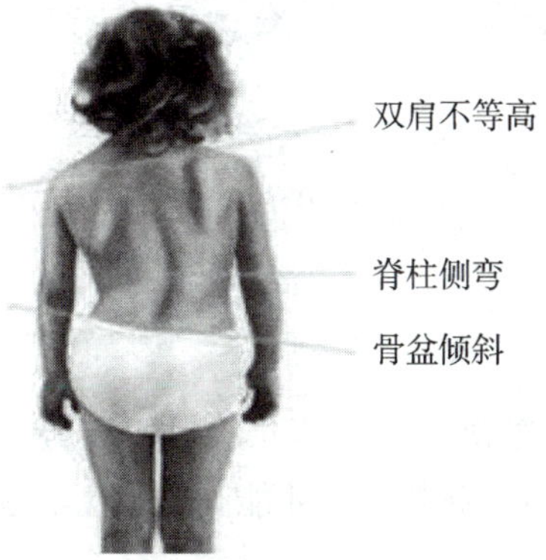

图 4-1

5. 纠错法

当幼儿知道正确的坐姿后，教师或家长故意做出不正确的姿势让幼儿进行纠正。或者安排两个幼儿一组，互相纠正对方不正确的姿势，直到完全正确为止。

6. 提前肯定法

每个幼儿都喜欢得到别人的肯定和赞扬。当别人对其表示肯定时，幼儿会更加注重自己的行为，尽可能克制自己的不良行为的出现。针对书写姿势不正确的幼儿，教师可以在活动前对幼儿先表示肯定，如对幼儿说："我知道你(名字，如园园)会保护好自己的眼睛，在画画的时候肯定会把头抬得高高的……"幼儿听到老师的肯定后，会在活动中自觉地规范自己的书写姿势。

7. 环境暗示法

环境对幼儿有暗示作用。因此，在活动室的墙上贴上正确的(或者错误)的坐姿或者握笔姿势的图片，或者大哥哥、大姐姐的正确坐姿的照片，让幼儿随时提醒自己，如图 4-2 所示。

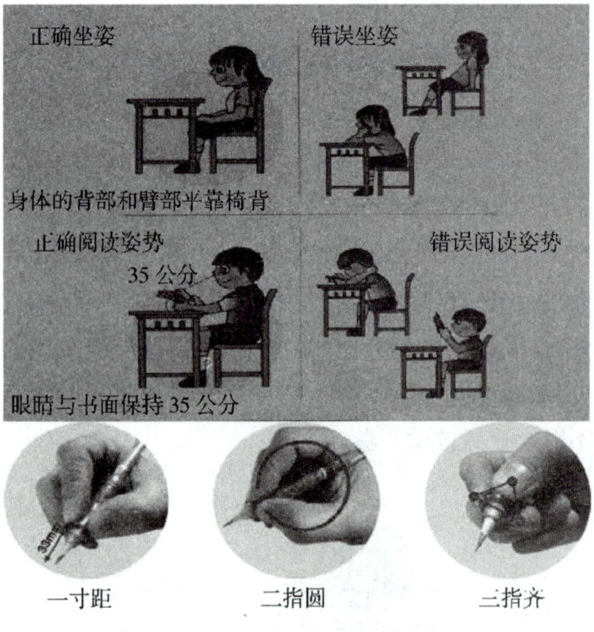

图 4-2

8. 语言提示法

教师在幼儿活动中注意巡视，观察幼儿的握笔姿势并予以指导和纠正。并不时强调："只有握笔姿势对了，小手舒服了，才能画出漂亮的画来。"

9. 表扬法

经常表现出坐姿和握笔姿势不正确的幼儿，偶尔也有表现好的时候，教师要及时发现并表扬："今天××小朋友有进步了，身体坐得很直，看起来很有精神。"教师也可以表扬坐在不正确书写姿势幼儿旁边的小朋友，以引导幼儿向旁边的小朋友学习，以争取得到老师的表扬。

10. 工具矫正法

幼儿的自控能力较差，握笔姿势很容易在书写绘画中走样。因此，教师可以采用一些简单实用的工具和方法帮助幼儿掌握正确的姿势。老师还可在铅笔上离笔尖1寸处绕上彩色细线，以帮助幼儿固定握笔的位置。也可用橡皮筋帮助幼儿，具体的做法是：找一根缠有毛线的、较宽松的橡皮筋，然后将笔紧贴食指，笔尖和食指尖处于同一水平线，在食指指根对应的笔杆位置做记号，将橡皮筋在这个位置绕上一圈。再把除大拇指外的四指顺着笔尖方向一起伸进剩余的大圈中，握空拳做正确握笔状，橡皮筋就会帮助幼儿固定姿势。这个方法容易掌握，效果也明显。由于橡皮筋的捆绑作用，幼儿握笔时比较放松，还能改掉握笔时肌肉紧张、过于用力的毛病。此外，为幼儿选择一些实用的握笔器，对帮助幼儿掌握正确的握笔姿势也有一定的帮助。

11. 锻炼小手肌肉，增强控笔能力

教师有意识地让幼儿多动手操作，让幼儿在有趣的游戏中锻炼小肌肉。例如，在操作区提供花生、弹珠、小球等让幼儿用勺子舀或者筷子夹，提供鞋子、小辫子等让幼儿进行编织，提供一些彩色笔或者油画棒让幼儿进行涂色或描画练习。通过这些活动促进幼儿手部拿握物品及操作能力的逐渐发展。

12. 调整桌椅高度

有时幼儿不正确的书写姿势是由于幼儿桌子、椅子的高度不当引起的。幼儿身高存在个体差异，有时差异很大。因此，教师和家长要及时检查并调整桌椅高度，有的桌椅不能调节，可以通过增加脚垫、椅垫的方式进行调整。必要的时候重新购买大小、比例适合幼儿身体特点的桌椅。

二、注意力不集中

（一）案例呈现

阳阳是小三班的小朋友，范老师正在给全班的幼儿讲故事《拔萝卜》，其他小朋友都认认真真听老师讲故事，而阳阳一会儿把头转向窗外，一会儿玩玩自己的手，有时候坐在位置上发呆，没有认真听范老师讲故事。在绘画活动"泡泡"中，教师引导幼儿玩泡泡、观察泡泡后，引导幼儿画泡泡，自主表现不同颜色、大小的泡泡。阳阳刚开始很认真地画，可画到一半就停止下来，去做其他的事情去了。

（二）案例解析

以上案例中，阳阳在活动中东张西望、易走神，注意力持续时间短，不能集中注意力地做完一件事情，是注意力不集中的表现。注意力不集中的幼儿常常表现为：

(1)注意力持续时间短，在活动中很难集中注意力地做完一件事情。例如不能完整聆听一个故事，做完一件手工，而且很容易受到外界环境的影响，在学习中常表现为有始无终。

(2)在活动中易走神。看似幼儿认真地坐在那里，但是仔细观察，其眼睛没有关注老师正在进行的活动，而是望着窗外或其他地方。如果让他回答问题，他就答非所问或是愣在那里。在操作活动中，注意力不集中的幼儿操作材料时常常忘记正在做的事情，停止操作材料或转移到其他事情上。

(3)在活动中常常无法安静下来，出现坐不住的现象。注意力不集中的幼儿即使坐在座位上，也不断摆弄自己手中的物品或玩弄自己的身体，或做一些干扰其他幼儿活动的行为，如拉旁边小朋友的衣角，弄旁边小朋友的头发等。

(4)自控力较差。注意力不集中的幼儿不太遵守活动规则和秩序，爱怎么玩就怎么玩，全凭自己的主观意愿。

幼儿注意力不集中与幼儿大脑发育不完善有关。幼儿神经系统兴奋和抑制过程发展不平衡，兴奋占优势，抑制过程形成较慢，故而自制能力差。长时间从事单一的活动，容易引起疲劳，导致注意力分散。幼儿的注意力受幼儿自我控制能力的影响，幼儿的坚持性和自控能力较差，而且幼儿神经的抑制过程还没有发育完善，还不能很好地控制和调节自己的心理行为和活动。有的幼儿只要旁边有人玩或说话，就无法继续手中的事情，导致注意力容易分散。环境过多干扰、幼儿生活不规律、教师教学内容过难、幼儿无相关经验、活动内容难度过低、对幼儿来说缺乏挑战、教学方法过于呆板、教学过程缺乏变化，这些都容易引起幼儿注意力分散。

注意力不集中对幼儿的发展非常不利，不但会影响幼儿的思维敏捷性、思维速度和掌握语言的速度，而且还会影响幼儿的学习效率。长期发展下去会养成一种习惯，当他们步入小学后，就演变成一种不良的学习态度。

(三)矫正方法

俄国教育家乌申斯基说过，“注意是心灵的天窗”。只有打开注意力的这扇窗户，智慧的阳光才能洒满心田。因此，教师和家长要着力解决幼儿学习中注意力不集中的问题。矫正幼儿注意力不集中的方法主要有以下几种：

1. 游戏锻炼法

教师可以通过游戏引导幼儿聚精会神、集中注意地观察，训练儿童的注意。

(1)看看什么不见了。

游戏目的：通过集中注意观察在规定范围内的物体、图片和玩具的变化，发展幼儿注意力。

游戏准备：几件玩具(实物或图片)或其他物品。

游戏玩法：教师(或家长)与幼儿一同取出几件玩具摆放在桌上，并教幼儿点清玩具的数量，让幼儿说出玩具的名称，记住玩具的种类。然后趁幼儿不注意的时候，拿走其中的一件或几件玩具后询问幼儿："什么东西不见了？"让幼儿集中注意力去回忆、查看、寻找。

(2)夹珠子。

游戏目的：训练幼儿对物体特征的注意，培养幼儿注意力的持久性和稳定性。

游戏准备：黑、白、红、黄四种颜色的珠子和盒子若干。

游戏玩法：在规定时间内将珠子一一夹入同样颜色的盒子里，要求夹得既准确又快，在相同的时间里，正确夹入珠子多的人获胜。

(3)黑白连珠。

游戏目的：训练注意力和有序排列的能力。

游戏准备：围棋和棋盘。

游戏玩法：两人从黑白棋子中任选一种颜色，从棋盘任意一处摆起，其中一人摆放1颗黑色的棋子，另一人摆放1颗白色的棋子，依次类推，按照一黑一白的摆放方法摆放完所有的棋子。该游戏可以教师或家长与幼儿玩，也可以两个幼儿一组一起玩。

(4)躲地雷。

游戏目的：训练幼儿注意力的稳定性。

游戏准备：若干个小皮球。

游戏玩法：教师在地上放若干障碍物当做"地雷"，每个球之间有一定距离。幼儿自由穿越"雷区"，在穿越过程中注意不要碰到"地雷"，如果碰到就算输了。当幼儿练习一段时间后可以增加难度，教师可以规定时间或者数数，让幼儿在规定时间内安全越过"雷区"。

(5)神投手。

游戏目的：训练幼儿注意力和上肢肌肉力量。

游戏准备：若干纸球，桶或者纸箱。

游戏玩法：为每个幼儿分发十个球，投球时站在线内向桶内或纸箱内投球，最后在规定时间内，投入球多则胜利。

(6)找到朋友握握手。

游戏目的：通过唱歌、转圆圈、找朋友提高幼儿注意力、协调能力。

游戏准备：提前学唱歌曲。

游戏玩法：幼儿分成两组，分别站在内外圈，外圈比内圈多一人。游戏开始时，两圈幼儿边唱《找朋友》边顺着圆圈反方向运动，等唱到歌曲最后一个字时，立刻停住，找对面一个人做朋友，拉起手站着不动。外圈有一人找不到朋友，就算失败。

(7)运乒乓球。

游戏目的：提高幼儿注意力、协调能力。

游戏准备：乒乓球、乒乓球拍或硬纸板。

游戏玩法：一手拿着乒乓球拍，端着乒乓球，在教师发出命令后，向终点端运乒乓球，在过程中尽量不要让乒乓球掉下来，如果掉下来，把乒乓球捡回后从掉落的地方继续前进。端到终点后，拿拍和球迅速返回。

2. 消除干扰法

有时幼儿的注意力不集中，是因为被周围的新意刺激所吸引。因此，教师要减少环境对幼儿注意力的干扰。为了防止幼儿的注意分散，教师在布置完教室后要让幼儿熟悉一下环境。教室内不要有过多的装饰，活动时运用的挂图等教具不要呈现过早。教师本身的装束要整洁大方，以免分散幼儿的注意。在幼儿活动时，要为幼儿创设一个轻松、愉快的环境，不要轻易打扰幼儿，让他们自主地去学习和探究。

3. 榜样激励法

当个别幼儿注意力不集中时，教师有意表扬他附近听课认真、注意力集中的幼儿，以此激励他迅速集中注意力，认真听课。例如，老师发现明明注意力不集中，老走神，于是就表扬他旁边表现好的欣欣："欣欣做得很好，听故事很认真，而且还大胆回答老师的问题。"注意力不集中的幼儿，就会注意自己的表现，从而好好地听故事，积极回答老师的提问。

4. 降音法

如果部分幼儿注意力不够集中，甚至交头接耳，影响到其他幼儿时，教师用提高声音的方法予以制止，往往收效甚微，反而会引起幼儿的注意。此时教师可以静静地看着幼儿，一言不发，抑或是光张嘴说话但不发声，借助变化的口型吸引幼儿，幼儿就会试图去探究教师到底是在说什么，从而达到以静制动的效果。

5. 暗示法

当个别幼儿出现注意力不集中时，老师可以专注地看他一眼，或者通过走进幼儿轻轻地抚摸(以不影响其他幼儿为原则)来引起幼儿的警觉，暗示幼儿快把注意力集中到活动中来。

6. 特殊安排

当幼儿反复出现注意力不集中现象时，教师可以把注意力不集中的幼儿安排在离自己最近的位置。

7. 批评法

当某个幼儿注意力不集中时，教师可以直接点名批评他，以达到警示教育其本人和其他幼儿的目的。

8. 找眼睛

当教师发现有幼儿东张西望、左顾右盼时，教师可以和幼儿做"找眼睛"的游戏。教师可以对幼儿说："小朋友们，现在老师要来找你们的眼睛，你们仔细看看，老师的眼睛里有没有你的眼睛。"这时，小朋友们就会两眼紧盯住老师。这种方法常常可以用于上课的开始或者大多数幼儿注意力不集中的时候。

9. 明确注意目标

教师在组织活动时向幼儿提出较具体的注意目标，他们就会把注意集中在具体的目标上，并怀着兴趣去寻求答案。例如，在幼儿听故事之前，对幼儿提出注意的目标："小朋友们，一会儿请你们仔细听听故事中都有谁，发生了一件什么事情？"那么，幼儿在老师讲故事的过程中就会集中注意力地关注老师刚才提的问题。相反，如果没有具体的注意目标，幼儿在活动中就会漫无目的地进行，出现注意力不集中的现象。

三、随意插话

（一）案例呈现

小琪是一位特别爱回答问题的孩子。每次活动时，她都能积极地回答问题，有时还一边举手一边抢着说："老师，我来说。"甚至不等别人说完就打断别人的话题，抢着发表自己的意见。在老师组织一节科学活动中，其他小朋友发言还没有结束，小琪就高高举起了手，大声地说道："老师，我来，我来……"导致其他小朋友无法听清楚小朋友回答问题，从而造成课堂纪律混乱。在一次语言活动中，老师让幼儿围绕着"动物是如何过冬"的话题畅所欲言，发表自己的想法。小琪在其他幼儿发言的时候，总是忍不住随意插话，打断了其他小朋友的话，也打断了大家的思路。一开始老师以为她有很好的想法，所以就请她说了。当她说完坐下，在其他幼儿发言的时候，她又开始插话了。老师温柔地对小琪说："请你先听别人讲完，然后再举手回答，好吗？"可是小琪回答说："不好，我就是要说嘛！"

（二）案例解析

以上案例反映的是幼儿随意插话的问题。随意插话问题在幼儿园中较为常见，常表现为：不等别人说完，打断别人话题；常常不举手便脱口而出或者离开位置跑到老师身边大声嚷嚷；老师还没有提出把问题说完，就直接回答。幼儿随意插话与幼儿的直接思维和出声思维有关，他们总是看到什么，想到什么，立刻就要表达出来，而且还要出声的表达。当孩子知道某件事时，就迫不及待地想说出来，与大家一起分享。另外，幼儿随着年龄的增长知识面的拓宽，而自制力又没有达到一定的水平，表现欲较强，总想得到老师和同伴的赞扬和认同，稍微知道一点就会喊出来，就容易出现随意插话现象。幼儿随意插话不仅会影响教师的教学，而且会导致其他幼儿无法听清楚教师的提问、讲解或同伴的发言和答问，从而造成教学的秩序混乱。他们虽然年龄小以自控力差，而插话、抢嘴如果不制止，孩子就会从小养成不尊重他人的习惯，易养成"以自我为中心"的毛病。

（三）矫正措施

1. "录音机"游戏

教师可以开展"录音机"游戏，在活动中教师有意识地把幼儿的随意插话用录音机录下来，然后放给幼儿听，让幼儿听后说出自己的感受。通过这种游戏让幼儿学会换位思考，在别人说话时打断别人会让发言的小朋友难受，上课抢嘴、插话会让大家都听不清楚。教师也可以把幼儿轻声说话、有序发言或答问的声音录下来放给幼儿听。通过这种“录音”的方法巧妙地培养幼儿的倾听习惯，生动、形象地让幼儿养成控制自己，向他人学习的好习惯。

2. 榜样示范法

成人就像一面镜子，一举一动、一言一语都对幼儿有着深刻的影响。因此，教师和家长为幼儿做好认真倾听的表率，通过自己的言行来影响幼儿，从而矫正幼儿爱插话的习惯。在倾听幼儿的谈话中，教师不要随意打断幼儿，应目光注视幼儿，并不时地用微笑、点头等行为回应。让幼儿感到老师在倾听自己的说话，对自己说话内容非常感兴趣。教师耐心、恰当的倾听不仅会让幼儿相信老师是自己随时得以交谈的对象，而且会潜移默化地影响幼儿的倾听习惯。教师良好的示范能起一个很好的榜样，让幼儿逐渐养成耐心倾听他人讲话，不随意打断别人的好习惯。

3. 表扬法

教师可以表扬认真倾听、有序发言的幼儿，来激励随意插话幼儿不打断别人，进行有序发言。如教师表扬幼儿：“我很喜欢××小朋友，因为他很尊重别人，等别人说完了再说自己不同的想法。”“我很喜欢××小朋友，她等老师把问题说完，听清楚了老师的问题才发言，而且她发言之前还举手，这样老师就知道她想发言。”爱随意插话幼儿偶尔表现出有序发言时，教师应及时发现并进行表扬、鼓励，最好当着全体幼儿面进行表扬：“××小朋友有进步了，把老师的问题听清楚，而且这次别人在回答问题的时候，他没有打断别人。”爱随意插话幼儿有许多优点，他们很积极、思维敏捷、反应快，教师在表扬幼儿好的行为时可以提出倾听习惯方面的期望，以此改正幼儿随意插话的行为。如表扬幼儿：“你是个爱思考、很主动的孩子，老师很喜欢你，要是你改掉上课老打断别人的习惯，老师和其他小朋友都会更加喜欢你。”

4. 常规约束法

常规是一种重要的教育手段，有助于幼儿良好行为习惯的养成。为了矫正幼儿的随意插话行为，教师有必要与幼儿一起建立相应的常规。否则，即便教师发布了指令或提出了要求，幼儿也很难真正地执行常规。当教师发现班上幼儿在活动中老是打断别人、随意插话等行为时，待活动结束后，引导幼儿谈谈感受，教师可以提出“刚才的活动你们开心吗？在发言中被别人打断的感受是什么？大家一起发言或答问能听清楚吗？”“如果你在发言，别人打断你的话，你心里会有什么感受？”等问题引导幼儿思考。有的孩子可能会说：“我很不开心，因为我发言时有小朋友老打断我。”“好几个小朋友一起说的时候我都听不清楚。”教师接着进行进一步的引导：“有什么办法让我们很开心，而且能听得到老师和小朋友说的话？”经过与幼儿一起探讨，形成一致的约定。

5. 自然后果法

对于那些表现性太强、长期不按教师要求举手回答问题、总是乱随意插话的幼儿，教师可以采取自然后果的管理策略，让幼儿体验其随意插话造成的自然后果，培养其自我控制能力。教师可以对频繁乱随意插话的幼儿采取不提问，漠视他以乱随意插话的形式说出的答案。这样几次下来，幼儿便会体验到自己乱随意插话的后果是自己得不到老师提问的机会，这种主体性的体验会让幼儿慢慢形成一定的自我控制能力。

四、捣乱

(一)案例呈现

案例1：科学活动中，小朋友正在做“声音”的小实验。浩浩一会儿去拉邻座小朋友的衣服，一会儿去抢别人的实验用品，弄得与他邻座的小朋友不断地喊：“老师，他拉我的衣服。”“老师，他把我的东西抢了。”使教师的提问和幼儿的讨论无法完整、有序地进行下去。在语言活动中，教师引导幼儿欣赏散文诗《梨子小提琴》，当听讲到“拉呀拉呀”那一句时，浩浩小朋友故意发出各种怪声，立刻就有好几个小朋友参与了这场新游戏，结果活动室顿时大乱起来。

案例2：在胡老师组织的活动中，其他幼儿都在认真听老师讲故事，而军军不能安静地坐着听故事，总是站起来走动，在活动中胡老师总是不断地提醒他坐好或回到自己的座位上，导致活动被中断多次。在科学活动中，其他幼儿都按照老师的要求在动手操作，军军小朋友却满教室到处跑，还破坏其他小朋友的操作成果，使得其他小朋友很伤心。

(二)案例解析

案例中幼儿所表现出来的行为，我们可以称为捣乱行为。捣乱行为是指幼儿存心在活动中制造麻烦，在学习活动中扰乱老师和同伴学习的行为。表现为：教师组织活动时离开位置、来回走动、摇动椅子，与同伴说话、挤弄同伴、玩触同伴的身体或物品，需要安静时与同伴讲话、大声喊叫等。教师组织的教育活动不符合幼儿的需要、设计的教学活动内容抽象、活动形式单调乏味、以讲述和倾听为主的教育活动，幼儿会缺乏参与活动的积极性，容易出现捣乱行为。大部分幼儿会用好的、积极的行为(如帮助他人、关心同伴、关心老师等)来得到同伴的认可、老师的肯定与表扬。但是有少数幼儿会用一些消极行为，如破坏东西、在教育活动中捣乱等来吸引同伴或老师的关注。幼儿的捣乱有时也与家庭有关，现在幼儿大多是独生子女，从小就被溺爱养成了“想干什么就干什么”，丝毫不顾别人的习惯，久而久之便养成了自由散漫、我行我素的个性。

幼儿学习中的捣乱行为不仅会影响教师教育教学活动的正常进行，而且会影响同伴的学习和情绪。因此，教师应重视幼儿学习中的捣乱行为的矫正。

(三)矫正措施

1. 提示法

教师可以采用活动前提示的方法，引导幼儿在活动中好好表现，以得到老师的肯定和认可。如教师在活动前对幼儿说：“老师今天要看谁最守纪律。”“今天上课要比一比，看看不守纪律的孩子进步了没有”，这样既让捣乱的孩子认识自身的缺点，又不伤他们的自尊心，同时又能维持课堂的秩序。

2. 移情法

与捣乱的幼儿进行交流：刚才在上课的时候，拉旁边小朋友的衣服，抢旁边小朋友的操作材料，结果怎么啦？(影响其他小朋友听课和操作。)再请幼儿换位思考，如果自己在听课或者操作的时候，别人来打扰你，抢你的操作材料，你会开心吗？为什么？引导幼儿体会在活动中自己行为给集体活动、同伴和自己带来的危害，从而自己改正捣乱行为。

3. 肯定优点法

爱捣乱的幼儿虽然有不尽如人意的表现，但同样也有许多积极、可贵的地方，如好探索、有主见、较聪明等。如果教师总是看到爱捣乱幼儿的缺点，总是对他们说“你这也不对，那也不对”，就会让幼儿觉得自己是个令人讨厌的坏孩子，甚至有许多幼儿会与教师形成对立情绪，并且会越来越爱捣乱。因此，教师应正确地看待爱捣乱的幼儿，不断发现他们的“闪光点”，并根据幼儿的特点进行教育。当幼儿有了进步，教师要及时给予表扬、鼓励，在恰当的时机在班上公开地表扬他们的优点和进步，使他们认识到自己存在的价值，增强自信。当老师满足了幼儿希望得到关注、赞许、渴望成功等需求，幼儿的捣乱行为自然就会消除，而且还能引发出更多的积极行为。例如，羽帆经常在活动中捣乱，让所在班的老师很头疼，一次美术活动结束后，万老师发现羽帆把地上未收拾干净的纸屑拾起来丢到垃圾桶，立即告诉他老师很喜欢他这样做，还亲切地抱抱他。而且向全班小朋友介绍了他维护班级卫生的好行为，让全班给他鼓掌。万老师抓住他的这个“闪光点”，以此为突破口改变羽帆的破坏行为，选他做班级里的小小卫生员，负责班里班级卫生的监督、维护工作，他干得可认真了。经过一段时间后，万老师发现羽帆之前的破坏行为慢慢少了很多。

4. 提问法

当幼儿出现捣乱行为时，教师可以采用提问的策略。教师首先向全体孩子提出问题，然后指名让捣乱的幼儿回答，当他无法正确回答老师的提问时，教师便因势利导地对他进行教育。如教师询问“××小朋友你来说一说，老师刚才讲了什么？”如此直接提问刚才捣乱的幼儿，会让他回答不出教师的问题而得到“教训”，今后就会逐渐减少捣乱行为的出现。

5. 适当忽视法

有意识的、恰到好处的忽视，是教师巧妙应对幼儿学习中捣乱行为的策略之一。幼儿在学习中的很多行为，比如拉别人的衣服、来回走动、摇动椅子发出刺耳的声音、与同伴说话、挤弄同伴等，其目的有时只是为了引起教师和同伴的注意。教师的回应能帮幼儿达到受到关注的目的，一旦教师对幼儿的捣乱行为作出回应，无论是劝告还是训斥，都可能强化幼儿的捣乱行为，以致幼儿以后会经常通过“捣乱的手段”获取教师和同伴的关注。因此，当幼儿在学习中为了获得他人关注而出现捣乱行为时，教师可以试着不理会幼儿，不要注视、不要跟他说话，从而弱化其捣乱行为。

案例分析

在一次语言活动中，教师正在讲《小兔子找太阳》的故事，突然冲冲小朋友发出“啊”的声音，很多幼儿都转过头去看他。这时，教师没有停止讲故事，而是运用声调变化的技巧继续在讲故事中小兔和妈妈的对话。听着老师抑扬顿挫的声音，小朋友的头又转了回来。

这个幼儿之所以表现出这样的行为是为了获得关注。如果老师没有及时地察觉到这一点，而继续关注他的行为，有可能使这个孩子通过“消极”做法满足自己情感需要的行为得到强化。

6. 满足“被关注”需要

获得同伴、老师的关注和认可是每位幼儿的需要，如果这些需要没有得到满足，幼儿便会通过各种手段尽力满足自己的需要，时常会表现出极端的破坏行为。因此，当幼儿出现类似的行为问题时，教师要反思自己是否因为工作或其他原因冷落了这些孩子。如果是，教师就应该给这些幼儿适当的关注。如经常关注幼儿在活动中的表现，当他们取得点滴进步时予以表扬和鼓励，日常生活中多关心他们，让幼儿在爱的沐浴下健康成长。

7. 剩余精力“发泄”法

“捣乱”幼儿往往精力过剩，老师应创设条件，允许幼儿把剩余精力“发泄”出来，如保证足够的户外活动时间，以及考虑幼儿身体承受能力，允许他们跑、跳，带他们玩一些活动强度大的游戏等。

五、拒绝学习

（一）案例呈现

案例1：教师在语言活动中，利用图片帮助幼儿理解故事后，引导幼儿集体看着图片复述故事。大部分幼儿都张开嘴巴看着图片进行故事复述，只有旺瑞小朋友眼睛看着图片，嘴巴却没有动起来，其他幼儿已经复述完故事，但是他仍然没有张开嘴巴。在美术活动“可爱的小兔”中，教师引导幼儿在观察小兔特征基础上进行描述，接着让幼儿拿出自己的水彩笔和图画本画小兔，其他幼儿都按照老师的要求，拿出笔和本开始画了起来，旺瑞却呆呆地坐在座位上，不愿意动手。

案例 2：教师组织活动时，琪琪很少安静地听，老师布置的任务或安排的操作活动几乎从来不做，其他的小朋友都在完成老师布置的任务，他就坐着发呆或玩。老师组织韵律活动，其他幼儿都跟着随音乐做律动，琪琪却站在一边不参与活动，站在那里发呆、摆弄旁边的东西或做各种搞怪动作。

案例 3：李老师给幼儿讲故事《鸭子骑车记》。楚楚对于这个故事已经很熟悉了，在老师讲故事的过程中，楚楚眼睛一直望着窗外，双手捂着耳朵没有听老师讲故事。

（二）案例解析

像案例中呈现的，幼儿在学习过程中主观上不愿意和其他幼儿一样，进行故事、唱歌、跳舞、做动作等学习活动，我们可称为拒绝学习。幼儿拒绝学习与教师的教学活动设计和组织有着很大的关系。教师选择的教学内容不符合幼儿的年龄特点，教学内容过难会使幼儿竭尽全力也无法达成目标，一直处于失败情绪会导致厌恶学习。教学内容缺乏新鲜感、乏味、太简单，教学模式单一、教学方法没有创新、语言平淡乏味都会影响幼儿对活动的兴趣。教师在活动中对幼儿不当的评价也会直接影响幼儿的主动性和参与性，会让幼儿觉得很有挫败感，缺乏对活动的兴趣。幼儿的自身因素，动机、兴趣、情感、意志和性格等，都会对幼儿参与学习活动产生影响。有的幼儿可能今天心情不好或身体不舒服就不爱学了，或者幼儿对老师今天的活动不感兴趣，再或者幼儿已经学会了觉得没意思了，这都可能造成拒绝学习的现象。在幼儿期，幼儿所有的心理活动及行为都具有浓厚的情绪色彩。如果幼儿在活动当天受到教师批评、与同伴发生冲突等，会直接影响幼儿的情绪，进而影响幼儿的学习。有时幼儿情绪低落，便出现不学习、不参加操作、讨论等行为。

幼儿在活动中常游离于集体活动外，不利于幼儿良好个性和社会性的发展，教师应着力分析导致幼儿不参与学习的原因，通过教育实践实现幼儿的转变。

（三）矫正措施

1. 行为观察

花一些时间对经常不参与学习的幼儿进行非正式的观察，以便能够深入地了解其行为。通过以下观察所得到的信息帮助教师找到一种解决不愿学习幼儿参与活动的途径。

（1）不愿意参加的是哪些活动？

①角色扮演活动；②操作活动；③听故事活动；④阅读活动；⑤音乐活动；⑥美术活动；⑦户外活动；⑧儿童独自一人就能进行的活动；⑨没什么特定的活动；⑩其他活动。

(2)如果幼儿偶尔也参与一些活动，是哪些活动？

(3)她不参与活动时，通常在做什么？

①看其他小朋友活动；②往外看；③待在门附近；④哭；⑤抱着或玩着一些个人物品；⑥不和任何人说话；⑦跟着老师或某一个小朋友。

(4)当老师要求她参与班里正在进行的活动时，她会怎样做？

①如果老师劝导的话，她会参加；②会通过语言的方式拒绝；③会转过身去；④开始哭；⑤撅嘴生气；⑥走到开展活动的地方，但不参与活动。

2. 调整教学活动的组织

幼儿拒绝学习，教师不宜一味地指责幼儿，而应反思活动的设计与组织是否符合幼儿的需要，并且做出适当的调整。当幼儿出现拒绝学习的行为时，教师首先要考虑教学活动内容是否符合幼儿的年龄特点，难度是否过大或过于简单，教学内容的选择是否基于幼儿的已有经验，教学目标的制定是否符合幼儿的年龄特点，教学活动的准备是否充分，教学活动的组织是否体现幼儿爱游戏的天性需要，教学活动过程的设计是否依据“动静交替”的原则，选择的教学方法是否符合幼儿的年龄特点和需要等。随后，教师应根据存在的问题进行相应的调整。同时注意提升自己的教学水平，让幼儿对活动产生兴趣，用自己的良好素质和人格魅力去吸引幼儿。

3. 情绪调动

教师的鼓励、肯定、赞赏，能使幼儿产生积极的情感体验，从而产生向更好的方向努力的愿望。过多的批评则会使幼儿心生厌恶，产生逆反，反而使幼儿丧失学习兴趣。因此，教师应为幼儿创设一个良好的精神环境，调动幼儿参与活动的积极性。幼儿因家庭因素或同伴之间的关系而影响情绪时，教师要引起重视，对幼儿的消极情绪进行及时疏导，以保证幼儿以积极的情绪参与到活动中。

4. 间接询问

在教学活动中，教师应根据活动内容进行灵活的处理。例如在歌唱活动中，当出现幼儿没有随集体一起演唱歌曲的现象时，教师不要直接点幼儿名字，而是向全班进行询问：“哪个收播放机坏掉了，没有发出声音？”这种间接询问的方式会提醒没有跟唱的幼儿关注自己的行为，减轻幼儿的羞愧感，当自己察觉到被关注到后，就会继续跟着学习。这种方式既维持了课堂的学习气氛，也有效控制了幼儿的失范行为，更维护了幼儿的自尊心，是一种积极有效的语言指导方式。

5. 体验乐趣

学习兴趣是促使孩子自觉学习的原动力。如果孩子对学习有兴趣，孩子就不会把学习当作苦差事而加以拒绝。可见，培养孩子对学习的兴趣十分重要。幼儿学习的主动性不是自发形成的，必须引导幼儿对学习产生兴趣，在学习中不断尝到成功的乐趣，渐渐提升积极性。

6. 享受成功

在学习中经常体验成功对于培养幼儿的学习兴趣是非常重要的。不断取得学习的成功，是对幼儿学习的最佳刺激与鞭策。合理的期望和明确的目标能使幼儿产生积极向上的动力。过高的期望使幼儿不容易达到，容易产生挫败感；过低的期望则难以激发幼儿的上进心。因此，教师要根据幼儿的实际，恰当地为幼儿确立学习目标，让幼儿尽可能多地获得成功的体验，体验到成功的快乐，激发幼儿对学习的兴趣。

7. 家园合作

针对幼儿拒绝学习的行为，教师和家长及祖辈家长通过多种方式进行沟通，了解幼儿各方面的情况，制定教育计划。在仔细观察不愿学习的幼儿之后，教师要和其家长面谈讨论说明幼儿因为不参与活动而少了很多体验。同时，教师应向家长询问幼儿在家里的表现，了解幼儿在家中最喜欢玩的游戏和材料。根据与家长交流所掌握的信息，与家长共同制定教育计划，提高幼儿的学习兴趣。

思考题

1. 什么是学习？什么是学习行为？什么是幼儿的学习行为？
2. 幼儿的学习方式有哪些？幼儿良好的学习行为有哪些？如何进行培养？
3. 幼儿不良学习行为有哪些？如何矫正幼儿的不良学习行为？

推荐阅读

《读懂幼儿的思维：幼儿的学习及幼儿教育的作用(第3版)》，作者：卡西·纳特布朗，由刘焱，刘丽湘翻译，北京师范大学出版社2010年出版。

这本书重点讨论有关幼儿早期行为模式(图式)的某些特点，并以大量的有关幼儿言语、行动、表征和思维的案例作为解读幼儿思维的证据，其目的在于分析幼儿复杂的行为背后的思维特性，说明幼儿是如何从周围的环境中学习的。

幼儿的思维是有价值的、珍贵的，幼儿是有能力的思考者和学习者，这一事实必须被充分认识且受到尊重。幼儿的早期图式可以构成幼儿经验的基础，这些经验可以进一步发展，成为幼儿更为复杂的经验和思维成果。

我们深知，幼儿自身才是教育的根本。教育工作者应追随幼儿的“图式”来发展他们的思维，了解他们的学习方式，为其提供大量的学习机会，思考为他们提供什么样的课程。《读懂幼儿的思维：幼儿的学习及幼儿教育的作用(第3版)》的基本理念是：一个以学习者为中心、以人为本的课程必须对幼儿的思维给予应有的尊重，这样的课程将为幼儿应对未来不可避免的挑战做最有成效的准备。

拓展训练

1. 梦梦是个小女孩，她聪明伶俐，活泼可爱，头脑特别灵活，但是不喜欢举手发言，老师提问的问题想到了就马上回答。今天在科学活动“会唱歌的小罐子”中，老师准备了小石子、玉米粒和小米粒等材料，分别放在不同的铁罐里。老师轻轻晃动手中的小罐子，让幼儿安静听，并根据不同罐子发出的声音判断罐子里装的是什么材料。可是教师一拿出罐子，刚晃了几下，梦梦就大声说：“石子，不对，是玉米！”边说还边摆着小手。大家听梦梦一说，紧跟着都喊起来。“玉米！”“石子！”教室里顿时乱成一锅粥。老师见状，令小朋友们安静下来，强调说：“请大家先认真听，听清楚后我请小朋友举手告诉我，你听到的是什么声音。”说完，老师又摇起来，可是没等老师问，梦梦就又兴奋地说：“是小米！”活动一次次被打断。

以上案例中反映出幼儿学习行为存在哪方面的问题？如果你是老师，如何进行处理？

2. 王老师组织音乐游戏“快来拍拍”，在老师第一遍范唱时，就有幼儿听到拍拍两个字就开始兴奋地开始拍手，王老师理解幼儿参加音乐游戏活动时兴奋的心情，没有批评他们。老师在范唱第二遍时特别强调不要拍手，要听清楚歌词。可是王老师刚开唱，只听两个幼儿使劲地乱拍手，而其他幼儿听得很认真。王老师停了下来，问他俩是否听到老师的要求。他们都说听到了，并且把老师的要求复述了一遍。王老师接着又问：“为什么还拍手？”出乎王老师意料的回答是：“我是故意的！”而且幼儿边说边笑，完全没认识到自己的错误。

以上案例中反映出幼儿学习行为存在哪方面的问题？如果你是老师，如何进行处理？

第五章　幼儿生活行为的教育诊断

学习目标

1. 本章导学：幼儿生活活动是在园一日生活的重要组成部分，包括幼儿入园、进餐、喝水、盥洗、如厕、睡眠、离园等环节，生活活动蕴含着丰富的教育契机。幼儿生活活动中养成的良好生活行为对幼儿终身成长有着极其重要的意义。因此，了解幼儿生活活动的内涵、掌握幼儿生活行为中的教育指导，掌握幼儿不良生活行为的矫正有利于促进幼儿身心健康发展。

2. 教学重点：了解幼儿生活活动的含义，掌握幼儿生活行为的教育指导，掌握幼儿不良生活行为矫正的策略。

3. 教学难点：掌握幼儿不良生活行为的矫正策略。

4. 教学课时：4 课时。

第一节　幼儿生活行为的内涵

幼儿园生活活动主要是指幼儿入园、进餐、喝水、盥洗、如厕、睡眠、离园等环节，它是幼儿一日活动的重要组成部分。陶行知说："生活教育是给生活以教育，用生活来教育，为生活的向前向上的需要而教育。"幼儿的生活蕴含着丰富的教育契机，生活教育对于幼儿的全面发展有着极其重要的意义。

一、幼儿生活活动对幼儿发展的意义

(一) 生活活动有利于建立幼儿科学的生活常规

幼儿入园后，一日生活活动安排井然有序，既符合幼儿的年龄特点，又能促进幼儿发展。幼儿在教师的引导下，在一日生活中逐渐形成良好的生活常规，这有益于幼儿的

身心健康。

(二)生活活动有利于幼儿养成良好的生活卫生习惯和自理能力

幼儿适应幼儿园一日生活各个环节的过程中，逐渐学会生活自理。如幼儿进餐时，教师鼓励幼儿自己吃饭并收拾饭桌；睡眠活动，中、大班幼儿需要自己学习穿脱衣服并折叠被子等。幼儿在这些生活活动中不断增强生活自理能力，从而养成良好的生活习惯。

(三)生活活动有利于提高幼儿的自信心

幼儿良好的生活行为会提高幼儿生活的自信心，有利于幼儿身心健康发展。当幼儿在生活中体验到“我自己的事情可以自己做，我很能干”，那么幼儿的自信心会大大提高，也会更有勇气去面临和挑战生活中的困难。

(四)可以丰富幼儿多方面的认知经验

生活活动蕴含着丰富的教育契机，生活活动和集体教学、区域活动可以紧密结合。如在进餐教育中，教师不仅要引导幼儿养成均衡饮食的习惯，而且还要通过集体教学、区域活动等途径让幼儿知道生活中常见食物的营养价值，知道挑食和偏食的危害。在这样的教育中，幼儿关于食物的认知经验可以得到丰富。

二、幼儿生活行为的指导原则

教师在生活中指导幼儿的生活行为应把握好以下几个原则：

(一)随机性

生活中处处蕴含着教育的契机，教师要善于抓住教育契机引导幼儿养成良好的生活行为习惯。如进餐时，教师指导幼儿不偏食、不挑食。小班幼儿要求自己独立进餐。中、大班的幼儿不仅强调自己的事情自己做，而且要注重通过“值日生”等活动发展幼儿服务他人的意识。

(二)体验性

教师应根据幼儿年龄特点来指导幼儿的生活活动。在教育方式上，少说教，多体验，鼓励幼儿在体验中形成良好的行为习惯。如小班幼儿学习洗手，教师可以通过儿歌的方式，教幼儿边念儿歌边练习正确洗手。中、大班的幼儿可以通过“结对子”活动带领小班弟弟妹妹熟悉幼儿园，培养其爱心和责任感。

(三)主动性

幼儿生活行为的指导需要创设宽松自由的环境，鼓励幼儿自己的事情自己做，充分发挥幼儿的主动性。教师少包办、少批评，真诚地鼓励幼儿参与活动并表扬幼儿良好的行为。

(四)适宜性

幼儿生活行为的指导应遵循幼儿身心发展特点，科学安排幼儿的生活。如幼儿睡眠时间的安排要随着幼儿年龄的增大逐渐减少，不能不顾幼儿年龄特点，统一安排时间。

(五)差异性

幼儿的发展具有个体差异性，教师在照顾全体幼儿的同时，应兼顾幼儿的个体差异性，根据幼儿自身特点进行教育，这样才能保证每个幼儿都能得到健康发展。如进餐环节，教师要提醒吃得过快的幼儿细嚼慢咽，而吃得过慢的幼儿要专心吃饭。

案例分析

一天下午户外活动，涵涵的鞋带开了，我正要蹲下去给她系上，突然想起有关国外教育的一篇文章，作者在国外的幼儿园里看到一个三四岁的小孩子自己费力地系鞋带，正要去帮忙，却被孩子生气地拒绝了。涵涵5岁了，更应该自己学习系鞋带了。于是，我对正在理所当然等待我去帮忙的涵涵说："你自己系鞋带吧。"一听这话，她小嘴一撅，理直气壮地说："我不会。""我教你。"她一脸不耐烦、不情愿。我只好用学不会不能玩来"威胁"她了。于是她就心不甘、情不愿地开始学了。她很聪明，很快就学会了。我夸奖她说："涵涵能干，很多小朋友都不会系鞋带呢！"听了我的话，她的脸上露出了骄傲的笑容。

著名的教育家陈鹤琴先生提出："凡是儿童自己能做的，应当让他们自己做。"教师和父母应给予孩子成长的机会，鼓励孩子自己的事情自己做，这样孩子才会有责任感，才会在遇到困难时迎难而上。反之，过多的包办和不理智的溺爱，只会阻碍孩子的健康发展。

第二节 幼儿生活行为的教育指导

幼儿在园一日生活行为主要分为进餐、饮水、盥洗、睡眠、如厕等。针对每种不同的生活行为可以采用相应的指导策略。

一、幼儿进餐的教育指导

幼儿园进餐主要包含早餐、午餐、晚餐和上下午的水果和点心。幼儿园的进餐指导主要是针对早餐、午餐、晚餐。良好的进餐习惯是幼儿合理摄取营养素保证身体健康成长的基础，也是幼儿社会化的重要表现。但是，幼儿园进餐环节常常出现幼儿挑食、偏食、进餐速度慢、饭量小、不专心进餐等问题。教师只有做好了进餐的教育指导才能引导幼儿形成良好的进餐习惯。

1. 进餐前营造良好的进餐氛围，做好餐前盥洗

进餐前，幼儿应做好盥洗、如厕等活动，养成良好的进餐卫生习惯。而进餐环境的干净整洁，教师温和的态度，可以为幼儿进餐营造良好的心理氛围。一般来讲，幼儿情绪会直接影响进餐的质量，因此教师要避免餐前和进餐中批评、训斥幼儿，更不能以“再讲话，就让你多吃两碗”的方式威胁幼儿。教师可以根据幼儿年龄特点来营造温馨的进餐环境。如小班幼儿情绪容易受环境影响，手眼协调能力需要继续加强练习，教师在进餐前可以用生动的语言、夸张的表情向幼儿介绍饭菜的营养，激发幼儿食欲。中、大班的幼儿已经具有独立进餐的能力，教师可以请幼儿餐前轮流分发碗筷，使幼儿在动手过程中体验愉悦感，增强自信心，这也有利于进餐时食欲的激发。

2. 进餐中多途径培养幼儿的健康饮食习惯

《3~6岁儿童学习与发展指南》建议教师帮助幼儿了解食物的营养价值，引导他们不挑食、不偏食，少吃或不吃不利于健康的食品；多喝白开水，少喝饮料。教师可以在进餐中多途径培养幼儿的健康饮食习惯。

(1)多途径激发幼儿食欲。

在激发幼儿食欲方面，教师可以鼓励幼儿充分运用感官去感知体验食物的色、香、味。有条件的幼儿园，幼儿可以和教师一起制作食品，如饺子、汤圆等，在制作体验的过程中进一步加深对食物的了解，增进食欲。此外，教师在日常生活中可以与幼儿分享一些关于食物的故事、儿歌和游戏，如“炒小菜”、“娃娃家做饭”等，进一步激发幼儿对食物的兴趣。

(2)教师鼓励幼儿形成良好的饮食习惯。

良好的饮食习惯是幼儿健康成长的重要保证。进餐中，教师可以根据幼儿年龄特点，有目的地加以培养。如小班幼儿鼓励独立进餐，引导幼儿均衡饮食，知道米饭和

菜、干点和稀饭要搭配着吃。中大班的幼儿鼓励有序领取饭菜，做到安静进餐，学习使用筷子，养成细嚼慢咽、不剩饭、不暴饮暴食的良好饮食习惯。

(3)教师区别化矫正幼儿不良的饮食习惯。

幼儿进餐中的不良饮食习惯主要表现在挑食、偏食，吃饭慢，边吃边玩等方面。教师要区别对待，加以矫正。如教师不能只是简单地制止幼儿挑食，而是应该让幼儿懂得食物对人体的影响，激发幼儿对食物的热爱。当幼儿不爱吃胡萝卜时，教师应告诉幼儿："吃了胡萝卜眼睛亮亮的，老师最爱吃胡萝卜了。"教师要通过自身的言行来影响幼儿。

幼儿进餐慢主要在于食欲不好，不想吃饭。对于这样的幼儿，教师应做到不过多催促、不强迫进食、不恐吓，以免引起他们的反感而排斥进餐。教师要通过少盛多添、及时鼓励的方式，引导他们体验进餐的愉悦。在具体做法上，教师每次盛的饭量都很少，当幼儿吃完后，教师马上给予表扬："呀，你今天有进步，一下就吃完了，再来一碗，好吗?"然后又盛了一碗。当家长来接孩子时，我们可能就常常听到幼儿这样反馈："妈妈，今天我吃了三碗，老师表扬了我!"这样的做法使这些吃得慢的幼儿也能体验到快乐，有利于激发幼儿进餐的积极性。

边吃边玩的幼儿进餐的速度并不慢，主要是由于边吃边玩，所以进餐速度总落后于别人。对于这类幼儿，教师进餐时要多提醒、多鼓励，一般都会收到较好的效果。如当幼儿边吃边玩时，我们可以轻轻地站在他们的身边提醒："老师相信你能很快把饭菜吃完。"当幼儿有进步时，及时向家长反馈，并当着家长的面给予表扬，满足幼儿成就感的需要。这种成就感的体验利于幼儿在以后的进餐中自我控制，逐渐养成认真进餐的习惯。

3. 进餐后做好整理、盥洗，养成健康的进食习惯

餐后工作不仅能培养幼儿健康进食习惯而且能培养幼儿的独立性、责任感等。因此教师要指导小班幼儿掌握餐后擦嘴、洗手、漱口的正确方法，学习将餐具放回固定的容器内。中、大班幼儿主动整理餐具，收拾残渣，值日生做好桌面和地面的清洁工作。长此以往，幼儿的健康习惯会逐渐养成。

4. 家园配合，养成幼儿良好的进餐习惯

养成良好的进餐习惯需要家园之间的合作。有些幼儿在幼儿园已经能吃好饭，但一回家老毛病又犯了。因此，要纠正幼儿的进餐问题，还要得到家长的支持。教师要与家长及时沟通，请家长与幼儿园一起对幼儿提出进餐要求，并努力做到固定开饭时间，不要让孩子一边吃饭、一边玩玩具或看电视等。家长自己吃饭时也要做到专注、快速，为孩子做好榜样。

二、幼儿饮水的教育指导

水是生命之源，"水是维持生命的第二要素"，3~6 岁幼儿体内的水分约占体重的

65%，水在人体内发挥着无可替代的重要作用。《3~6 岁儿童学习与发展指南》明确指出："幼儿要养成常喝白开水的习惯。"幼儿在园里能否主动喝水，喝水量是否适宜，直接影响幼儿身体的健康成长。

1. 教师根据幼儿年龄特点提出饮水要求

幼儿在不同年龄段饮水要求存在一定的差异。如小班侧重培养幼儿独立接水、端水、喝水的能力，保证每天饮水量达到 600mL 以上。中、大班幼儿需要了解喝水与身体健康之间的关系，主动遵守喝水规则，养成主动喝水的习惯。

2. 教师多途径帮助幼儿形成良好的饮水习惯

幼儿良好的饮水习惯包括定时用适宜的速度喝水，不喝生水，吃饭时不同时喝水，剧烈活动后不马上喝水，睡前不多喝水，喝水时不要说笑。教师可以通过以下途径帮助幼儿养成良好的饮水习惯。

(1)运用多种教学方法激发幼儿对喝水的喜爱。

教师在日常生活中可以通过游戏法、儿歌法、榜样示范法、谈话法、记录法、体验法等方法激发幼儿感受喝水的快乐，养成主动喝水的习惯。如中、大班的幼儿可以运用记录法来记录每天喝水的杯数和每杯水的水量，一周以后了解自己的平均喝水量，比较自己的平均喝水量与科学喝水量之间的差距并及时调整。同时，教师将幼儿的"喝水记录表"张贴到"科学喝水区"，以便家长了解幼儿在园的饮水量。

(2)教师创设温馨的环境，引导幼儿养成喝水习惯。

教师可以通过环境创设，引导幼儿多喝水。如教室内可以张贴一些图片说明饮水的好处。区角创设中，教师可以创设"科学喝水"操作台，张贴科学饮水的小图片，幼儿的喝水记录表等。此外，教师也可以利用植物角种植的植物，鼓励幼儿给植物浇水，知道植物离不开水，再有意识地引导幼儿观看缺水而打蔫的花朵，知道小花缺水会生病，自己缺水也会生病的道理。

3. 仔细观察，个别指导

在组织幼儿饮水的过程中，需要教师仔细观察每位幼儿的饮水量，尤其是对特殊幼儿的表现应了如指掌，比如谁刚病愈，需要多饮水；谁感冒了，需要多喝水；谁平时不爱喝水；谁喝水时总是速度太快等，对于这些幼儿，教师应注意进行个别指导和提醒。

4. 家园配合，培养幼儿喝白开水的习惯

教师可以通过家园联系栏等途径宣传科学的饮水知识，幼儿园每天记录幼儿的饮水量并与家长沟通。针对一些常给幼儿提供饮料的家庭，教师要通过多种形式使幼儿明白，喝白开水对身体的好处。同时，提醒家长要多鼓励幼儿喝白开水，少喝饮料，逐渐养成喝白开水的习惯。

三、幼儿盥洗的教育指导

幼儿园的盥洗活动，主要包括洗手、漱口、洗脸、梳头活动。世界卫生组织曾指出："每年有1800万儿童死亡，而其中90%是5岁以下的儿童。若养成洗手的良好习惯，至少可以拯救达一半数目的儿童。养成用肥皂洗手的良好习惯是帮助儿童远离细菌，预防儿童腹泻和肺炎的最为经济高效的方法之一。"

幼儿园的现实生活中，一些幼儿没有养成良好且科学的盥洗习惯。比如洗手，幼儿一天洗手次数要多达10次以上，饭前饭后、便前便后、喝水前、运动后……一些幼儿没有养成主动洗手的习惯，洗手不仔细，洗手方法不正确、洗手时玩水等。教师应从问题着手，有意识地对幼儿进行培养，使幼儿掌握正确的盥洗方法，养成良好的盥洗习惯，懂得盥洗对身体健康的重要性。

1. 幼儿园盥洗环节对幼儿的要求

(1)洗手环节。

①学习用正确的方法(七步洗手法)把手洗干净。

②洗手时不弄湿衣袖、不玩水、节约用水。

③知道洗手的好处，饭前饭后、便前便后、活动前后、手脏时及时洗手。

④养成认真有序洗手的良好习惯。

(2)漱口环节。

①会用鼓漱的方法漱口。

②知道漱口能清洁口腔，喜欢漱口。

③知道睡前睡后、饭前饭后漱口。

(3)洗脸环节。

①学习用正确的方法洗脸(从上到下、从里到外，依次为额头、鼻子、嘴巴、脸颊、耳朵、脖子)。

②知道起床后、脸脏时要及时洗脸。

③洗脸时不弄湿衣服、不玩水。

(4)梳头环节。

①学习梳头发的基本方法。

②知道梳理头发前后要洗净双手。

③知道起床后、头发凌乱时要及时梳头。

④梳头结束后，学习清洁梳子和地面。

2. 幼儿盥洗的教育指导

(1)创设环境，激发幼儿主动盥洗的积极性。

教师可以创设优美的盥洗室环境，将盥洗的规则以图片的形式张贴在盥洗室，激发幼儿盥洗的兴趣并掌握正确的盥洗方法。如可在洗手台面上依次贴几张示意图。第一张画的是一双正在挽起衣袖的小手，第二张画的是小手正在搓香皂，第三张画的是交叠在一起的小手(搓搓手心，搓搓手背)，第四张画的是小手正在冲水，第五张画的是正在擦毛巾的小手。这就是完整的洗手流程图，幼儿在洗手的过程中，能对着流程图洗手，有利于幼儿掌握正确的洗手方式。同时，教师可以张贴一些温馨的图片如便后洗手、盥洗规则等进一步强化幼儿洗手习惯的养成。

此外，教师可以准备丰富多彩的盥洗材料调动幼儿盥洗的积极性。如洗手环节，可以提供不同颜色、不同香型的香皂，并配置相应颜色的香皂盒。幼儿洗手的过程中，可以选择相应的颜色，洗手后主动把香皂放回相应的肥皂盒，并相互猜猜别人用的是什么香皂。这样的洗手过程充满了乐趣，自然深受幼儿喜爱。

(2)全面照顾，指导幼儿掌握正确的盥洗方式。

幼儿在盥洗环节中常会出现盥洗方式不正确、弄湿衣服、边玩边洗的现象。作为教师需要通过集体教学、游戏、儿歌、故事、榜样示范等形式帮助幼儿掌握正确的盥洗方式。

①洗手环节的流程如下：

- 挽袖子。
- 轻轻打开水龙头，将手冲湿。
- 关闭水龙头。
- 均匀涂抹肥皂。
- 用七步洗手法搓洗双手，全过程要认真揉搓双手 15 秒以上。

第一步：洗手掌。掌心相对，手指并拢相互揉搓。

第二步：洗背侧指缝。手心对手背沿指缝揉搓，双手交换进行。

第三步：洗掌侧指缝。掌心相对，双手交叉沿指缝相互揉搓。

第四步：洗拇指。一手握另一手大拇指旋转揉搓，双手交换进行。

第五步：洗指背。弯曲各手指关节，半握拳把指背放在另一手掌心旋转揉搓，双手交换进行。

第六步：洗指尖。弯曲各手指关节，把指尖合拢在另一手掌心旋转揉搓，双手交换进行。

第七步：洗手腕、手臂。

- 轻轻打开水龙头。
- 指尖向下，依次冲洗干净手上的肥皂泡，冲洗时间 8~10 秒。
- 关上水龙头，双手指尖向下在水池内轻轻甩三下。
- 用毛巾擦干双手。
- 把毛巾挂回原位。
- 把袖子放平整。

②漱口的方法：

- 取出自己的口杯。
- 走到饮水机旁，接半杯水。
- 端稳口杯，走到盥洗室。

- 喝一口水，含在口中，闭紧嘴。
- 鼓起两腮，反复鼓漱 3~5 次。
- 低下头，在水池内轻轻把水吐出来。
- 重复上两个动作 3 次。
- 用干毛巾擦干净嘴。
- 把水杯放回原处。

③洗脸的方法：

- 挽衣袖至胳膊肘处。
- 轻轻打开水龙头，将手冲湿。
- 把毛巾弄湿，并平摊在手上。
- 俯身向前，低下头，闭上眼睛，双手从上到下、从里到外，依次把额头、鼻子、嘴巴、脸颊、耳朵、脖子洗干净。如此重复 3~5 次。
- 把毛巾洗干净，拧干，挂回原处。
- 取适量护肤霜，双手在脸上轻轻涂抹均匀。
- 把挽起的袖子放平整。

④梳头的方法：

- 清洗干净双手。
- 拿起小梳子，走到镜子面前。
- 从上向下，轻轻梳理前面、侧面以及后面的头发。
- 一手将头发束起，一手拿皮筋。
- 双手合作将头发扎好。
- 镜子里照一照，保证头发梳理整齐。
- 将落在肩上、地上及梳子上残留的头发放进垃圾桶。
- 把梳子放回原处，收好。
- 用七步洗手法清洗干净双手。

(3)及时督促，制止幼儿盥洗中的不良行为。

幼儿盥洗过程中，教师要督促并阻止不良行为。如洗手环节中，教师要阻止幼儿玩水、嬉戏打闹等现象，以防出现安全事故。中大班的幼儿有了一定的责任感，可以由值日生来监督幼儿洗手，这样不仅利于幼儿自我管理能力的培养，也利于教师抽出时间完成其他工作。

(4)盥洗中渗透节约用水的教育。

盥洗过程中，教师可以渗透节约用水、保护环境的教育，让幼儿了解节约用水的意义。教师可以通过结合旱灾的图片、音像资料等，让幼儿明白，水会有用完的一天，明白每个人都节约一点水，积少成多，能解决很多人的饮水问题。因此，幼儿盥洗时要提出要求，轻轻地扭开水龙头，洗手后及时关上水龙头，不浪费水。

四、幼儿睡眠的教育指导

人的一生中，睡眠占三分之一的时间。从医学角度讲，幼儿期睡眠质量直接影响幼儿的身体健康、生长发育和学习状况等。

《3~6岁儿童学习与发展指南》建议保证幼儿每天睡眠11~12小时，其中午睡应达到2小时左右；午睡时间可以随幼儿年龄的增长而逐渐减少。但是，在幼儿园的实践中，午睡环节存在入睡困难、尿床、穿脱衣服有困难、睡姿不正确等问题。教师要根据幼儿年龄特点，抓住睡前、睡中、睡后潜在的教育价值，采用多样的指导策略帮助幼儿养成良好的午睡习惯。

1. 午睡前创设良好环境，做好幼儿准备入睡的工作

(1)为幼儿准备舒适的睡眠环境。

舒适的睡眠环境是保证幼儿高质量睡眠的前提，卧室环境应干净、优雅，光线柔和，卧室室内温度不要过冷或过热，夏季室内温度一般在26~27℃，冬季一般保持在18~22℃为宜。教师应在午睡前一小时打开门窗，交换室内外空气，午睡时也应开窗，保证空气的流通。

(2)安排安静的活动。

午饭后可安排幼儿进行看图书、折纸、听故事、听轻柔音乐等轻松、安静的活动。也可以组织幼儿散步，一方面让幼儿通过观察自然景象丰富感知觉，另一方面促进食物的消化和吸收。但是，午睡前不宜让幼儿进行激烈的运动，或给幼儿讲充满悬念的故事，以免幼儿情绪紧张，不易入睡。

(3)组织如厕工作和脱衣服等工作。

午睡前10分钟要提醒幼儿大小便，排空膀胱内的尿，以便去除生理上对午睡的干扰。对个别不想去或不愿去如厕的幼儿，教师要细心地观察、提醒和督促。睡觉前，教师要求幼儿脱外套、袜子等，并盖好被子准备入睡。

(4)保持幼儿愉快的情绪。

在幼儿午睡前，教师还应注意保持幼儿愉快轻松的情绪，使幼儿在良好的精神状态中入睡，这就要求老师在睡前不处理违反纪律的问题，即不在睡觉前批评孩子。当幼儿进入寝室后，教师不要大声说话，以免制造噪音，引发幼儿烦躁心理。

2. 午睡中，认真检查，注重个别指导

午睡中，教师要认真检查幼儿是否拿着有安全隐患的物品上床，以防发生安全事故。此外，教师要取下幼儿头上的发夹、衣物上的小饰品，由教师暂时保管，以免幼儿把这些细小物品塞入五官中，造成意外伤害。

午睡中，教师要注重纠正幼儿的睡眠姿势。幼儿期，正确的睡眠姿势有助于幼儿的生长发育。一般说来，睡眠姿势主要有仰卧、侧卧和俯卧等，尽管人们对不同的睡眠姿势有不同的意见，但都主张不趴睡、不跪睡、不蒙头睡觉。午睡中，教师要及时并轻柔

地调整幼儿的睡眠姿势，尤其要关注蒙头睡觉的幼儿，尿床、躲在被子下面玩耍的幼儿，这往往预示着生理和行为的异常。

午睡中，教师针对入睡困难的幼儿要多关注、多陪伴，鼓励他们的进步。同时，做好家长工作，取得家长的配合，鼓励幼儿在家的睡眠时间与幼儿园一致，从而养成午睡的习惯。而对于实在无法入睡的幼儿，应避免消极等待或干扰其他幼儿睡眠，做到不强迫入睡、不惩罚。安排幼儿在其他活动室进行一些安静的活动。

午睡中，教师要做到15分钟巡视一次，细心观察幼儿举动，善于关注和发现生病的幼儿，要做到及时发现问题、解决问题。

3. 午睡后，做好整理工作

幼儿醒觉前10分钟，教师播放轻音乐唤醒幼儿，中大班的幼儿自己学习穿衣服、叠被子，培养生活自理能力。

4. 日常教学及生活中渗透午睡的常规教育

日常教学中，教师可以通过示范讲解法、儿歌、故事、谈话等途径渗透午睡常规的教育。如儿歌《脱套头衫》：小朋友，来帮忙，抓住小袖口，拽下小袖子，领口向上提，衣服脱下来。这样的儿歌生动有趣地帮助幼儿更好地掌握脱衣服的技能。此外，教师也可以组织幼儿讨论“睡前如厕”、“睡觉姿势”的问题，帮助幼儿更好地养成良好的睡眠习惯。

五、幼儿如厕的教育指导

如厕是幼儿生活中的重要组成部分，如厕对提高幼儿的生活自理能力及健全人格的培养有重要的意义。弗洛伊德认为人格发展会经过五大阶段：口唇期、肛门期、性器期、潜伏期、生殖期。肛门期婴儿通过肛门排泄获得快感。若该阶段发生停滞，婴幼儿则可能出现洁癖、固执等肛门排泄型人格。若成人对待尿湿衣服的态度过分紧张，会让幼儿感到紧张、恐惧、不自信，从而影响幼儿的人格发展。因此，教师要对幼儿的排泄进行合理训练，帮助幼儿养成良好的卫生习惯和健全的人格。

1. 如厕环节对幼儿的要求：

(1) 懂得如厕是一件正常的事情，不紧张，不拒绝。

(2) 懂得及时排便对身体健康有好处。

(3) 有便意时知道自己如厕或告知成人，能及时排便。

(4) 能安静、有序地如厕。

(5) 能自己脱裤子、提裤子。

(6) 知道大小便入池，便后用正确的方法擦屁股。

(7) 定时排便，便后冲水，便前便后洗手。

2. 幼儿如厕的教育指导

(1) 根据幼儿年龄特点提出如厕的要求。

小班幼儿在如厕时，会出现裤子整理不到位，多数幼儿大便后不会擦屁股等问题。

作为教师在训练小班幼儿如厕时，应将主要目标定位为帮助幼儿了解男孩和女孩的差异、帮助幼儿学习正确的如厕方法。而中、大班的幼儿已经掌握了如厕方法，但存在如厕不够专注，对大小便与身体健康的关系存在认知和行为上的矛盾，如即使知道“我今天喝水少，小便很黄”，但是没有成人的提醒也不会主动喝水。因此，教师需要与幼儿共同制定如厕常规，并用图画的方式记录下来。在如厕过程中不能玩闹、争抢，要轮流如厕并维持盥洗室的干净、整洁。

(2)营造宽松、和谐的如厕环境。

幼儿园在如厕环境的创设上要做到干净、安全，幼儿使用的便池要安装扶手，确保幼儿安全，同时增强幼儿的安全感。同时，教师要为幼儿创设宽松的如厕心理氛围，刚入园的幼儿，因为对幼儿园如厕环境不熟悉，难免会紧张，出现大小便失控。此时，教师的态度极其重要。如果教师批评、指责幼儿，会给幼儿带来心理压力，增加幼儿的紧张情绪，越发难以控制好大小便。但教师若能接纳幼儿，并当幼儿出现进步时及时表扬，那么幼儿很快就能控制好大小便。

(3)多途径开展如厕教育，帮助幼儿掌握正确的如厕方法。

教师可以通过一日生活或集体教学来进行如厕教育，帮助幼儿掌握正确的如厕方法，一般来讲，幼儿大小便的流程如下：

①便前向教师示意。

②如厕前洗手。

③双腿分开，站稳在便池上。

④将裤子脱至靠近膝盖的位置。

⑤坐(蹲)下排便。

⑥便后用纸擦干净。(女孩从前往后擦屁股)

⑦提裤子，整理衣服。

⑧冲水。

⑨洗手。

以上流程可以渗透在一日生活中的盥洗环节，教师要及时提醒幼儿如厕。如厕过程中，教师要关注幼儿如厕的方法是否正确，如厕时是否做到安静有序。集体教学中，教师可以开展如厕的主题活动。如：“男孩女孩”、“我会尿尿”、“我会提裤子”等，帮助幼儿掌握如厕的技能。同时，教师也可以通过儿歌、故事来渗透如厕教育。如关于擦屁股的儿歌：小手纸，手中拿；小屁股，翘起来；手纸对准小屁股；轻轻地擦一擦，再把手纸折一折，然后再来擦一擦，屁股擦得真干净。这样的儿歌生动、具体，可以帮助幼儿很快掌握擦屁股的技能。又如故事《我要拉巴巴》、《是谁嗯嗯在我的头上》等，这些故事容易激发幼儿的共鸣，从而更好地帮助幼儿养成如厕的习惯。

(4)如厕时，关注幼儿的个体差异性。

如厕的过程中，教师要关注幼儿的个体差异性，当幼儿出现大小便失控的现象，要善于分析问题，找出原因。一般来讲，幼儿大小便失控有以下几种原因：一是贪玩，忘记如厕；二是环境陌生，情绪紧张；三是不会穿脱裤子，又不敢告诉老师。教师只有找到问题的原因才能有效地“对症下药”。对于贪玩的幼儿，教师要及时提醒，针对情绪紧张的幼儿，教师要多用口语和肢体语言亲近他，多抱抱，消除幼儿的紧张情绪。不会穿脱裤子的幼儿，教师可以通过儿歌等方式培养幼儿的如厕技能。

(5)家园配合，做好如厕教育。

家长是孩子的第一任老师，家园合作才能收到更好的效果。教师可以将幼儿如厕的要求，幼儿在园如厕的表现以各种形式告知家长，如家长会、电话、家园联系窗等。家长根据幼儿园要求及幼儿的情况及时在家调整幼儿如厕，鼓励幼儿主动、独自如厕。这样家园一致形成合力，幼儿就会顺利养成如厕的好习惯。

案例分析

进餐时间到了，小班幼儿开始吃饭。教师大声说：“今天，我看看哪个小朋友吃饭吃得最快，可以拿第一名”，“先吃完饭的小朋友可以先去玩”。进餐过程中，教师又提醒幼儿：“××，吃快点，你看××，早就吃完了。”临近进餐结束，个别吃饭慢的幼儿受到了批评。

分析：

教师催促幼儿吃饭，导致幼儿将迅速吃完饭作为目标，不注重吃饭过程中的细嚼慢咽，而对于吃饭慢的幼儿，进餐成了一件痛苦的事情。作为教师，首先应为幼儿创设温馨的进餐环境，做到不催促、不强迫幼儿进餐，用游戏或生动的语言鼓励幼儿进餐。其次教师不应将吃饭吃得快作为进餐评价的唯一标准，要关注幼儿是否细嚼慢咽，关注是否存在挑食、偏食的现象。最后，教师要关注幼儿饭量上的个体差异性，对于饭量小的幼儿不强求，以免失去进餐的兴趣。饭量过大的幼儿进行适当的限制，以防肥胖。

知识链接

寝室“四宝”不可少①

多年来，我园与家长密切配合，在幼儿寝室备有四件物品，给保育工作带来了很多方便。这四件物品是：

一双拖鞋。请家长准备一双写有幼儿名字的小拖鞋，放在幼儿床位下，这样，

① 黄美春：《寝室“四宝”不可少》，载《幼儿教育》2004年第9期。

幼儿如要小便可穿上拖鞋尽快如厕。

一套衣裤。请家长为幼儿准备一套干净衣裤，用塑料袋装好，袋外写上幼儿名字，放在幼儿床头，便于教师在幼儿出汗、便溺或玩水后及时帮幼儿换上。

一条软绳。每隔半月，家长需将幼儿的被褥带回家洗晒。为了方便家长，我们让家长用细软而结实的布带或尼龙绳捆扎被褥，最后将软绳收放在幼儿的褥子下。下次家长需要洗晒被褥时，只要从褥子下取出软绳，就能将被褥捆扎后轻便地带回家。

一支水笔。幼儿园里的被套花色统一，大部分家长在被套上用线绣上幼儿的名字，也有一部分家长用笔书写，一段时间后幼儿的名字模糊难辨。同伴幼儿也常穿相同或相近的衣服，一些家长匆忙中忘了在备用衣裤的塑料袋上写上幼儿的名字。这样很容易导致家长或教师取错幼儿物品，带来不必要的麻烦。在寝室备上一支水笔，教师可以在每天的巡视中及时给幼儿的物品写上名字，取用时就不容易出差错了。

寝室有了这四件方便物品后，幼儿伤风感冒、尿裤子的现象少了；拿错、丢失物品的情形没了；家长带绳子拎袋子的麻烦免了。

知识链接

漱口歌

手拿花花杯，
喝口清清水，
鼓起腮，闭起嘴，
咕噜咕噜吐出水。

洗脸歌

小手洗干净，再洗小眼睛，
嘴巴转着洗，鼻子别忘记，
搓搓小脸颊，揉揉小耳朵，
脖子也要洗，小脸擦干净，脸儿白白真高兴。

我会提裤子

小裤腰，两手抓，
请用力，向上拉。
裤缝对准小肚脐。
裤子整齐真舒服。

脱裤子

大拇指，真能干，
塞进宝宝的裤腰里，
一二三，扭一扭，
用力脱，小屁股露出来。

吃饭歌

小小勺儿手中拿，
一口饭来一口菜，

洗手歌

打开水龙头，淋湿小小手擦擦小肥皂，相对搓搓手。
手心对手背，相互搓一搓。

安静吃饭不说话，
营养饭菜都光光，
桌面地面都干净。

互握大拇指，相互转转转，指关节弯弯腰，掌心上面来搓搓。
手腕洗一洗，龙头冲一冲。
关紧擦干净，细菌全跑掉。

穿衣歌

抓领子，盖房子。
小老鼠，出洞子。
吱扭吱扭上房子。

叠衣服

衣服宝宝要睡觉，对齐门襟门关好，
两手放胸前，像把娃娃抱。
弯腰看一看，衣服叠好了。

案例分析

中班活动：洁白的牙齿①

一、活动目标：

(1)知道保护牙齿的重要性，以及如何保护牙齿；

(2)学会正确的刷牙方法，养成早晚刷牙的好习惯；

(3)乐于探究，并体验音乐游戏和表演的乐趣。

二、活动准备：

(1)知识准备：事先了解蛀牙的危害。

(2)物质准备：头饰(牙齿、杨梅、糖果、冰淇淋、饼干、水、香菇、西红柿、番石榴、芹菜等)和刷牙方法课件。

三、操作材料：小筐、小勺、张嘴娃娃、逼真食物、记录表格、笔；牙齿模型、牙刷、刷牙步骤图卡；刷牙周记卡表格、数字卡、笑脸贴纸、镜子、牙间刷、牙线、纸杯、矿泉水、娃娃、小动物、针筒、拔牙工具、药瓶等。

四、活动过程：

1. 音乐游戏(牙齿找好朋友)

(1)幼儿分为三组自由选择头饰：一组扮演牙齿、一组扮演对牙齿有益的食品、一组扮演对牙齿有害的食品；

(2)音乐起，各角色开始找朋友，找到后拉手跳舞，音乐停，看看谁没有找到朋友？说说为什么没有朋友？

---

① 案例来源：http://edu.pcbaby.com.cn/119/1190434.html,2017-04-17。

教师总结：我们要多吃对牙齿有益的食物，少吃对牙齿不利的食物，太酸太甜的东西都会让细菌在我们的牙齿里长大。

2. 自由探索、分组操作

(1)引入：怎样才能让我们的牙齿变得更白更漂亮更健康呢？让我们一起来保护牙齿吧。交代注意事项。

(2)分组操作：

一组：学习刷牙(牙齿模型、牙刷、图示等)，引导幼儿按照图示或者根据自己的经验给牙齿模型刷牙。(重点组)

二组：给娃娃喂食(小筐、小勺、张嘴娃娃、逼真食物、记录表格、笔)，请幼儿给娃娃喂牙齿的健康食品，并记录哪些是对牙齿有益的食品，哪些是对牙齿有害的食品。(难点)

三组：制作刷牙周记卡(周记卡表格、数字卡、笑脸贴纸)，引导幼儿将数字按顺序贴在表格内，并记录自己的刷牙情况)。(培养早晚刷牙的好习惯)

四组：给自己的牙齿做美容(镜子、牙间刷、牙线、纸杯、矿泉水等)，引导幼儿照照镜子，用工具把自己牙齿里的残留物清理干净。(经验提升)

五组：牙科医生(娃娃、小动物、针筒、拔牙工具、药瓶等)。(知识扩展)

(3)分享讲评：请跟大家分享一下你刚才做了什么？重点讲评一二三组。

(4)总结正确的刷牙方法：播放课件两遍。鼓励幼儿跟着模仿刷牙动作。

3. 表演：刷牙歌

(1)引导幼儿根据音乐自由表演刷牙动作，表演两遍。

(2)结束语：让我们教小班的弟弟妹妹刷牙去吧。活动在音乐声中自然结束。

五、延伸活动：

(1)幼儿在操作区中利用牙齿模型练习刷牙；

(2)角色游戏增设《牙科医院》，请小医生帮助检查牙齿。

小班活动：快乐干杯①

一、活动目标：

对喝水有兴趣，能喝完杯中适量的水。

二、活动准备：

(1)温度适宜的、充足的白开水。

(2)幼儿喝水前开展本次活动。

三、指导建议：

(1)提出问题，组织幼儿谈话："干杯"这个词，你在什么时候、什么地方听过？是什么意思？

① 宋文霞、王翠霞：《幼儿园一日生活环节的组织策略》，中国轻工业出版社2015年版。

（2）教师小结"干杯"的基本解释是"喝完杯中的水"，只有把杯子里的水喝完了才是"干杯"。

（3）组织幼儿讨论："喝水时你觉得应该怎样来干杯？要注意些什么？"

（4）指导幼儿轮流喝水，关注喝水情况。重点指导内容包括：碰杯的动作要轻柔，避免将水洒到地上或衣服上；碰杯后要喝完杯中的水；对贪玩、只顾干杯而喝水少的幼儿及时提醒。

四、活动延伸：

为使每位幼儿都能将杯中的水全部喝完，可引导幼儿相互监督；谁的水喝完了，谁的还没有喝完，对未喝完的幼儿及时提醒督促。

推荐阅读

《幼儿园一日生活环节的组织策略》，宋文霞、王翠霞主编，中国轻工业出版社2015年版。

该书是在山东省淄博市实验幼儿园"十一五"课题"有效挖掘生活环节中的课程资源"的项目成果的基础上进一步拓展而形成的。本书共分八章，包括入园、盥洗、进餐、如厕、喝水、户外自由活动、午睡及离园等，每个生活环节独立一章，每章分为两节，第一节详述了各个环节的常规要求和指导要点，第二节是各个生活环节常见的问题诊断及应对，应对策略具体、操作性强。本书既有科学的理念、组织的策略，又有丰富多彩的活动方案，既可以作为一本资源书，又可以作为一本理念提升的书，可以供教师参考使用。

第三节　幼儿不良生活行为的矫正

一、不良饮食行为

幼儿不良饮食行为主要包括挑食、偏食、多食等行为。其中，幼儿期挑食和偏食现象较为常见，挑食现象常发生于6个月至6岁各个年龄段的儿童，比例高达30%。常见问题包括吃得少而慢，对食物不感兴趣、不愿尝试新食物、强烈偏爱某些质地或某些类型的食物等。

(一)挑食、偏食

1. 挑食、偏食的产生原因

挑食、偏食是指幼儿进餐时，表现出拒绝吃多种食物，或对某些食物没有兴趣、不吞咽食物等不良饮食行为。研究表明，导致幼儿挑食、偏食的原因主要有以下几种：

(1)父母饮食习惯的影响。

幼儿挑食、偏食与家长有直接关系。许多幼儿在家不喜欢吃的食物也是其父母不喜欢吃的。家庭饮食中，家长经常无意地将自己的饮食习惯“传染”给幼儿。如父母不爱吃土豆，其家庭也会很少购买土豆，甚至会表现出对该食物的厌恶。久而久之，幼儿也不爱吃这种食物。

(2)家庭溺爱。

幼儿在家往往得到家庭成员的百般溺爱。家长买菜时会根据幼儿的喜好购买食物。进餐时，家长往往强调喜欢吃可以多吃，不喜欢吃可以不吃。长此以往也就助长了幼儿挑食和偏食的问题。

(3)食物本身的特点。

某些食物的味道并不是所有人都喜欢，如芹菜、香菇的香味；苦瓜、芥菜的苦味等，这也是很多幼儿无法接受的口味。

2. 幼儿挑食、偏食的解决策略

(1)创设愉快的进餐环境。

进餐很大程度上受进餐环境的影响，进餐时，胃液分泌的多少受情绪的影响，进餐环境越好，幼儿的食欲也会越好。教师要保证进餐环境整洁、有序，餐桌和餐盘适宜幼儿进餐，教师进餐时不要哄骗、恐吓幼儿进餐。进餐时，播放柔和的背景音乐有助于幼儿进餐，在一种放松的氛围下，挑食的幼儿注意力不会仅仅集中在食物上，有助于幼儿接受各种各样的食物。

(2)膳食多样化，激发幼儿的食欲。

膳食多样化才能保证幼儿获得全面的营养。在食谱的安排上，要做到荤素搭配、粗细搭配，食物色、香、味俱全，诱导幼儿品尝。对于挑食和偏食的幼儿，教师要问问他喜欢吃什么食物，把这些食物添加到食谱中。同时，也可将他不喜欢的食物掺在最喜欢的食物里。但在进餐前，教师要让幼儿了解这些食物的营养价值，要为幼儿提供看、摸、感觉、操作的机会。如幼儿通常拒绝吃西红柿，而你想让他午餐时吃一些西红柿，那么可以在上午的活动中介绍西红柿，允许这名幼儿感受西红柿的外观等，切开以后，让幼儿说一说西红柿的内部结构，尝一尝西红柿的味道。活动结束后，可以让幼儿画一画西红柿。总之，在进餐西红柿之前让幼儿对西红柿的了解越多，幼儿就越容易接受这种食物。此外，一定要让幼儿的家长知道幼儿这天新认识了一种食物。

(3)组织烹饪活动或游戏等，加深对食物的了解。

教师可以组织一些烹饪活动或与食物有关的活动丰富幼儿对食物的认知。如食物是从哪里来的，食物是怎样加工的。教师可以在幼儿园开辟种植区，让幼儿自己种植蔬菜，观察蔬菜是怎样发芽、长大、成熟。幼儿自己采摘蔬菜后，鼓励他和厨房的厨师一起体验烹饪蔬菜的过程。经过这样的一些体验，即使是对该食物表现出挑食和偏食的幼儿，也会因为对该食物有了更深的了解，更愿意去品尝。

(4)鼓励和强化幼儿适宜的饮食行为。

进餐时，教师要关注挑食和偏食的幼儿，告诉幼儿哪些进餐行为是可以的，哪些是不可以的。进餐中，教师悄悄观察幼儿的进餐表现，当幼儿未表现出挑食行为，教师要及时强化。教师可以说："你今天吃饭真棒!"或给予幼儿拥抱、微笑等，强化幼儿适宜的饮食行为。若进餐时，幼儿出现了挑食行为，教师在评价时，不要评价他没有吃的食物，要关注他吃了什么，将幼儿品尝食物的种类与不挑食的行为一起进行强化。

(5)家园配合，矫正幼儿的挑食和偏食。

幼儿挑食和偏食的原因之一是来自于家庭，当家长对某种食物表现出不喜欢，幼儿也会跟着学习，讨厌这种食物。另外，家长饭桌上的威逼利诱也是造成幼儿挑食和偏食的可能性之一。因此，幼儿园要和家长合作，告知挑食和偏食的危害，鼓励家长树立正确的饮食榜样，同时，引导而非强迫幼儿进食。这样，才能更好地解决挑食和偏食的问题。

(二)多食

多食主要表现在幼儿吃的食物远远大于身体的需要，这样导致的结果是超重。超重的幼儿将来更有可能变成一个超重的成人，而且也更容易患心血管方面的疾病等。肥胖对于幼儿的体育运动是不利的，肥胖也可能会伤害到幼儿的自尊心。当教师发现班级中有多食的幼儿，并且他已经严重超重，教师在排除药物原因后，可以考虑这样做：

1. 与家长沟通，了解幼儿家庭的饮食习惯

解决幼儿多食问题首先要取得家长的同意和理解，教师首先可以侧面了解家庭的饮食习惯，了解幼儿在家中的饮食状况。

2. 教师观察幼儿在园的饮食状况

当教师发现幼儿多食，需要花时间观察幼儿的饮食习惯，观察幼儿最爱吃的食物以及进餐时的表现，观察幼儿在园的运动量。教师可以根据观察结果以及家长提供的幼儿饮食信息，判断出幼儿饮食方面存在的问题，为后续方案的制定打下基础。

3. 教师与家长共同制定幼儿的饮食方案

饮食方案的制定必须要有家长的参与，家长要树立健康饮食的观念，如不让幼儿吃高糖、高热量、高脂肪的食物。饮食方案的制定需要做到既能保证幼儿正常生长发育所需的营养，食物多样化，营养均衡，又要限制能量的过多摄入，少吃糖果、巧克力、饼干等甜食，少吃脂肪性食品，如肥肉。饮食以高蛋白、低碳水化合物、低脂肪为宜。多吃杂粮、鱼类、蔬菜等。

4. 教师执行饮食方案

饮食方案制定以后需要得到幼儿的认同。教师可以每天和幼儿讨论饮食问题，强调

均衡饮食的重要性，帮助幼儿认识到垃圾食品的危害，帮助幼儿树立健康饮食的观念。幼儿进餐时，教师要监督幼儿的食物摄取量，鼓励幼儿细嚼慢咽，避免过多饮食。

5. 强化适宜的进餐行为

教师要对多食幼儿所表现出的适宜的进餐行为予以表扬、强化。当幼儿细嚼慢咽，少吃热量高的食物，关注了低热量的食物教师要进行表扬。在进餐中或进餐后告诉幼儿为他的努力感到骄傲。

6. 通过运动来锻炼身体，增强体质

多运动可以消耗能量，但幼儿运动要遵循循序渐进的原则，不可以要求幼儿从不爱运动的方式改变到强度大的运动。教师可以根据幼儿的年龄特点和幼儿体质安排一些从易到难的项目。如用一些小道具如转呼啦圈、拍球、滚轮胎等激发幼儿运动的兴趣，也可提供一些户外器械鼓励幼儿推、拉、跑、跳。教师要观察幼儿喜欢的运动项目，让幼儿开展自己喜欢的运动达到消耗能量，增强体质的效果。

二、尿裤子、尿床行为

尿裤子是指幼儿不去厕所小便，而是尿到裤子里的行为，如果这种行为频繁而有规律地发生，就构成了行为问题。尿床是指 3 岁以上的幼儿入睡后不能控制排尿，从而不自觉地尿床。尿裤子和尿床的行为会影响幼儿身心的健康发展。

(一)尿裤子、尿床产生的原因

1. 生理因素

正常膀胱排尿功能受大脑控制，正常情况下，当膀胱胀满时发出冲动刺激脊髓排尿中枢，即会排尿。若这种神经调节功能发育不全或失调，就可引发遗尿。此外，幼儿尿道感染或肾脏受到感染也会导致尿床、尿裤子。

2. 遗传因素

调查显示：如果幼儿的双亲都有遗尿的现象，其后代发生率为 77%，如果父母亲一人单发，发病率为 25%。

3. 心理压力

幼儿生活中的压力或环境改变会导致幼儿尿裤子。如幼儿突换新环境，幼儿感受陌生感，缺乏安全感会导致尿裤子。

4. 裤子不方便幼儿穿脱

幼儿尿裤子也可能是由于裤子不能很快解开而导致，家长应尽可能不给幼儿穿背带裤或有扣子的裤子。

(二)尿裤子、尿床行为的矫正

一般来讲，当幼儿已经具备如厕的能力，但是却突然出现尿裤子或尿床的现象，教师首先要考虑是否是医学因素导致幼儿尿裤子。若不是医学因素，教师可以这样做：

1. 观察和记录尿裤子、尿床幼儿的排尿规律，提醒上厕所

对于尿裤子和尿床的幼儿，教师首先要观察、记录幼儿的排尿规律。如经常尿裤子的幼儿具体是多长时间尿一次裤子，当计算出平均时间后，教师就可以根据计算结果定时提醒幼儿上厕所。对于午睡经常尿床的幼儿教师需要推算出尿床的时间。一般说来，很多幼儿在喝完饮料后，大多是在睡后的20~40分钟排尿。因此教师在幼儿上床后40分钟左右就要检查有尿床历史的幼儿是否已经尿床。若已经尿床，记录尿床时间，根据多次观察结果，可以推算出幼儿排尿规律，确定教师唤醒幼儿排尿的时间。

2. 强化幼儿正常的排尿行为

经常尿裤子和尿床的幼儿如果出现不需要提醒就自己上厕所的行为，教师要给予表扬，告诉幼儿这样的行为是值得赞赏的，这样可以强化幼儿良好排尿行为，也可以在一定程度上矫正幼儿的尿裤子和尿床行为。

3. 教师以平和的态度接受幼儿尿裤子和尿床的行为

当幼儿告诉教师已经尿裤子或教师发现幼儿尿床，教师应以平和的态度来处理，不要加以评论，消除幼儿尿床的焦虑感。对于尿裤子的行为，教师把提前准备好的干净裤子拿给幼儿就离开。当幼儿换好裤子后，让她把湿裤子放好。在此过程中，教师无须批评也无须过多关注，以免强化幼儿尿裤子的行为。若幼儿午睡的过程中，发现幼儿尿床，教师应轻柔地帮幼儿换好衣服和被褥，并安慰幼儿迅速入睡，教师不能责备幼儿，以免加深幼儿的心理负担。

4. 家园合作，矫正尿裤子和尿床的行为

若发现有长期尿裤子、尿床行为的幼儿，教师还应该能和家长进行联系，了解幼儿在家中的活动量、睡眠、饮食习惯、如厕习惯等情况，教师和家长一起分析原因，找出对策，解决幼儿存在的问题。

思考题

1. 幼儿生活活动的内涵是什么？
2. 幼儿生活行为指导的原则是什么？
3. 简述教师应怎样指导幼儿进餐。
4. 简述教师应怎样指导幼儿如厕。
5. 简述教师应怎样指导幼儿睡眠。
6. 简述教师怎样矫正幼儿挑食、偏食的问题。
7. 简述教师怎样解决幼儿尿床、尿裤子的问题。

案例分析

午睡时间，幼儿逐渐进入了梦乡。忽然，传来了浩浩的声音：“老师，我要尿尿。”老师点点头，得到老师的允许，浩浩马上从床上跳下来，直奔厕所。过了一会，浩浩回来了，在老师的提醒下回到了自己的床上。可是，过了不到半小时，浩浩又喊着要小便，老师也只好同意。于是，浩浩又直奔洗手间……整个午睡时间，浩浩来回上了5次厕所，其他的幼儿也无法安静睡觉。

分析： 当幼儿出现频繁上厕所的情况，教师要具体问题具体分析，找到原因之后，对症下药。首先，教师要排除是否是医学因素如上行泌尿道感染引起睡眠时的尿频，对于这类情况，教师要细心照顾，不可责骂幼儿，做好消毒工作，预防感染。其次，教师要分析幼儿是否是为了引起教师关注而特意说谎，对于这种情况教师要正面教育，在确定幼儿没有尿意的情况下，可以委婉拒绝幼儿的要求，坐在幼儿旁边让他们闭上眼睛安静入睡。最后，幼儿若是由于睡前不良生活习惯造成频繁如厕，教师要在睡前需提醒幼儿如厕，而且午饭少吃利尿的食物或水果。

推荐阅读

《幼儿问题行为的识别与应对》，Eva Essa 著，王玲艳、张凤、刘昊翻译，中国轻工业出版社 2015 年版。

该书是写给幼儿教师及幼儿家长的育儿指导书，聚焦于学龄期幼儿常见四大类问题行为——社会性发展方面、情绪情感方面、学习方面和生活习惯方面，如攻击、吮吸手指、怕上幼儿园、尿裤尿床、幼儿不良饮食行为等，共计 30 种。作者通过生动的案例向读者分析和解释了每一种行为背后的原因，提供了处理这些问题之前该做的准备活动，具体的处理策略以及处理以后的进一步强化措施。每一种问题行为的写作都包括“案例”、“分析”、“错误应对”和“锦囊妙计”四个部分。该书对于学前教育领域的工作者来说，非常有针对性，是一本非常实用的指导手册。

拓展训练

案例 1：小班午餐时间已经过了一半，可是很多孩子碗里的饭菜还是满满的。老师只好给这个孩子喂，给那个孩子喂。不久，吃完饭的幼儿已经离开了教室，可还剩下几个没吃完的孩子："老师，我不想吃了，可以倒饭吗?"老师无奈地点点头，孩子迫不及待地倒掉了饭菜。到了晚餐时间，老师发现午餐倒饭的孩子吃得更慢了，等大多数孩子吃完饭，问："老师，可以倒饭吗?"

问题：如果你是这名老师，应该怎么处理上述案例中存在的问题。

案例 2：午睡时间到了，其他小朋友在老师的带领下已经陆陆续续地躺到床上了。可明明却依然边哭边喊："我不睡觉，我要找我妈妈!"任凭陆老师想尽办法，明明就是不肯进睡觉房。老师在无奈之下，只能把明明抱到她自己的床上。没想到明明哭得更厉害了，其他本已躺下的幼儿都坐了起来，甚至有些幼儿也跟着哭了起来。老师看着乱成一团的睡房，一点办法也没有。

问题：如果你是这名老师，应该怎么解决明明午睡中的问题?

第六章　幼儿社会行为的教育诊断

学习目标

1. 本章导学：

《3~6岁儿童学习与发展指南》指出：幼儿社会领域的学习与发展过程是其社会性不断完善并奠定健全人格基础的过程。人际交往和社会适应是幼儿社会学习的主要内容，也是其社会性发展的基本途径。幼儿在与成人、同伴交往的过程中，不仅学习如何与人友好相处，也在学习如何看待自己，不断发展适应社会生活的能力。良好的社会性发展对幼儿身心健康和其他各方面的发展都具有重要影响。但是由于各方面因素的影响，幼儿常出现一些攻击、说谎、任性、社会退缩等行为。我们该如何引导幼儿社会行为的正向发展？如何对待幼儿的不良社会行为？我们将一一阐述。

2. 学习重点：了解幼儿社会行为的内涵及常见社会行为，掌握幼儿社会行为的指导方法；掌握幼儿不良社会行为的矫正策略。

3. 难点：能在尊重幼儿的前提下，掌握幼儿不良社会行为的矫正策略。

4. 教学课时：4课时。

第一节　幼儿社会行为的内涵

一、幼儿社会行为的概念及分类

（一）幼儿社会行为的概念

在了解幼儿的社会行为之前，我们先来梳理“社会化”和“社会性”这两个概念。

著名心理学家陈会昌认为社会性有广义和狭义之分。广义的社会性指人在社会生存过程中所形成的全部社会特性的总和，包括人的社会心理特性、政治特性、道德特性、经济特性、审美特性、哲学特性等，它是和人作为生物个体的生物性相对而言的。狭义的社会性指由于个体参与社会生活、与人交往，在其固有的生物特性基础上形成的那些独特的心理特性。它们使个体能够适应周围的社会环境，正常地与别人交往，接受别人影响，也反过来影响别人，在努力实现自我完善过程中积极地影响和改造周围环境。个体形成和发展这些社会心理特性的过程，就是社会化过程。社会化是个体学习和发展的基本过程。社会性强调人的社会特性发展和演变的结果，而社会化强调人的社会特性发展和演变的过程。社会行为即是指个体在社会化过程中形成的外部行为表现。

综上所述，我们认为幼儿社会行为是指幼儿在人际交往中所表现出来的对人、事、物的一系列态度和行为反应。

(二)幼儿社会行为的分类

艾森伯格(Eisenberg)提出亲社会行为与反社会行为的概念。亲社会行为是指个体表现出的能够帮助他人或对他人和自身有利的行为，在这个过程中，个体可能有所损失也可能没有，而利他行为是亲社会行为的最高层次。我国的研究者一般认为亲社会行为包括帮助、分享、谦让、关心、安慰和合作。反社会行为是指对他人或集体具有侵犯性、破坏性的行为，如推打、抢夺、骂人、招惹、嘲讽、威胁等攻击他人的行为。在两者之间还有社会影响不明显的社会退缩行为。

二、幼儿社会行为发展的特点

(一)有限的语言表达能力

学前期的幼儿，在语言发展上有了很大的进步，也掌握了许多交谈技能。他们开始会独自讲述一件事情，连贯性不断提高。如3~4岁的幼儿在同伴交往中逐渐学会使用礼貌用语，请同伴参与自己的活动或告知教师自己的感受；4~5岁时，幼儿已经慢慢学会梳理自己所做事件的前因后果；进入大班后，幼儿能初步根据听者的反应调整自己的语言。这些发展为幼儿的社会化奠定了基础。但幼儿的语言仍然很有限，他们常找不到合适的词汇去清楚表达自己的感受和需求。所以身体成为了幼儿表达自身感受的另外一种“语言”，他们常用打、抢、尖叫或哭泣来表达不满。

(二)逐渐发展的移情能力

幼儿移情能力的发展是幼儿在社会化中自我调控、自我管理的重要影响因素。3

岁时，幼儿开始显示出些许掩饰真实感受的能力。到了4~5岁，他们能够初步学会控制自己的情绪表达以适应社会。儿童较常使用的两种情绪表达规则：亲社会的表达规则和自我保护性表达规则。比如，当不喜欢别人送的礼物时，能够掩饰自己的失望；自己不小心摔得很痛，为避免被人取笑而忍痛不哭；4~5岁的孩子开始能感知对方的情绪。6岁的孩子，已经具有明显的移情体验，他们能觉察到对方的不快，并用语言安慰。

（三）慢慢凸显的独立意识

幼儿逐渐发展起来的独立性在他们的成长中处于重要地位。幼儿在3岁左右才开始把对自己的称呼从名字改成了“我”。这标志着他们开始真正知道我是谁、我的名字叫什么、我是哪里人等关于自己的最基本特征。到了4岁以后，幼儿会逐渐加深对自己的认知，开始出现对自己心理特征的描述，比如我是好孩子，我喜欢笑，等等。5~6岁的儿童在与他人的交往中逐步加深了对自己特征的了解，并将自己和他人进行联系，譬如我和某某是好朋友，等等。幼儿对自己的这些认识特别是对自己能力的乐观认识有助于其适应周围的环境，这能让幼儿不断去尝试体验一些任务。这时候，对于儿童来说，不需要成人的帮助去做事情，是极大的乐趣。

（四）不成熟的人际交往

进入幼儿园后，孩子的社会交往范围进一步扩大。在交往过程中，幼儿开始理解他人，知道他人和自己可以有不同的认识。在此基础上，幼儿能根据他人的特征采取不同的交往方式。比如幼儿喜欢跟“乖”的小朋友玩，而不愿意跟经常欺负别人的孩子玩。这时候，幼儿也有了初步的“友谊”意识，但还在自己的需要与对友谊的渴望间徘徊，常在这两者之间产生矛盾和冲突。

第二节　幼儿社会行为的教育指导

一、幼儿社会行为的教育指导原则

基于以上分析，我们认为幼儿社会行为的教育指导应建立在幼儿自然发展的基础上，在教育中应遵循以下基本原则：

（一）遵循幼儿的内在发展规律

蒙台梭利在《童年的秘密》里说道：“如果我们研究生命，而不是研究班级中的一个儿童，那我们面对的就决然不是一个有待于接受教育的人，即不得不在某个时期做某种事情的人，不得不重复已经吸收的东西的人……而是一个活生生的遵循着一种发展模式的有机体……它本身已包含人所具有的全部潜在能力。”近现代的研究也表明了儿童发展的内在规律，儿童有人性中最基本的生理和心理需要。只有这些需要得到尊重和满足了，他们才会尊重他人的需求。所以，在幼儿社会行为的教育指导中，首先应该接纳并尊重幼儿，辨别幼儿的行为属于其年龄段本身就存在的还是有意而为之。其次是要帮助幼儿认清自己到底需要什么，自己能拥有什么，别人需要什么，别人可以拥有什么，从而选择一种既能表达自己的需要又能使对方感受到被尊重并接受自己的方式。识别儿童的需要肯定是一个充满挑战的过程。它必须通过一个与儿童自身对话的过程来完成，而不是纯粹让成人来完成。

（二）重视随机教育

随机教育指教师在幼儿日常生活、交往中随时随地有利时机，对幼儿进行即时教育。幼儿一日生活皆蕴含着教育时机，随机教育是幼儿教育必不可少的组成部分，在幼儿社会行为的教育中更具有重要意义。幼儿的发展是一个持续、连贯发展的过程，教师要充分认识随机教育的重要价值，善于捕捉教育时机，及时强化幼儿的亲社会行为，有意识地引导幼儿分析、讨论、进而改善消极社会行为。比如，在幼儿园抢东西的现象时有发生，当教师接到幼儿的告状时，就把抢东西的幼儿叫到跟前，让幼儿向对方道歉并归还东西。教师的指导带有很强的随意性，并没有去思考如何通过这一生活事件提高幼儿的交往能力。

二、幼儿社会行为的教育指导方法

（一）情感卷入法

幼儿社会行为的获得有赖于环境氛围，教师对幼儿温暖、关爱、接纳、理解和支持的情感态度是影响幼儿接受教师教导及幼儿社会性良好发展的关键性因素。成人如何对待幼儿会影响幼儿如何看待和感知自身。在幼儿园中，师幼间的亲和关系是幼儿良好社会行为获得的基础。

首先，要创设一个支持性的情感氛围。教师在创造支持性的情感氛围中发挥着关键作用。在这一环境中，儿童的各种行为都是被接纳的，教师可通过一种非主观判断的方式影响幼儿表现出来的所谓“行为问题”。也就是说，教师要学会观察并根据幼儿的年龄特点分析幼儿行为产生的原因，而不应随意认为幼儿的行为是有问题的。教师在与幼儿的接触中，还可以通过自己对幼儿的关注、微笑、点头、肯定性手势、身体接触（如抚摸、拍头）和鼓励性言语（如表扬、赞赏）等，让幼儿有一种充分地被重视感和被尊重感，感受到自己为老师所喜爱、所接纳。

其次，支持幼儿关照自身需求。在瑞吉欧的教育理念中，幼儿是有能力的人，成人要支持幼儿做力所能及的事。教师要控制自己改善或纠正一个儿童行为的想法，比如有的教师常会在请幼儿擦桌子后会再擦一次桌子。这样的行为会使儿童认为自己做得不够好或能力不足，他可能对自己产生不自信感或者在下次就有可能放弃尝试，甚至对教师和幼儿园产生不信任感。从而很难形成对幼儿园的归属感。教师应创造让幼儿表现自己的机会并真诚回应及对待幼儿的表现。

幼儿的情感需求是其亲社会行为形成的基础。如果成人对幼儿的表现敏感，及时给幼儿情感安慰，那么幼儿也会逐渐学会调整自己的情绪，满足自己的情感需求。在情感支持的环境中，我们会经常遇到这样类似的画面：幼儿走到老师面前，抿着嘴巴，想哭的样子，老师说："你看起来有点儿不开心，跟老师说说吧。"幼儿回应："我需要一个拥抱。"纪伯伦在《先知》这部诗集里谈到教学时，这样描述了教师的中介作用："教师走在圣殿的阴影下，走在他的追随者中，所传授的不是他的智慧而是他的信念和博爱。如果他足够睿智，他不会邀请你进入他的智慧殿堂，他将把你引进你自己心灵的门槛。"所以，只有当成人自己开始试着把思想转变为儿童感兴趣和能够尝试的对象并能及时温暖回应时，他才发挥作用。也就是说，教师对他人、对幼儿的情感真诚、真切，方能感染幼儿。

案例分析

一天配班张老师因地上有水不小心滑倒了，晕倒在地。这时，许多小朋友看见和听见了，他们或旁观，或看看走开，或愣着不知所措，或哈哈大笑地说："真好玩，老师那么大了，还摔跤。"这时主班王老师看见了，马上急切地冲了过去，努力将张老师扶起，按人中，并焦急、关切地询问："张老师，你怎么了?""张老师，你哪儿不舒服?"……又转身对小朋友说："张老师晕了，坐不住，怎么办?""张老师晕得那么难受，该怎么办?"在老师的真情感染、带动下，小朋友逐渐地参与进来。他们有的忙着抬桌子让张老师躺下；有的怕张老师躺在光桌板上冷，搬来了自己的被子给张老师盖上；有的给张老师倒来了水，有的帮张老师揉胳膊、腿；有的则焦急去找医生……由于王老师的真情投入，感染、激发了孩子们的善良情感，使其行为发生了很大的变化，孩子们在积极地投入、参与中受到了一次深刻的教育。①

① 庞丽娟：《论教师指导儿童社会性发展的原则》，载《学前教育研究》1997 年第 3 期。

(二)游戏引导法

在游戏中，环境成为孩子“发展的来源”，而非“布景”。每位参与者必须面对、探索且解决自己所面临的问题与情境，由此而体验生活，了解人我之关系，建立自信，进而成为一个自由的创造者、问题解决者、经验的统合者与社会的参与者。如幼儿在角色游戏中可以再现对现实生活的认识，体验生活的规则、人际交往的技巧，学习如何协商、解决矛盾等；在游戏规则中，幼儿逐渐学会自我控制、等待他人。游戏符合幼儿的特点，他们还不能纯粹从认知水平上去思考和行动。他们的行为是依赖于情境的，是具体的，他们必须通过体验去丰富作为社会人的经验。在指导中应注意以下两点：

1. 做一名积极主动的观察者

强调幼儿的自主性和主体地位，并不意味着教师主动性的削弱。在游戏中，教师不应该采取一种“无为”态度。蒙台梭利曾说过：“幼儿教师应是一位观察者，他必须以科学家的精神，运用科学的方法去观察和研究儿童，解释儿童的内心世界，发现童年的秘密。”如在合作性的棋类游戏中，幼儿没有想着帮助和自己一组的同伴，而只想着自己如何快速走棋。教师不能急于做出评判，而应首先观察并了解幼儿出现此行为的动机，是由于不熟悉游戏规则还是没有团队意识。如果是不了解游戏规则，则教师应帮助幼儿了解游戏规则，并帮助幼儿将这一社会认知、行为规范和自身的行为相联系，为其进一步实践奠定基础；如果是幼儿还没有团队意识，那么教师要通过家园合作、同伴榜样等加强幼儿的团队意识。总之，教师不能主观判断幼儿行为的对错，应在观察了解的基础上进行恰当的引导。

2. 游戏中适时介入，帮助幼儿提升经验

在游戏中，由于年龄发展的特点、环境等因素的影响，常会出现幼儿嘲笑他人、指责抱怨或者容易对他人发脾气等现象，幼儿也会因为意见不统一而与同伴发生矛盾和冲突，这些都会影响到幼儿与同伴进一步的互动。这时就需要教师基于对幼儿行为的观察，做出判断并把握教育机会，给予适时的协助，促进幼儿互动行为发生正向的变化。比如有的幼儿在扮演病人时，插队“看病”，在“医生”的提醒下还是硬闯着要先量体温。如果教师观察发现幼儿的行为纯粹为有意破坏规则，那么教师应扮演协调者介入游戏，并在游戏后的分享交流中让幼儿意识到规则不是一般的知识。帮助幼儿在游戏规则与自己行为间建立联系，并引导、帮助幼儿将此行为迁移到日常生活中去。但要注意的是，教师也不能过多干预。我们在幼儿园经常会听到教师唠叨，发现一点小问题就批评幼儿，“帮助”幼儿解决问题，这就让幼儿丧失了自我解决问题的机会。当幼儿发生冲突时，教师要给幼儿一定的时间和机会，让他们尝试自行解决，从而逐渐积累独立思考寻求解决方法的经验。

案例分析

中班角色游戏区里，两个好朋友铭铭和杰杰准备玩扮演警察的游戏，在穿戴好衣服后，正要戴帽子时，发现只有一顶帽子。当铭铭要拿帽子的时候，杰杰抢先一步拿走了帽子，于是两人开始了争抢。不一会儿，铭铭主动放弃，并对杰杰说："我不玩儿了，你自己玩吧！"于是便走开了。杰杰向老师求助："老师，铭铭不和我玩了！"

4~5 岁的孩子已有了对友谊的渴望。从案例中幼儿的表现可以看出，杰杰在"我"和"我们"之间徘徊，幼儿需要做的事或要得到的东西与对友谊的渴望相互冲突。杰杰想和自己的朋友一起扮演警察，但同时又想拿同伴手中的警帽，这时候独立与成为群体的一分子相互冲突，幼儿不知所措，他转向教师。那么这时，教师应如何应对呢？教师应在前期观察的基础上，先安抚杰杰的情绪，然后询问杰杰自己需要什么，如果还想和铭铭一起玩的话，就主动去邀请铭铭，和铭铭商量怎么才能让两个人都有戴帽子的机会。这时教师只需要在一旁观察，如果幼儿还是不知如何协调，那么教师可以以暗示思考方向为目的引导幼儿怎么做。

(三)榜样法

班杜拉强调观察学习是一个重要的发展过程。他认为，某些社会行为的发生频率不足以解释儿童对行为的迅速习得，儿童有充分的机会观察他人(称为榜样)的社会行为，通过观察和模仿，儿童自己也获得了这些行为。

研究表明，越在个体发展的早期，榜样的影响作用越大。幼儿对其周围人物言行的有意识或无意识的模仿是其社会化中很重要的学习方式与过程。教师作为幼儿发展过程中的重要他人——榜样之一，应通过自身行为向全体幼儿提供良好的行为示范，促进幼儿亲社会行为的发展。教师亲和、友善，则幼儿也会关心他人。然而，幼儿园教师的身教失范也就是教师在幼儿面前有意识或无意识中所表现出来的不当言行时有发生，并对幼儿产生不良的影响。例如教师常用手指幼儿，并用责怪的语气告诫幼儿："你再这样我就不喜欢你了！"于是，在幼儿自由游戏时，我们也常发现，幼儿在游戏中再现这样的言行。这些行为不仅可能让教师失去幼儿的信任，更会影响幼儿良好社会行为的发展。教师要重视自身的榜样作用，不断提高自身修养。

幼儿模仿的对象广泛，除了成人，还有同伴。因此，在幼儿园，教师必须注意观察、了解幼儿间的同伴交往及其行为，关注其交往中的表现，及时为幼儿树立积极的行为榜样，强化榜样的示范作用。幼儿也会自觉向同伴学习，例如在幼儿园活动中，社交能力较强的幼儿能够积极主动地发起合作行为，并使用沟通、协调策略，在团队中起到重要的组织和凝聚作用，成为同伴的榜样。幼儿是主动的学习者，为了与同伴更好地合作、游戏，他们会积极地观察并向能力强的幼儿学习，从而获得与他人更好交往的能力。幼儿学习模仿榜样，使其行为发生正向变化，促进其社会化的发展。

知识链接

什么是好的教育①

我体会，“好的教育”首先是启发人的学习兴趣，学习的自觉性，培养人的上进心，引导人们好学，和不断完善自己。要让学生在不知不觉中受教育，让他们潜移默化。这方面榜样的作用很重要，言传不如身教。

我自己就是受父母师长的影响，由淘气转向好学的。爸爸说话入情入理，出口成章，《申报》评论一篇接一篇，浩气冲天，掷地有声。我佩服又好奇，请教秘诀，爸爸说：“哪有什么秘诀？多读书，读好书罢了。”妈妈操劳一家大小衣食住用，得空总要翻翻古典文学，现代小说，读得津津有味。我学他们的样，找父亲藏书来读，果然有趣，从此好读书，读好书入迷。

我在启明还是小孩，虽未受洗入教，受到天主教姆姆的爱心感染，小小年纪便懂得“爱自己，也要爱别人”，就像一首颂歌中唱的“我要爱人，莫负人家信任深；我要爱人，因为有人关心。”

我进振华，已渐渐长大。振华女校创始人状元夫人王谢长达太老师毁家办学，王季玉校长继承母志，为办好学校“嫁给振华”贡献一生的事迹，使我深受感动。她们都是我心中的楷模。

爸爸从不训示我们如何做，我是通过他的行动，体会到“富贵不能淫，贫贱不能移，威武不能屈”古训的真正意义的。他在京师高等检察厅厅长任上，因为坚持审理交通部总长许世英受贿案，宁可被官官相护的北洋政府罢官。他当江苏省高等审判厅厅长时，有位军阀到上海，当地士绅联名登报欢迎，爸爸的名字也被他的属下列入欢迎者的名单，爸爸不肯欢迎那位军阀，说“名与器不可假人”，立即在报上登启事声明自己没有欢迎。上海沦陷时期，爸爸路遇当了汉奸的熟人，视而不见，于是有人谣传杨某瞎了眼了。

我们对女儿钱瑗，也从不训示。她见我和钟书嗜读，也猴儿学人，照模照样拿本书来读，居然渐渐入道。

① 杨绛：《什么是好的教育，什么是好的修养》，http：//mp. weixin. qq. com/，2016-12-05。

（四）移情训练法

移情既是个体亲社会行为的重要动机源，也是个体维持积极的社会关系以及个体间内心世界相互沟通的桥梁。美国《心理学大词典》将移情定义为：移情乃感情移人，是对另一个人在某一特殊情景中情绪体验的理解和分享。通过移情，幼儿可以设身处地地站在他人的角度看问题，唤醒幼儿与他人情感的一致性，促使其对他人的理解。移情通过两种方式与亲社会行为相关：第一，当幼儿看到别人处于危险时，如果产生移情，就会体验到情绪情感上的不适，于是便会产生与他人分享行为来减轻这种自我痛苦的体验。第二，当亲社会行为使别人产生高兴或幸福的情绪情感时，产生移情的幼儿也能体验到这些积极的情绪情感。移情能力在 2 岁末开始出现，并在儿童的早期得到发展。但即使儿童在很早就能注意别人的感受，但他们仍然以自我为中心，并且他们强烈的要求有时会压倒正在发展的这种移情能力。所以，他们需要我们的引导支持才更会关注和应对别人的感受。

移情能力的培养应贯穿于广泛的一日生活中。教师善于抓住幼儿一日生活中的情境，增强幼儿的移情体验。如同伴不舒服，教师用自身的关切行为感染幼儿，同时请其他幼儿关注同伴的感受。聆听彼此的感受和想法能够有效支持幼儿对他人感受和需要的意识。教师也可以在帮助幼儿感知和理解他人情绪情感的基础上，组织一些激发幼儿与他人情感的共鸣体验活动。比如，通过故事、音乐、美术、游戏、情景表演等活动让幼儿体验他人的情绪情感。

案例分析

心理学家塞尔曼认为，当儿童能将自己和他人的观点加以区分，并能了解这两种观点之间的关系（塞尔曼称之为“角色采择”）时，他们对自己和他人的了解就更丰富了。塞尔曼设计一些两难问题，用以测试儿童角色采择的发展，以下是其中一个案例：

荷妮是一个 8 岁女孩，她喜欢爬树。她是这一带的爬树高手。一天，在她爬树的时候从高高的树上摔了下来，所幸没有受伤。她父亲看见了她摔下来的情景，很生气，并要荷妮保证不再爬树，荷妮答应了。

就在那一天稍后一些时候，荷妮和她的朋友们遇到了肖恩。肖恩的小猫被困在树上下不来了，必须立即采取措施，否则小猫就会摔下来。荷妮是唯一爬树爬得好、能够着小猫并把它救下来的人，但她想起了她对父亲作的保证。

荷妮会去救小猫吗？在荷妮看来，如果父亲发现荷妮爬树，他会作何感想？

研究表明，3~6岁的幼儿认为荷妮会去救猫，并且认为父亲会“很高兴，因为他喜欢小猫”。显然，这些孩子因为自己喜欢猫，就认为荷妮的爸爸也喜欢小猫。

从塞尔曼的角色采择理论中我们可以看出，虽然幼儿开始有了理解他人情绪情感的初步能力，但是仍未摆脱自我中心。所以我们在幼儿移情能力的培养中不能强迫，应在尊重幼儿的前提下，以情感体验为主。

（五）家园合作法

幼儿社会行为的获得是其所在的各种环境相互作用的共同效果，其发展的性质、水平、特点不仅受到幼儿园各方面教育的影响，同时取决于幼儿的家庭环境、父母的教育观、教育态度以及行为方式等。家庭是幼儿最早和最直接的社会化场所，幼儿亲社会行为的获得离不开家庭的支持与引导。《幼儿园教育指导纲要（试行）》指出：家园共育是指幼儿园和家庭都把自己当成促进幼儿发展的主体，双方积极主动地相互了解、相互配合、相互支持，通过幼儿园与家庭的双向互动共同促进幼儿的身心发展。

然而，在现实中，家园教育常存在着不一致的现象。例如，幼儿园引导幼儿学会分享、合作等，但幼儿在家却“唯我独尊”；当孩子和其他孩子发生冲突，却指责他人孩子。这就削弱了教师对幼儿亲社会行为发展所做的努力，甚至功亏一篑。这种单方面的教育是家园共育存在的主要问题。教师要从单方面的向家长汇报幼儿在园情况转变为积极主动地向家长了解幼儿在家中的表现，了解家庭教育的情况，及时指导家长改善不适宜的教养观念与教养方式，也能及时调整自己的工作，提高家园共育的实效性。这种双向主体的家园共育使家长既懂得怎样执行也知道为什么要这么做，耐心引导，以促进他们的观念、行为尽可能向有益于幼儿积极社会行为的方向转化，促进幼儿的社会性发展。

案例分析

家园书面互动，了解儿童的学习内容①

某幼儿园在开展礼仪教育的过程中，让儿童每周把《礼仪教育》儿童用书带回家，家长填写家庭观察栏，如入园礼仪的家庭观察栏中请家长选择孩子见

① 甘剑梅、刘黔敏：《学前儿童社会教育》，高等教育出版社 2013 年版，第 226-227 页。

到教师、同伴是否能主动问好？平时出门时碰到邻居是否能主动问好？爱护公物（图书）礼仪的观察选项是：孩子在家看书时坐姿是否正确？是否爱惜自己的图书？是否会一页一页地翻看图书？等等。这一做法能让家长了解一周来孩子所学的礼义知识，明确具体要求，有目的地引导孩子遵守生活礼仪、交往礼仪、公共场所礼仪，对照要求查找自己孩子的不足，加以引导、纠正。

在活动开展的过程中，教师也可以让家长通过书面的方式将儿童在家庭中的相关表现进行反馈，进而了解教育的效果，进行下一步的活动设计。这种方式将家长直接带入主题活动进行的过程中，起到督促和引导的作用。通过书面的方式重点引导，主动沟通，可以逐步提高家长对社会教育的认识，并注意时时处处为孩子做表率，达到了事半功倍的效果。

第三节　幼儿不良社会行为的矫正

幼儿不良社会行为有攻击行为、社会退缩、说谎、说脏话、不愿分享和“偷窃”等，本节主要讨论幼儿的攻击行为、社会退缩行为、说谎行为的矫正。

一、幼儿攻击行为

（一）攻击行为的概念及类型

1. 攻击行为的概念

攻击行为也称为攻击、侵犯行为、侵犯，是指有意伤害别人且不为社会规范所许可的行为。

从意图来看，攻击是有意的，不小心伤到他人不属于攻击。一个儿童本想帮助同伴，结果却使对方受到伤害，这种行为不属于攻击。但是对行为意图的了解是非常困难的，所以在实际的研究中有时不考虑行为意图。

从结果来看，攻击行为是指对他人造成实际伤害的行为，这种伤害包括心理伤害和身体伤害两个方面。一个人本想实施对他人的攻击，但伤害“未遂”，则不属于攻击。

从社会评价来看，攻击行为是指那些社会规范不容许的行为；而有些对他人可能或实际造成伤害的行为，因其在社会规范容许的范围内，则不属于攻击行为，如在运动场上的合理冲撞。

2. 攻击行为的类型

攻击行为复杂多样，可以从不同角度进行划分。从攻击方式来看，可以将攻击分为身体攻击和言语攻击；从攻击的目的来看，可以将攻击分为敌意性攻击和工具性攻击；从双方在攻击行为中的作用来看，分为主动攻击与反应性攻击。

(二)幼儿攻击行为产生的原因

影响攻击行为产生的因素众多，但是各因素间如何交互作用而共同影响着攻击行为尚不清楚，其主要原因有以下几点：

1. 生物遗传因素

一些生理学家提出，小脑成熟延迟，传递快感的神经道路发育受阻，因而难以感受和体验愉快与安全，可能是攻击性行为发生的因素。有研究证明，攻击行为还与人体内分泌腺和雄性激素分泌过多有关。

也有心理学家研究证明：在幼儿攻击性行为的影响因素中，遗传大约占 50%，其余 50%中有一部分是家长与孩子相互作用所致。父母遗传给孩子的只是神经活动类型，比如情绪容易激动、兴奋性强、反应速度快等自然特征。这些具体的自然特征遇到合适的土壤，就会滋生出攻击性行为。1986 年，Rushton 等人研究表明，幼儿攻击性行为倾向在某种程度上受遗传因素的影响。从本质上讲，幼儿攻击的差别，虽有一定的生物学基础，但后天环境与教育是攻击性产生及其强度的决定性因素。

2. 心理因素

幼儿的自尊心受挫和依恋都会影响幼儿攻击行为的发生。在幼儿园大班的竞争性活动中我们会见到这样的场景，当幼儿在进行竞争性活动时，一切影响竞争性活动结果的因素都有可能成为攻击性行为的起因，这是幼儿保护自尊的表现。也有研究证明，婴儿的早期依恋会影响攻击行为的产生。埃斯沃斯等通过“陌生情境”研究法，认为婴儿时期的不安全依恋，有可能造成儿童成长过程的不安全感和焦虑，表现为易怒、易冲动、缺乏自我控制力等，这些均与攻击行为的发生有关系。

3. 家庭原因

家庭是幼儿最主要的生活环境，家庭氛围和父母的教养方式对幼儿行为影响较大。在国内外，家庭暴力都是影响儿童攻击性行为的重要因素。

美国的两位心理学者拉尔德和帕特森观察了高攻击儿童的家庭中父母与儿童相互作用的模式。这些儿童是在家庭和学校都爱打斗、不服管教的孩子。通过研究发现，这些问题儿童的家庭有一个共同特征，就是家庭成员之间缺乏情感交流，遇事便会争吵不休。高度攻击性幼儿大多数来自“绝对权威”和“过度溺爱”类型的家庭，这两类家庭的共同特征是对儿童限制的失当。“绝对权威”型的父母过于控制幼儿的自主性，易于使幼儿产生逆反心理，产生对抗的要求，并常常从父母的言行中学会攻击。“过度溺爱”型父母则完全放弃对幼儿的限制，使幼儿的利己排他行为滋长。一旦他们的某种需要受到限制，就会大哭大闹，以反抗来达到目的，从而导致攻击性行为的产生。所以说家长过分溺爱幼儿、过分要求幼儿、过分放任幼儿都是造成幼儿攻击性行为的重要原因。

4. 大众传媒及环境因素

成人的攻击性行为，电影、电视中的暴力事件会影响孩子，使他们由单纯模仿发展到有意攻击侵犯他人。班杜拉的一项有名的实验研究就揭示了模仿对幼儿攻击性行为的影响。如大部分幼儿观看奥特曼动画片后，在平时生活中都做出奥特曼典型动作，对其他幼儿进行攻击。

5. 年龄发展特点

2~3 岁的孩子正处在直觉行动的阶段，他们对事物充满好奇，喜欢到处跑，碰碰这个，摸摸那个。他们必须在行动中才能思维，因而行为的目的性不明确，动手之前并不能预见到自己行为的后果。而攻击行为是人的一种本能，特别是托班的孩子，在还不能明确自己行动后果的时期，一旦受到他人的攻击，甚至发生了积木被抢、椅子被坐了的小事，就像条件反射一样马上产生另一种更激烈的攻击反应，造成较严重的后果。还有 3 岁左右的孩子感到挫折或受到忽略时，紧张或愤怒的情绪就会油然而生。这种紧张又不知如何适当宣泄的怒火，就是所谓的发脾气。孩子本来就不及成人成熟，不知道运用智慧及经验来应付紧张情绪，所以经常不当地表达愤怒。打人，是孩子回应外在问题的最原始方法之一，也是保护自己的本能反应。

(三) 幼儿攻击性行为的教育与干预

1. 对幼儿进行认知智能训练，提高他们的认知能力

理解原因的能力能帮助幼儿正确地知觉情境，是成功进行同伴交往的前提。一件事的发生总归有原因，对原因的正确理解是随后做出适宜反应的前提。对交往对象行为原因的认知决定着随后的行为，因此对儿童进行认知智能训练，提高他们的认知能力是非常重要的。

对于攻击行为也可以通过认知改变而加以控制，并提出了训练的八个步骤：(1) 考虑冲突发生的原因；(2) 排除敌意性意图的归因；(3) 冷静面对冲突；(4) 抑制攻击反应；(5) 考虑多种解决策略；(6) 考虑行为后果；(7) 选择处理问题的方法并实施；(8) 评估自己的行为结果。

2. 建立和谐的家庭关系

父母作为孩子的第一任老师，是孩子最早的模仿对象，应该和睦相处，互相关心和尊重，努力营造积极向上的家庭氛围。当家庭矛盾无法避免时，应避免在孩子面前发生正面冲突，尤其是不能出现家庭暴力，而应采取恰当的方式解决问题。当幼儿看到父母采取非攻击性的方法解决冲突或直接教给幼儿使用非攻击性的方式解决问题时，他们很可能会用同样的方式解决问题。同时父母要加强与孩子心灵上的沟通，了解孩子的内心世界，从而可抑制其攻击性行为。

3. 教导幼儿使用合理的方式宣泄攻击性情感

弗洛伊德认为，攻击是先天的破坏本能，不能消除，只能加以疏导。而烦恼、挫折、愤怒这些攻击性情感，对于自控力弱的幼儿来讲，足以点燃攻击性的导火线，攻击性情感集聚越多，其表现攻击性行为的可能性就越大。因此，教给那些受到挫折、干扰的幼儿宣泄的方法就可以减少其攻击性活动；相反，过分压抑的结果，往往会爆发突然的猛烈的攻击性行为。因此应教会幼儿用言语来倾诉内心体验的攻击性情感；引导他们在适当的场合与时间大哭大叫一通，来宣泄内心无法排泄的挫折、愤怒与烦恼，让幼儿参加各种有趣的游戏与置换活动，去转移幼儿的攻击性情感。

4. 正确利用大众传媒对幼儿的影响

大众传媒是一把双刃剑。在带给儿童美好享受的同时，也在潜移默化中让儿童接触到了许多不利于幼儿心理成长的因素。因此，幼儿在观看电视时，恰当解释和评价他们所看到的电视节目中的人物形象，比如奥特曼，以此减轻电视暴力的影响，培养幼儿的英雄主义情结。家庭成员在看电视时应经常互相交谈，成人可利用这种方式帮助幼儿将行动与后果联系起来，以改变幼儿对电视的反应，强化电视的正面影响，减少负面影响。

5. 善于发掘幼儿的优势

心理学家阿德勒认为，人活动的基本推动力是人生来就有的优势和对权利的追求。具有攻击性行为的幼儿由于自身某种能力缺陷，一般无法从正常途径得到别人的赞扬与认可，这种追求优越所带来的挫败感，使他采取了攻击性行为来获取别人对自己的认可，得到暂时的心理平衡。幼儿通过优势的展示，获得别人的赞赏与认可，预防攻击性行为的发生。

6. 干预儿童的侵犯事实

有时，一种侵犯行为发生了，却没有导致公然的对抗。但是，忽略这种可能引起公然对抗的侵犯行为，后果会更严重。因此在诸如此类的情况下，教师和家长应该进行干涉，使幼儿认识到侵犯行为是不能接受的，并帮助受害者维护其合法权益；同时，也应该对目睹侵犯的儿童进行有效的现身说法教育。

幼儿攻击性行为在幼儿园中越来越频繁地发生，已成为幼儿园习以为常的事。但若不引起教师和家长的重视，此情况会越来越严重。虽然攻击性行为具有一定的生理特性，但后天的行为指导具有重大意义。这就需要社会大环境的和谐，传媒的自律，为幼儿以及大众创设一个好的环境，起到榜样作用。家长和教师良好的配合，能够使幼儿在家庭和幼儿园中都有良好的习惯，减少攻击性行为的发生。①

① 《幼儿攻击行为》，https：//www. douban. com/note/320591203/，2017-02-06。

二、社会退缩行为

案例分析

芹芹总是哭闹着进幼儿园的，在幼儿园里她总是一个人，不和其他小孩一起玩，常常低着头、吮吸手指，再怎么新鲜的玩具也吸引不了她。芹芹所表现出来的害羞和焦虑反映出她有典型的社会退缩行为特征。近年来，人们越来越多地认识到儿童缺乏社会交往将引起多种行为问题。那么，幼儿的这种社会退缩行为的成因何在呢？怎样对其进行教育与干预呢？下面将对以上问题进行初步的探讨。

(一)社会退缩的概念及类型

社会退缩是指当面临熟悉的或不熟悉的同龄人时，所表现出来的较稳定的（跨时间和跨情境的）各种形式的孤独行为。目前的研究认为，社会退缩主要有三种类型：

(1)焦虑退缩型，具体指幼儿的无所事事和观望行为，反映了幼儿气质上的羞怯、抑制，既希望又害怕接近同伴的动机冲突，与内隐问题行为有关。

(2)安静退缩型，指幼儿单独进行安静地探索或建构性游戏，反映了幼儿对物比对人更感兴趣，不存在内心的动机冲突和焦虑情绪，虽然有研究者指出，安静退缩对于学前儿童是适应的表现，但也有研究者指出幼儿教师观察到安静退缩的幼儿表现出较少的亲社会行为且经常被同伴忽视或排斥。这说明在儿童早期对于孤独的偏好很可能会带来损失，尤其在同伴关系领域。从发展病理心理学这一角度来看，焦虑退缩和安静退缩属于一种内化的问题行为。

(3)活跃退缩型，指幼儿独自一人进行喧闹的身体动作游戏、装扮游戏，反映了儿童冲动、活跃的特征，与攻击、破坏等外显问题行为有关。由于活跃退缩幼儿常有攻击行为，而攻击行为的矫正在前面已进行了分析，下面将重点放在焦虑退缩和安静退缩这两种社会退缩类型的探讨上。

(二)幼儿社会退缩行为产生的原因

1. 儿童自身因素

生理因素：焦虑退缩的幼儿有着明显的气质基础。有研究表明，右脑额叶脑电图不规则的婴儿在与父母分离时容易哭泣，在新环境下容易产生害怕和消极情绪，婴儿期稳定的脑电不规则模式能预测童年早期的焦虑和抑制行为。而那些在婴儿期表现为抑制而后来没有表现出抑制行为的孩子早期则没有表现出右脑额叶脑电图不规则特征。另外，也有人指出当面临出现了陌生的或不确定的事物，或与消极情绪相联系的令人紧张或厌恶的情境时，下丘脑—垂体—肾上腺皮质(HPA)区域会受到极大影响。行为抑制的婴儿在面对令人紧张的社会情境时皮质醇水平明显提高。除脑电活动、HPA、皮质醇外，行为抑制的孩子与非抑制的孩子相比，交感神经系统反映性强，肌肉紧张、心跳频率高、瞳孔扩大。行为抑制的孩子到了小学期间，这些生理模式依然如此，行为抑制有其稳定的生理学模式。至于安静退缩，有实验证明，安静退缩与胆怯害羞无关，较少表现出消极情绪，有更大的注意广度，这与一般幼儿在气质上没有显著差异。

认知模式：社会退缩幼儿极易形成不合理的认知特点，如悲观的估价或是对挫折归因不当。而消极的认知模式会促使退缩行为产生，又会加速其发展。有研究发现，社会退缩幼儿的认知模式与正常幼儿的认知模式存在着一定程度的差异，如害羞的幼儿的自我效能感比较低。不同退缩类型的幼儿之间的社会认知特点也是不同的，即幼儿的社会退缩行为具有异质性。

2. 家庭因素

幼儿从一出生就在家庭中生活，有很多家庭因素能够对幼儿的社会性发展产生较大的影响，如亲子依恋关系、父母教养方式、父母的性格特征等。

(1)亲子依恋关系。

儿童心理学家认为，婴儿在同基本养护人的不断交往中形成了一种内部工作模型，即对他人和自我的一种认知表征，用以解释事件和形成对人际关系的期望。如果内部工作模式使儿童感到安全、自信，那么就有利于儿童积极探索周围环境。所以安全感被认为是儿童社会情绪发展的中心结构。它能促进儿童对周围环境积极探索，进而与同伴积极互动，而同伴间的交往、互动是儿童社会能力发展的重要因素。相反，那些因消极依恋关系而具有不安全内部工作模式的儿童，认为周围环境是无法预测、不安全、没有反馈的，这种内部工作模式会导致儿童在与他人交往过程中的退缩和缺少对周围环境的探索行为。

(2)教养类型。

不同类型的家庭教养方式会对幼儿社会性发展产生不同的影响。专制型教养方式，会使孩子感到无所适从，从而限制了自信心和大胆个性的发展，容易形成畏缩、紧张、焦虑等性格特征；过度保护型教养方式，会使害羞或抑制型幼儿变得更害羞或抑制；民主型教养方式，会使幼儿表现出更多的社交性和较强的社会能力。

(3)父母的性格特征和母亲社会目标。

班杜拉的社会学习理论，人是善于观察学习的，儿童长期与父母生活在一起，父母的榜样作用对儿童的影响是潜移默化的，因此父母的性格特征会影响孩子。观察发现，生活中父母内向畏缩、胆小怕事、易紧张焦虑等性格，也会在子女身上再现。有研究表明，母亲社会目标(母亲对儿童在幼儿园里的社会交往和同伴关系的重视程度)与安静退缩之间存在显著相关。因此，较少重视儿童同伴关系和友谊的母亲的孩子比较不合群，但这也可能是由于安静退缩的儿童对父母行为的模仿。

(三)幼儿社会退缩行为的教育与干预

1. 改善亲子关系

鉴于教养方式对幼儿社会性的影响，父母要更多地采取民主型教养方式，对孩子要表现出关爱和接纳，经常参与孩子的生活和学习活动，特别是对有行为退缩倾向的孩子要给予更多的尊重和关爱、鼓励和表扬，帮助孩子树立起自信心，与他们建立良好的亲子关系。同时，父母也要避免对孩子过分溺爱，鼓励和重视孩子的同伴交往，必要时给予交往技巧指导，为孩子自由活动和同伴交往提供更多的时间和机会。此外，父母还要重视自己对孩子在社会交往方面的榜样作用。

2. 改善认知

鉴于前面分析，认知模式与幼儿社会退缩行为存在关联，而认知加工过程是导致行为产生的有效中介，认知可以使习得的社交技能具有更高的概括水平和更大的迁移作用，能调动幼儿交往的积极性。因此，通过改善认知来改善幼儿的行为退缩倾向的方法是可行的。例如，教给幼儿心理理论，使其能够对自己和他人心理状态有正确的认知，并能对由此引起的相应行为正确地作出因果性的预测和解释。

3. 改善养育环境

多数幼儿一天中的大部分时间都是在幼儿园度过的，因此改善幼儿园环境对社会退缩儿童是极其重要的。首先，幼儿教师要观察了解退缩幼儿的生活习性及其家庭背景，以找出幼儿退缩的原因，这样才能有针对性地改善幼儿的生活环境，更好地转变幼儿的不良行为。其次，幼儿教师要更多地关注退缩的孩子，鼓励其他小朋友与他一起玩耍，让他感受到自己是幼儿整体中不可少的一员，慢慢走出自己的世界。最重要的是，幼儿教师要经常与家长交换意见，适时地指出教育中的问题，与家长一起配合才能收到更好的效果。①

三、幼儿说谎行为

(一)说谎的概念和类型

说谎指个体或群体有意或无意作出与事实不符的陈述或用不正确的方式隐瞒事实真相的行为，是为了得到某种好处、逃避不愉快、减少恐惧心理等而为之的言行。

说谎是情境性行为，包括复杂、多情境的言语行为和肢体动作、表情等非言语行为。从幼儿的社会性发展来看，说谎属于交际中的问题行为(或策略)，反映幼儿在人际交往中互动与反馈的信息；从幼儿的心理发展来分析，说谎属于认知活动，反映幼儿

① 吴美玲：《幼儿社会退缩行为的成因与干预浅探》，载《福建论坛（社科教育版)》2008年专刊。

心理理论能力的发展进程。因此，说谎是一个心理发展和社会化的过程。从认知角度分析，说谎可分为无意说谎和有意说谎两种类型。无意说谎是说谎的初级形态，属无意识行为；有意说谎是说谎者为了达到某种目的而有意编织谎言并做出相应行为。有意说谎不一定是真正意义上的欺骗，但欺骗一定是有意行为，并伴有个性化特征，特别是刚刚萌芽时的有意说谎与欺骗有着本质区别。

(二)幼儿说谎行为的影响因素

幼儿说谎行为的影响因素纷繁复杂，一般分为主体因素和主体外因素，具体来说包括幼儿本身、同伴关系、家庭和幼儿园等几个方面。

1. 幼儿自身的年龄特点

幼儿说谎发生的时间和规律均表明，说谎受个体身体成熟和心理因素影响。比如，幼儿语言能力的发展为幼儿说谎提供了生理基础，心理理论水平的发展为幼儿说谎提供了心理基础。幼儿说谎行为表现出明显的年龄特点，不同年龄阶段，幼儿的心理理论水平、言语、认知等方面发展存在差异，说谎的水平也有所不同。4 岁幼儿比 3 岁幼儿在说谎时更有策略，说谎的水平更高。研究表明，心理理论与说谎或说真话的概念理解之间呈现显著相关，与 4 岁幼儿相比，大部分 3 岁幼儿还不能正确判断什么是说谎或说真话。幼儿年龄越小，其自控能力就越差，也就越缺乏抵制诱惑的能力。总的来说，幼儿的抵制诱惑的能力较弱，因此可能会为了得到家长或教师的奖励或表扬而说谎。

2. 幼儿园场域因素

幼儿园是幼儿重要的生活学习场所之一，幼儿园里的同伴关系、同伴言行、教师及其教育方式等对幼儿说谎行为都会产生潜移默化的影响。同伴群体是幼儿社会能力发展的重要背景，幼儿通过与同伴的交流，满足自身的情感发展需求、促进自身健康人格的发展及认知能力的发展等。说谎方面的研究表明，同伴的忠诚度、同伴群体的规模、群体规范及预期压力等也会影响幼儿说谎行为的表现。同伴的说谎行为对幼儿起带动作用，同伴通过交流说谎经验及策略能提高幼儿的说谎能力，同伴之间的人际关系也会影响到幼儿说谎行为的表现。比如，被拒斥幼儿为了获得同伴的接纳，炫耀自己不曾拥有的玩具。受欢迎幼儿一般具有较强的自尊心，为了维持自己在同伴中的地位和形象，也会表现出与事实不相符合的言行。也有的幼儿为了维护友谊，掩饰好朋友的过失，帮助好朋友说谎等。

除了同伴关系，师幼关系也影响着幼儿说谎行为的表现。学前阶段的幼儿处于权威定向阶段，幼儿对权威人士持一种盲目崇拜态度，行为上表现出模仿倾向。教师作为幼儿心目中的权威，其教育理念、教学方式、行为方式等不可避免地会对幼儿产生影响。幼儿面对严厉的教师，为了避免惩罚等也会出现说谎行为。

3. 家庭场域因素

家庭是幼儿生活的重要场所，家庭结构、家庭氛围、家长教育观念、家庭教养方式、父母的言行举止等也会影响到幼儿的说谎行为。众多研究发现，不完整家庭结构或者家庭氛围紧张、不和谐，幼儿表现出更多的反社会行为，比如说谎。对于先理解“说谎”还是先理解“说真话”这一问题，中西方幼儿表现出明显的差异性，这一差异主要源于父母的教育观念的差异。西方文化下，父母常采用夸奖和鼓励方式关注幼儿的积极行为，因此幼儿首先形成对说真话的道德认知。中国父母常以批评教育为主，特别关注幼儿的错误行为，一旦出现说谎现象，就会及时制止不诚实行为，并采用积极和消极的例子来向他们展示说谎的后果。在幼儿时期，“说谎”不完全是品德问题。家长如果过分干预，则会对幼儿“说谎行为”本身形成强化的作用，不利于达到诚实教育的目的。

教养行为不一致严重影响着幼儿的说谎行为，比如隔代教养问题。在电视节目“爸爸回来了”里，有一对姐妹每次去爷爷家，爷爷都会偷偷给她们糖吃，还一起欺骗爸爸，这在无形中助长了幼儿的说谎行为。幼儿面对诱惑时，自控能力差，说谎幼稚简单，很容易被家长识破。然而有些家长发现后哭笑不得甚至引以为乐，以为是孩子聪明伶俐的表现，而在亲友面前津津乐道。父母的这种态度，反而强化了幼儿再次说谎的勇气。

4. 情境压力

有研究表明，幼儿时期儿童说谎概念的判断及其道德评价不受行为情境的影响。习俗性特征对说谎概念判断的影响始于 9 岁。但是，幼儿说谎行为表现受情境压力的影响，幼儿的欺骗行为具有情境性，当幼儿感到情境压力变大时，幼儿的欺骗行为会减少。反之，则会增多。父母和家长对待说谎行为过于严格，幼儿面对成人说谎时的不适或负罪感就会增强，压力情境增大，阻碍了幼儿的说谎表现。

(三)管理幼儿说谎行为的策略

在面对幼儿说谎行为时，成人要先判断幼儿是否真的存在说谎行为，说谎的原因是什么，然后再采取相应的策略。既不能一发现幼儿说话不符合事实，就暴跳如雷，威吓斥骂；又不能对天真、幼稚的谎言漠不关心。对幼儿说谎行为应该是以预防为主，干预为辅，以积极管理策略为主，消极管理策略为辅，认真、妥善地进行适当的诚实教育。

1. 提高幼儿的自制力

幼儿说谎行为，首先是受个体认知水平的影响，因此成人在教导幼儿不要“说谎”的同时，也应该告知他们“说真话”的含义及积极性。对幼儿道德认知的培养应该从培养幼儿的心理理论能力开始。通过游戏等方式帮助幼儿区分“说谎”和“说真话”的含义。游戏(家庭中的亲子游戏、幼儿园中的区角游戏等)是幼儿生活的基本活动，也是最受幼儿喜爱的活动形式，在游戏中渗透诚实教育，能够取得较好的效果。游戏能帮助幼儿选择交往的同伴，并在角色扮演中提高认知能力。游戏具有内隐和外显的规则性，通过设置游戏角色和游戏情境，提高幼儿的坚持性和控制力。针对幼儿爱模仿的特点，鼓励幼儿在游戏中模仿再现，切身感受榜样人物在活动中的内心感受和外在表现。如表演列宁打碎花瓶后的诚实行为等。创设游戏情境，提高幼儿抵御诱惑的能力。

2. 树立好榜样作用

成人作为幼儿心目中的权威人士，首先要做到以身作则，时刻保持自己在幼儿心中的良好形象，以自己的诚实行为带动幼儿的诚实行为，在幼儿面前说话算话，不要随意地哄骗幼儿。还有成人要表扬诚实、说真话的幼儿，也要鼓励幼儿诚实，一旦幼儿表现出诚实的积极行为，成人要及时给予强化。

3. 加强家园合作

幼儿园要通过各种方式了解幼儿家庭教养观念及行为方式，以便幼儿园能够就幼儿的说谎行为与家长展开有效的沟通。家长也需要坦诚与幼儿园进行积极合作，与幼儿园达成一致。幼儿园和家庭如果缺乏联系就会给幼儿说谎提供可乘之机，比如，幼儿园允许幼儿带玩具、图书、零食等，与同伴分享，促进幼儿分享、合作意识的形成。有的幼儿看到自己喜欢的玩具就想要，家长不同意时，他会跟家长说，是教师让买的。如果家长与幼儿园缺乏沟通，满足了幼儿的要求，这一说谎行为的成功就会助长幼儿下一次说谎的勇气。

家长家庭教养方式的不一致可能会加剧幼儿说谎，比如父亲粗暴、母亲袒护，幼儿长期生活在这种家庭环境下容易因惧怕而经常说谎，甚至失去对说谎的羞愧感。幼儿园在家园合作中，在尊重家庭的基础上，适时适度地对家庭教育给予合理指导，帮助改善不当的家庭教育方式。

4. 营造良好的情境

社会文化、幼儿所处的情境等对幼儿说谎行为的影响随年龄的增长就越发明显，家长和教师有责任为幼儿的成长营造良好的生活情境，尤其是要减少压力情境。幼儿在压力情境下，虽然表现的说谎行为少，但是并不意味着幼儿不具备说谎能力，只有减小压力情境，才能有效地进行引导教育，突出自觉的诚实谦让行为。

幼儿时期的说谎包括有意说谎和无意说谎。对于无意说谎，家长要予以引导教育。对于因恐惧、避免惩罚、诱惑而说谎，成人也需要做到以诱导为主，慎用惩罚。如果成人对因恐惧、避免惩罚的说谎采取消极批评、呵斥甚至打骂的管理策略，就为幼儿提供了进一步说谎的情境，会加剧幼儿的说谎。成人要善于分析幼儿的说谎行为，改善专制型教养方式，与幼儿平等沟通，营造积极的情境氛围。①

知识链接

管理问题行为的功能性方法②

（1）明确问题的情境。

---

① 李传英、李姗泽：《影响 5 岁幼儿有意说谎的因素及教育对策思考》，载《中国德育（第三卷）》2008 年第 3 期。

② K. E. 艾伦，J. S. 施瓦兹著，周念丽等译：《特殊儿童的早期融合教育》，华东师范大学出版社 2005 年版，第 500 页。

（2）对孩子和环境进行评估。

（3）明确干预的目标。

（4）制订干预计划。确保计划包含了有意义的课程活动，经常性强化，选择一个可预测的进程表。

（5）执行计划并保证按计划执行。

（6）监控孩子的进步并监控实施过程。

推荐阅读

《儿童行为管理》由希拉·里德尔利奇著，刘晶波译。该书基于人类行为发展问题，借助行为主义学家新近创建的相关理论，详细地分析了儿童的各种需要以及影响儿童行为发展的因素，并在此基础上分析了可能导致儿童产生不适宜行为的原因。接着结合大量案例分析并提出了一系列促进儿童积极行为发展、增强儿童自身能力的策略。此外，作者还探讨了评价和监督儿童行为的现有框架、设立个别教育方案、寻求外在专业支持等问题，有助于教育者了解支持儿童的行为。

思考题

1. 简述幼儿社会行为培养常用的方法有哪些。
2. 简述幼儿教师怎样矫正幼儿的攻击行为。
3. 简述幼儿教师如何教育与干预幼儿社会退缩行为。
4. 幼儿教师面对说谎的幼儿应该怎么办。

拓展训练

案例：小宇走向教师处告状："小江拿走了我正在玩的积木。"说完就当着教师的面抢回小江手中的积木。这时小江被小宇抢走积木后并没有进行反抗，只是看看老师后又接着玩剩下的几块积木。然而，事实上小江并没有抢小宇的积木，那些积木是小江先拿着玩的。

问题：如果你是这位教师，应该怎么处理上述案例中出现的问题？

第七章　幼儿情绪行为的教育诊断

学习目标

1. 本章导学："人有七情六欲"，幼儿同样如此。情绪在诸多心理因素中对人的身心健康和行为发展影响最大。幼儿行为的情绪色彩非常浓厚，直接调节、控制着幼儿的行为。本章将对情绪行为的概念、作用、幼儿的情绪表现等进行一一介绍，对幼儿情绪行为的教育指导和幼儿不良情绪行为的矫正进行阐述，并结合案例让学生更直观地理解和掌握。

2. 教学重点、难点：情绪的概念、作用，幼儿常见的情绪表现，了解幼儿情绪行为的教育指导，帮助幼儿正确面对情绪，掌握幼儿情绪调控和管理、矫正不良情绪行为的方法策略。

3. 教学课时：4 课时。

第一节　幼儿情绪行为的内涵

一、情绪的概念

情绪是指人对于客观事物是否符合自己的需要而产生的态度体验及相应的行为反应。人对客观事物采取何种态度和行为，取决于该事物是否满足人的需要。在社会实践中人会接触到自然和社会环境中的各种事物，这些事物对人具有不同的意义，人对其持有不同的态度，于是就产生各种不同的体验和行为反应。比如，获得成功时喜悦、受到侮辱时愤怒、遭遇冷落时难过、遇到险情时惊恐等，这些喜怒哀乐等反应都是人的情绪的不同表现。

《礼记》记载，人的情绪有喜、怒、哀、惧、爱、恶、欲"七情"分法；美国心理学家普拉切克(Plutchik)将人的基本情绪分为恐惧、惊讶、悲痛、厌恶、愤怒、期待、快乐和接纳等八种。通常，人们将喜悦、愉快、满意等情绪称为积极情绪或良好情绪，将愤怒、哀伤、恐惧等情绪称为消极情绪或不良情绪。

幼儿对某一件玩具表现出是喜欢还是厌恶，对一只小动物表现出是亲近还是恐惧，对一种行为表现出是快乐还是愤怒，都是情绪。情绪是幼儿适应生存的重要心理工具，不同的情绪激发，会驱使幼儿做出不同的行为。积极或良好情绪体验可以使幼儿身心愉悦，促进健康成长；消极情绪或不良情绪体验则是幼儿面对冲突、挫折等情况的一种反应，可以促使幼儿不断改进，重新思考和行动。

二、情绪的作用

情绪在诸多心理因素中对人的身心健康影响最大，作用最强。幼儿行为的情绪色彩非常浓厚，直接指导和调控着幼儿的行为，驱使着幼儿去做出某种行为，或不去做某种行为。

(一)情绪对幼儿认知发展的作用

情绪与认知之间关系密切。一方面，情绪随着认知的发展而发展；另一方面，情绪对幼儿的认知活动起着激发、促进作用，或抑制、延缓的作用。我国学者孟昭兰曾以婴幼儿为被试，研究了不同情绪状态包括了快乐、痛苦、兴趣、惧怕、愤怒和大怒等，对其智力操作活动的影响。结果表明，婴幼儿不同情绪状态对其智力操作的影响是明显不同的，愉快情绪有利于婴幼儿的智力操作及效果，而痛苦、惧怕等对婴幼儿智力操作不利。

可见，积极、良好的情绪能够促进幼儿对知识的渴望和探索的兴趣，从而促进其智力的发展。相反，消极、不良的情绪会使幼儿对知识产生抵触、厌倦的态度，缺乏探索的勇气和信心，也不利于其智力的发展。

(二)情绪对幼儿社会性发展的作用

每一种情绪都有其外部表现，即表情。它是人与人之间进行信息交流的重要工具之一。在幼儿与人的交往中，情绪占有特殊的、重要的地位。

新生儿几乎完全借助于他的面部表情、动作、姿态及不同的声音表情等，与成人进行着信息交流，引起其与成人的交往，或者维持、调整交往。幼儿在掌握语言之前，主要是以表情作为交际的工具。在幼儿初步掌握语言之后，表情就是幼儿重要的交流工具。它和语言一起共同实现着幼儿与成人、幼儿与同伴间的社会性交往。

(三)情绪对幼儿个性发展的作用

幼儿期是个性形成的奠基时期，情绪对幼儿个性的形成具有重要作用。幼儿在与不同的人、事物接触的过程中，逐渐形成不同的情绪态度。幼儿如果经常、反复受到特定环境和教育的影响，反复体验同一情绪状态，这种状态就会逐渐稳固下来，形成稳定的情绪和情绪情感特征，而情绪特征正是个体性格结构的重要组成部分。

情绪经常处在良好状态的幼儿，对成人的各种提示一般都乐于接受。这样就有利于幼儿的健康成长，形成团结友爱、遵守纪律、独立活动等良好的行为习惯。研究表明，幼儿6岁前的情感体验对人的一生具有恒久的影响。幼儿如果此时无法集中注意力，性格急躁易怒、悲观、具有破坏性，或者孤独、焦虑、对自己不满意等，会很大程度上影响其今后的个性发展和品格培养。

三、幼儿常见的情绪表现

(一)快乐

快乐是一种追求并达到目的时所产生的满足体验。快乐的程度取决于需要和愿望满足的程度，表现为满意、愉快、大喜、狂喜。幼儿期的目标需求比较低，教师的一个眼神、一句表扬、一个拥抱，都会使幼儿产生快乐情绪。

(二)愤怒

愤怒是由于受到外界条件干扰而使幼儿不能达到目的时所产生的体验。目的和愿望不能达到，一再受到阻碍，从而积累着紧张，最终产生愤怒。愤怒的程度依次是：不满、生气、愠怒、愤怒、激愤、大怒、暴怒。比如，幼儿在与教师或同伴交往过程中产生矛盾时，自己的行为或意图表达不清楚或受到不公正的待遇时，常常会表现出生气、发怒的情绪。

(三)悲哀

悲哀与失去所盼望、所追求的东西和目的有关，是在失去心爱的对象或愿望破灭、理想不能实现时所产生的体验。悲哀情绪体验的程度，取决于对象、愿望、理想的重要性与价值大小。表现程度依次是：遗憾、失望、难过、悲哀、哀痛。幼儿期自我意识开始形成，开始在意别人的看法，但由于他们的经验与能力的不足，常常达不到自己的目标要求，所以有时便会产生悲哀的情绪。

(四)恐惧

恐惧是企图摆脱、逃避某种危险情境时所产生的情绪体验。恐惧往往是由于缺乏处理、摆脱可怕情境的力量和能力而造成的害怕。很多成人习以为常的事情，幼儿却可能充满恐惧，比如怕黑、怕狗、怕怪兽、怕雷、怕警察、怕医生或怕老师。居里夫人说：这世界上没有可怕的东西，只有缺乏认识的东西。换而言之，人的恐惧是因为认知的不足或偏差。从这个意义上讲，幼儿对每一次恐惧的克服，都是一次重要的成长。

(五)嫉妒

嫉妒是与他人在比较过程中，发现自己在才能、名誉、地位、待遇、享受等方面不如别人而产生的一种情绪状态。一般来说，一个人并不会对所有人产生嫉妒，只是嫉妒比自己强的人，尤其是经常和自己在一起，年龄、性别、学历、地位等条件相似的人。每当与这些比自己强的人在一起时，嫉妒情绪就会产生，从而造成情绪上的抵触和对立，最后把这种消极情绪发泄到对方身上。嫉妒是一种原始情感，有专家研究发现，不足周岁的婴儿看到母亲在给其他婴儿哺乳时，会出现心率加快、面色潮红等不安反应，甚至哭闹。上了幼儿园后，幼儿与同伴的接触多了，进行比较的机会增多，要遭受更多嫉妒情感的挑战，嫉妒将会更加凸显。

(六)焦虑

在幼儿身上，焦虑常表现为一种对危险或威胁的预料而产生的情绪唤醒状态，表现为忧虑、紧张、失望和不安。幼儿常见的焦虑有：分离焦虑、环境焦虑、境遇焦虑等。在幼儿期，以新入园幼儿分离焦虑表现最为明显。

(七)害羞

害羞的人过多地约束自己的言行，不能充分表达自己的思想感情。从心理学讲，害羞是人类的一种自卫策略。害羞往往会表现为腼腆、容易受惊、胆怯、犹豫或过分沉默。幼儿遇到陌生人或在一个陌生的环境里，都会产生害羞的情绪。

(八)兴奋

兴奋是一种比较激动的情绪表现。兴奋型的幼儿有一种表现自己的心理欲望，希望在各种环境中获得重视，引起别人的注意。兴奋状态表现为情绪亢奋、躁动、骚扰他人、扰乱秩序等。兴奋型幼儿在一定的环境下，常表现为大叫大闹，动作活跃，上蹿下跳，搞破坏、无规矩等。比较典型的幼儿兴奋情绪表现就是“人来疯”现象。

第二节 幼儿情绪行为的教育指导

知识链接

1.《3~6岁儿童学习与发展指南》情绪发展目标

(1)3~4岁幼儿:①情绪比较稳定，很少因一点小事哭闹不止。②有比较强烈的情绪反应时，能在成人的安抚下逐渐平静下来。

(2)4~5岁幼儿:①经常保持愉快的情绪，不高兴时能较快缓解。②有比较强烈情绪反应时，能在成人提醒下逐渐平静下来。③愿意把自己的情绪告诉亲近的人，一起分享快乐或求得安慰。

(3)5~6岁幼儿:①经常保持愉快的情绪。知道引起自己某种情绪的原因，并努力缓解。②表达情绪的方式比较适度，不乱发脾气。③能随着活动的需要转换情绪和注意。

2. 教育建议

(1)营造温暖、轻松的心理环境，让幼儿形成安全感和信赖感。如保持良好的情绪状态，以积极、愉快的情绪影响幼儿。以欣赏的态度对待幼儿。注意发现幼儿的优点，接纳他们的个体差异，不简单与同伴做横向比较。幼儿做错事时要冷静处理，不厉声斥责，更不能打骂。

(2)帮助幼儿学会恰当表达和调控情绪。如成人用恰当的方式表达情绪，为幼儿做出榜样。如生气时不乱发脾气，不迁怒于人。成人和幼儿一起谈论自己高兴或生气的事，鼓励幼儿与人分享自己的情绪。允许幼儿表达自己的情绪，并给予适当的引导。如幼儿发脾气时不硬性压制，等其平静后告诉他什么行为是可以接受的。发现幼儿不高兴时主动询问情况，帮助他们化解消极情绪。

导致幼儿的情绪行为产生的原因有很多，其中包括：身体不适或缺少关爱和安全感，语言发展与动作发展不统一，“自我中心”思维方式的形成，社会交往能力的不足，家庭中亲人对幼儿情绪的影响，外部环境改变的影响，等等。这些都可能成为幼儿情绪行为产生的原因。妥善管理自己的情绪是个体的一种重要能力。

一、关注幼儿情绪变化与情绪背后的原因

作为幼儿教师，要多留心幼儿的情绪反应，可以采取全面观察与重点观察相结合的

方式。全面观察即教师观察所有幼儿，将全班幼儿的情绪变化尽收眼底、了然于心；重点观察则是针对那些情绪经常激动、易出现问题行为的幼儿，要特别留心他们的情绪变化。当发现幼儿有情绪变化时，首先要了解幼儿情绪产生的原因和背景。不仅需要去询问当事幼儿，还应询问现场的其他幼儿，这样才能了解到幼儿情绪变化的背景和真实的原因。只有知晓幼儿情绪产生的原因，我们的调节行为才能有的放矢，取得良好的效果。

二、帮助幼儿识别自己的各种情绪

每个人都会有喜怒哀乐等各种情绪，幼儿也不例外。作为成人，我们能够正确认识并采取一定的措施缓解过激的情绪，但幼儿却不懂得这样做。所以，每当遇到不高兴的事情时，幼儿会用哭、闹甚至摔东西等来表达他们的情绪。为了帮助幼儿识别自己的各种情绪，我们可以指出幼儿的各种情绪：生气、激动、失望、自豪、孤独、期待等，不断丰富幼儿的情绪词汇。例如，“刚刚小明把你推倒在地，你很生气是吗？”通过谈话的方式，帮助幼儿说出他的情绪体验。幼儿能识别出的情绪越多，他就越能清晰地表达出来。而准确地表达自己的情绪，这就是处理情绪的开端。能表达，他才能沟通，才能想办法去缓解。有时，只需表达出来，情绪问题就解决了。

三、认同幼儿的情绪

幼儿情绪控制能力一般较差，常会为一点小事而耿耿于怀。在这个时候，认同幼儿的情绪，再加以引导，是让幼儿获得一份好心情的基本途径。成人要接纳孩子的情绪，认同孩子的感受。当孩子的情绪被接纳时，他们会很容易去调整自己的行为。假如他们的行为不是我们所认可的，作为成人应该倾听他们的讲述，说出他们的感受，接纳他们的情绪，而不是随意批评和忠告。即使你想阻止孩子的不当行为，也要接纳他们的情绪，说出你的感受。例如，面对攻击性行为，我们可以告诉孩子：“你有权利愤怒，并表达出来，但是你没有权利伤害别人，无论是身体上还是情感上。”

四、帮助幼儿正确面对情绪

幼儿和成人一样，也会有悲伤、愤怒、无理取闹的时候，这些不良情绪所表达出来的是孩子内心需求的不满。当不良情绪出现时，如果我们这样对孩子说：“你怎么这么不懂事？别闹了！”这等于否认了孩子的不良情绪。孩子就会认为，有情绪是不对的。他们就会慢慢把这些不良情绪压抑起来，压抑过多就可能会形成人格障碍。其实，不良情绪也有它的积极意义，也是他认识自己、学习成长的一个好机会。给幼儿自己处理消极情绪的机会，教给他处理消极情绪的办法，他会获得更多的经验和方法。比如，害怕，让孩子懂得保护自己；羞愧，让孩子知道自己做事有欠缺；体验过难过的孩子，会设身处地理解别人的悲伤。所以，我们不要压抑孩子的情绪表达，应该接纳孩子、理解孩子。孩子就能正确面对自己的情绪，然后再帮助孩子解决其他问题。

五、引导幼儿自我调控和管理情绪

当幼儿能正确面对自己的情绪之后，下一步我们要做的就是要引导孩子处理好自己的情绪。情绪自我调控能力的发展，是幼儿心理健康发展的重要标志。因此，我们要给幼儿自我调节情绪的时间和机会，培养幼儿对情绪的自我调控能力。首先，当幼儿有激烈的情绪变化时，如果没有伴随伤害他人的问题行为，教师就可以给幼儿时间和机会，让幼儿尝试着调节自身的情绪。如果幼儿缺乏自我调节情绪的能力，或自我调节效果差，教师再采取适宜的策略去调节。其次，教师应该在日常生活中教给幼儿一些自我调节情绪的方法和策略。比如，经由观察、分辨他人情绪和自身情绪，帮助幼儿提高觉察自身情绪变化的能力；生活中多与幼儿交流情绪感受，引导幼儿用准确的语言表达自己的情绪；帮助幼儿以适当的方式宣泄消极情绪，如鼓励幼儿说出自己的情绪，或通过运动、绘画、游戏等活动转移自身注意力；引导幼儿将消极情绪转化为积极情绪，帮助他们发现事情中隐含的积极因素等。

总之，幼儿阶段是情绪培养的关键期，关系到以后智力、意识和整个人格的发展。这一时期，幼儿的情绪不稳定，智力活动和行为很容易受情绪的支配和影响。因此，关注幼儿的情绪发展，培养幼儿控制、调节情绪的能力至关重要。

第三节　幼儿不良情绪行为的矫正

一、嫉妒

幼儿的嫉妒是将自己与别的小朋友作比较而产生的消极情感体验，是指当幼儿看到他人某些方面比自己强而产生的一种不安、烦恼、痛苦、怨恨并企图破坏他人优越感的复杂情感。

有的幼儿因为同伴赢得了一朵小红花或受到老师表扬而闷闷不乐，有的在竞赛游戏中因为同伴跑得比自己快而感到不快，有的则对比自己长得漂亮的同伴莫名其妙地耿耿于怀。这些都是嫉妒情绪的表现。嫉妒在幼儿阶段具有一定的普遍性，是一种不良情绪，对幼儿的健康成长产生消极影响。

(一)案例

1. 不能容忍亲近的人对别人好

3 岁的牛牛在快乐地堆积木，妈妈的朋友过来了，带着自己的孩子灵灵。牛牛妈热情地打招呼，然后把灵灵抱在怀里亲抚一下。牛牛立刻扔下积木，冲妈妈直伸手，要妈妈抱。妈妈把他也抱起来了，牛牛同时把灵灵往外推……幼儿最初的嫉妒总是与自己的父母、老师和同伴等身边亲近的人有关。当他发现，这些人疼爱别人而忽视自己时，往往会表现出生气、不满、哭闹、反叛等行为。有的甚至会出现一些倒退行为，如故意尿湿裤子，故意做出一些不恰当的行为，以期引起别人的注意。

2. 对获得表扬的幼儿怀有敌对情绪

教学活动快结束时，教师针对小朋友的活动表现进行奖励。当教师表扬咪咪时，美美立刻站起来说："老师，咪咪上课说话了，不能给她小粘贴。"老师于是就说："这样吧，我把这个小粘贴给你，你帮咪咪保管，她今天表现好就发给她。"美美接过小粘贴大大方方地贴在自己胸前说："我表现得好，我应该得小粘贴。"教师看到这般情境就说："美美，你表现得好，可咪咪今天的发言也很精彩啊，也要发给她一张粘贴。"美美似乎心有不甘，可看到自己已经有小粘贴了，也就点头同意了。咪咪和美美生活环境相似，受关注人群相同，所以美美特别忍受不了别人夸奖咪咪，于是什么都和咪咪比，找咪咪的毛病。当别的孩子受到了家长、老师表扬时，这些幼儿往往表现得不高兴、不服气，认为自己不比受表扬的幼儿差，有的还会当面揭发受表扬幼儿的缺点或不足，尽管这些不足与幼儿的受表扬没有任何关联。

3. 对拥有好东西的同伴进行排斥

一天，明明带了一个新玩具回到幼儿园，这个玩具是舅舅在国外给他买的，妈妈交代明明这个新玩具不能给小朋友弄坏。所以，明明就不让其他小朋友碰他的玩具，小峰趁明明走开之际，偷偷地把明明的玩具藏到了睡室的床底下……幼儿总是喜爱和拥有玩具、图书和零食多的同伴一起玩，从中得到快乐。但当同伴不将自己拥有的东西拿出来分享时，幼儿往往会表现出嫉妒情绪，如损害同伴的玩具，孤立、排斥同伴等。

(二)分析

幼儿嫉妒的成因较为复杂，包括孩子先天气质类型、外部教养环境和个人能力等诸多因素。

1. 气质影响

孩子出生后即表现出气质上的个体差异。心理学家托马斯和切斯根据气质的差异，把孩子分为三类：一是容易抚育的孩子，这类孩子很愉快，不哭吵，生物机能有规律；二是抚育困难的孩子，这类孩子经常哭吵，生物机能没规律，遇到困难易哭闹和发脾气，难适应新环境；三是发动缓慢的孩子，这类孩子较温和，既有好的反应，也有坏的反应，不喜新的环境，但慢慢会适应。气质会影响后天性格的形成，成人要顺着孩子的气质特点，寻找适合的养育方式，这样有利于孩子良好性格的形成。如果教育和引导不当，会使孩子形成不好的性格特征。如抚育困难的孩子较易形成嫉妒心理。

2. 环境影响

如果在家里或幼儿园，成人心胸狭窄、互相猜疑，互相看不起，或当着孩子的面议论、贬低别人，会潜移默化地影响孩子的心理。如果老师偏爱少数孩子，不注意发现每个孩子的优点，使一些孩子受压抑，容易使个别孩子变得心胸狭窄，产生嫉妒心理。

3. 教育方式影响

教养方式是幼儿嫉妒心理产生的直接原因。现在的家庭大多只有一个孩子，由于众星捧月，许多孩子养成了一切“以自我为中心”的习惯，不允许别人比自己做得好，也不愿听夸奖别人的话，更不喜欢父母把自己与优秀的孩子比较，否则极易因不服气而产生嫉妒。还有些家长“望子成龙”心切，对孩子要求过高，管教过严，孩子在高压下勤奋刻苦，各方面表现优秀，但这些孩子的心灵深处往往存在着嫉妒心理。

4. 幼儿自身能力的影响

能力较弱的幼儿已经习惯没有表扬和表现的机会，比较“安分”和顺应环境；而能力较强的幼儿往往很自信，当感觉到没被“重视”和“关注”，或者感觉自己某些方面确实比不上别人，存在竞争压力时，就会对别人产生嫉妒。特别是一些经常受到夸奖和宠爱的幼儿更容易出现这样的问题。

(三) 对策

幼儿的嫉妒心理是幼儿成长过程中一个无法回避的话题。它并不可怕，关键在于如何引导幼儿战胜它。

1. 建立良好的环境

嫉妒心理和行为的产生，主要是幼儿内部的消极因素和外部环境的消极因素相互影响、相互作用而产生的。教师应在班上建立起一种团结友爱、谦逊互助、豁达乐观、互敬互谅的成长环境；父母也应当在家庭中为孩子建立一种宽容大度、关爱和谐、尊重礼让的成长氛围。这是预防和纠正幼儿嫉妒心理的重要基础。

2. 树立良好的榜样

日常生活中，成人的以身作则对幼儿嫉妒的形成或矫治有重要影响。成人的一言一行都会影响到幼儿，成人要开朗、豁达，不为一些琐事而斤斤计较。如果成人在孩子面前总是有嫉妒的言行，幼儿以为成人也会经常嫉妒，嫉妒是一种正常的行为。相反，如果成人为孩子树立良好的榜样，幼儿就会在潜移默化中形成豁达的个性，减少嫉妒情绪的产生。

3. 了解幼儿嫉妒的原因

当幼儿显露出嫉妒心时，成人不要严加批评指责和挖苦，这只能使幼儿更多地丧失自尊，更严重地身陷嫉妒的苦海难以自拔。比较合理的应对方法是：对引起幼儿嫉妒的“背景”，可以通过佯装漫不经心地询问，加以了解，语气平和且面带微笑；静静地倾听，不妨把孩子抱在怀里，安静地倾听他的感受，读取他的不快、愤怒或无法实现自己的愿望而产生的痛苦情绪。让幼儿把自己的不安和烦躁和盘托出，并理解他、体谅他。成人的轻松和微笑可以有效地使幼儿控制住自己的嫉妒心，其强烈的情绪会渐渐隐退。

4. 选取合适的评价

幼儿天性喜爱表扬和鼓励。表扬得当，可以巩固其优点，增强其自信，促其进步；表扬不当或过度，会使幼儿自我感觉良好，看不起别人，当别人超越自己时就难以接受。所以，成人要注意教育方式，正确评价幼儿，不能因疼爱和喜欢幼儿而随意拔高、过度表扬孩子，以免幼儿不能客观地看待自己。要适当地指出幼儿的长处和短处，但忌用刺激性的语言，如"人家能做得那么好，你为什么不行?""笨死了!""没出息!"等。因为孩子妒火中烧时，这些语言无疑是火上加油，会加重他们的逆反心理。

5. 分析幼儿的优缺点

由于幼儿缺乏对事物的全面分析能力，他们往往把自己的嫉妒情绪简单地归责于所嫉妒的对象。成人要冷静地帮助孩子了解自己，正确分析他们与他人产生差距的原因。比如，要让幼儿知道自己在各方面表现如何，有什么优点，有什么缺点，跟上个月(或上个星期)比较自己哪些方面有进步，哪些方面退步了。教育孩子要看到别人的长处，虚心向别人学习。一个孩子如果能经常这样去想问题，嫉妒心理就会慢慢弱化甚至消失，从而学会客观地自我评价，客观地评价他人。

6. 提高幼儿的自信

幼儿的自信源于其能力。当成人发现幼儿的不足时，不要当面指责，而应具体帮助他提高这方面的能力。如果有条件，那么可请能力强的幼儿来帮助他，幼儿之间真诚友好的帮助也是消除嫉妒心理的良方，如有的幼儿看到别的小朋友画画比自己好而嫉妒，那么成人可帮助他提高绘画的能力，这样幼儿在比较自己和其他幼儿的绘画水平时，就会有足够的自信，而不会因为自己没有信心而嫉妒他人。只要幼儿各方面能力都得到相应的发展，嫉妒心就会相对减弱甚至消失。

二、易怒

愤怒是学前幼儿常见的一种负面情绪，可能会出现在一日活动的许多环节，对儿童身心危害极大。一般来讲，愤怒情绪常常伴随有哭闹、破坏性行为、攻击性行为、压抑，有的孩子甚至会出现自虐行为，比如，用头去撞墙，掐自己。愤怒情绪处理不当会严重损害幼儿的身心健康。

(一)案例

户外活动，小哲玩滚筒玩具。一会儿，他被菲菲玩的蹦床吸引了，于是跑去蹦蹦床。这时，小志跑来玩滚筒玩具，小哲马上过来抢，并大声说："这是我的，我先玩的。”小志不服气：“你都玩半天了，你不玩了，我才玩的。”一番争抢后小志占了上风，滚着玩具跑了。小哲立刻大怒，坐在地上，跺着小脚，小手拍打着地面，怒气冲天地叫着：“你还我玩具，你是个坏人，抢我玩具的大坏人！”过了一会，小哲跑去玩投篮游戏，连续三次都没有投中，小哲愤怒地将球扔向墙壁，并叫道：“破球，我不要你了。”皮球弹回来，他一边喊：“破皮球，破皮球！”一边大力地用脚去踩。

（二）分析

小哲易发怒的坏脾气是由于他对自我情绪控制力弱的表现。教师需要采取模仿和塑造的策略，分目标对其进行情绪干预，帮助他释放和缓解易怒的不良情绪。造成学前儿童愤怒的原因有许多，比如要求得不到满足，心理不平衡，对成人行为的不理解，与小伙伴之间的矛盾，缺乏社会交往经验等。另外，也有一些幼儿自身的原因，如身体上的不适、孩子本身的气质类型、家庭环境等。我们要认真分析幼儿愤怒的原因，采取相应的对策。

（三）对策

1. 积极引导——让孩子学会换位思考

对于中班、大班的孩子而言，注意力转移的方法显得有些稚嫩。我们可以采取积极引导的方法，引导他们理解成人的行为，理解同伴的行为。比如跟孩子说：“想想看，他为什么会跟你动手？如果别人抢了你的玩具，你心里会怎么样？”当孩子理解了别人的行为，心中愤怒的情绪会消失大半。这种引导，适合于稍大点的孩子。让孩子学会换位思考，学会冷静处理。

2. 合理发泄——疏通比截流更重要

有时单靠转移注意和劝导是无法平息孩子的怒气的，而压制的方法虽然一时有效，但对孩子的身心会产生不利的影响。孩子的愤怒有时需要发泄。发泄情绪的方法有许多种，重要的是引导孩子用文明的方式来发泄，比如可以通过画画的方法来表现自己的愤怒。这种方法对学前幼儿的作用非常明显，对大班幼儿来说，通过画画来表现心中的愤怒无论是对于孩子的情绪管理还是表现能力都有不同程度的提高。另外，娃娃家、表演区都可以有效引导孩子通过情境再现的形式宣泄自己心中的愤怒。

（1）宣泄自己的情绪，释放愤怒。

教师为小哲讲一个关于魔鬼城堡里的魔鬼做坏事的故事，故事中的勇士要放水淹没魔鬼的城堡。教师和小哲每人选择一支水彩笔，要用最快的速度把魔鬼城堡“淹没”。第一张教师和小哲一起涂，第二张教师和小哲一人一张，两人比赛看谁涂得快。教师把胜利的机会留给小哲，并使他获得棒棒糖奖励。

（2）表达自己的情绪，说出愤怒的缘由。

教师拿出一张图画（如小朋友抢玩具）示范给小哲说：“这种行为我不喜欢，因为小朋友抢玩具不好，应该互相商量，轮着玩。如果是我，我就跟小朋友说，我能和你一起玩吗？或者你能借我玩一玩吗？”请小哲自主选择图画，说说自己喜欢不喜欢，一定要说明理由和自己想用什么方法处理。说得好，教师给予语言或者物质的鼓励。若没说出来，教师指导和鼓励他说出原因。

(3)控制自己的情绪，延迟发怒的时间。

教师送给小哲5个小蘑菇的磁贴，告诉他这是有魔力的能量贴。如果你遇到什么不高兴的事情，就把能量贴贴到磁力黑板上，贴一张就增加一份开心能量。如果没有缘由地摆弄能量贴就会被没收一张。为班级或小朋友做一件好事，就会获得一张能量贴的奖励。

小哲在与同伴交往的过程中，遇到问题时就表现出愤怒的情绪。教师对其应用的策略不是抑制他的愤怒情绪，而是帮助他宣泄情绪，运用转移的方法尝试控制自己的情绪。经过反复的游戏，幼儿初步学会梳理情绪，增强了人际交往的能力。《幼儿园教育指导纲要》指出，要促进幼儿富于个性的成长。每个孩子的情况有所不同，要求教师在管理幼儿园情绪的过程中注重幼儿的个别差异。针对不同的孩子，采取不同的处理方法。如：攻击性强的幼儿可以让他去打沙袋，让他在不干扰别人的情况下发泄自己的愤怒；性格内向的孩子可以运用“游戏治疗”方式加以疏导，这会让他们感觉到很“安全”。

三、亢奋

(一)案例——疯狂的石头

7:45—7:46　石头入园，草草地与我道了一声“老师早！”就直接跑进娃娃家。

7:46—7:48　石头在娃娃家找到了一个变形金刚，玩起来。

7:48—7:53　娃娃家里传出石头疯狂的喊叫声：“威震天，你往哪里跑，看我的高能量迫击炮，轰！轰！”石头一边喊一边冲着变形金刚手舞足蹈，又蹦又跳。我说：“石头，小点声，影响到别的小朋友了。”可他置若罔闻，依旧忘我地与变形金刚展开“殊死”搏斗，并用力地把玩具举起来摔在娃娃家的地垫上，试图用脚去踹玩具。

7:53—7:55　我进入娃娃家，制止了石头的行为，并把他拉出娃娃家，让他坐在美工区做涂色游戏。

7:55—8:00　林林被石头推倒在地，哭了起来。我赶紧扶起林林并询问石头为什么推小朋友。石头理直气壮地说：“林林不借我油画棒。”我说：“那也不能推小朋友啊，你应该好好跟他说呀？”林林委屈地插嘴说：“我还没用完呢，他就抢我的油画棒。”

(二)分析

石头的情绪总处于过度兴奋状态，表现为经常做违反活动纪律、打小朋友、破坏物品等具有捣乱性和破坏性的事情。这表明：一方面他对自己的情绪控制能力不够；另一方面表现出他遇到问题时解决问题的办法少。对于石头的“惹是生非”，教师不应采取回避、排斥的态度，否则会使石头成为一个被冷落、孤立的人，从而使他的情绪转化为进一步的愤怒和怨恨，更加频繁地挑起事端，引起别人的注意。

（三）对策

石头的情绪常处于过度兴奋状态，平日里惹是生非、“欺负”小朋友是家常便饭，所以小朋友谁都不爱和他玩。因此，教师采取隔离、削弱、模仿的策略疏导石头的兴奋情绪。

1. 通过角色扮演，进行初步的情绪控制

教师组织全班小朋友参与“扮演警察”游戏，游戏中有警察、罪犯、普通人三种角色。“警察”需要独自在寝室进行等待，等有人通过手机“报案”，才能到活动室找与报案中情况相符的罪犯。教师请石头扮演警察，拿一部手机到寝室单独待一会儿，等待教师的“报案”。

第一轮游戏，教师让石头等待两分钟，任务是找到穿红色鞋的“罪犯”。石头最初对手机有些好奇，两分钟很快过去了，当他接到任务走进活动室时超级兴奋，很快“抓”到了“罪犯”，送到老师处。

第二轮游戏，等待时间延长到 3 分钟，任务是找到穿粉色衣服、黑色裤子的“罪犯”。石头这回等待时有点着急，而且任务中穿粉色衣服的小朋友不止一个，需要他利用第二条件进行筛选。游戏难度加大了一点，可游戏的兴趣更高了。

第三轮游戏，继续增加等待时间，增加游戏难度。

2. 通过择优选拔，初步提高自控能力

第二次游戏，小朋友都想做“警察”。教师制定规则：谁当天获得的粘贴多谁就可以当“警察”，并且每天有三名当“警察”的机会。石头有过游戏经历，所以最想当“警察”，就努力地“约束”自己，达到教师的要求。教师也尽量鼓励他，使他获得粘贴。下午游戏时，别人做“警察”，他很急迫地要参与，并且直接帮助“警察”抓“罪犯”。这时教师再次要求，谁违反规则会被去掉粘贴或者取消游戏资格。迫于规则要求，石头强忍着自己的“冲动”。

3. 初步学习同伴交往矛盾的解决办法

第三次游戏，教师改变游戏内容，要求“警察”处理实际问题。例如两个小朋友“打架”。教师先选择解决问题能力强的小朋友当“警察”做示范，并指导他询问、分析最后找出解决办法，对于处理问题好的小“警察”给予勋章。石头当“警察”时，教师先让他处理别的小“警察”示范过的、发生在他身上的行为，慢慢地再让他处理新的问题。游戏反复进行两周，适当变换游戏的内容。

四、哀怨

(一) 案例——哀怨的林小妹

陈述一：

早餐时，林小妹对着自己的食物发呆。保育员姜老师提醒她："小妹，快吃。"听了这话林小妹的小嘴开始向下撇，眼泪在眼圈里转。姜老师再催她，她的泪水就静静地流了下来。老师了解小妹经常在家用早餐，就问："小妹是不是在家吃饱了？不吃就送碗吧。"林小妹慢慢地起身，抽泣了两下，长出一口气，拿起自己的餐具送到洗漱间。

陈述二：

一天，老师组织幼儿观看《黑猫警长》的动画片。没看一会儿，林小妹就一个人离开了座位趴到桌子上。老师问："小妹，怎么了，不舒服吗？"她擦了擦眼睛小声回答："我不看了。"这时老师发现动画片正在演白鸽警探被打死的情景。

(二) 分析

4~5 岁，幼儿开始关注别人的看法，开始有比较，有自我评价，开始"在意"别人的眼光。当这种需求与其交往能力形成落差时，有些幼儿就会表现出不愉快、难过等失落的情绪。针对这类幼儿，教师应及时给予鼓励和褒奖，消除他们的负面情绪，强化积极、乐观的正面情绪，并提升他们的交往能力和自信心。教师可以让小妹体验快乐，感受快乐，获得快乐并认识不同的情绪。通过正面情绪加强和对情绪的初步了解，减弱负面情绪，从而初步培养其积极、健康、快乐的品格。

(三) 对策

林小妹的眼睛里时常流露出很忧郁的眼神，情绪总是表现出不愉快，有些哀怨。为此，教师采取奖赏、削弱和负强化的策略，有意识地帮助她"寻找"快乐。

1. 尝试开怀一笑的乐趣

教师把林小妹搂在怀里，为她讲《快乐的小青虫》的故事："一只小青虫要去外面的世界看一看，可是遇到了下雨天，它觉得看到雨中的风景也不错。可雨越下越大，于是它想找个地方躲一躲，它找了一个小树洞，就钻了进去。"教师一边讲，一边用一只手扮作小青虫在林小妹的腋下挠痒痒。"小青虫觉得好温暖啊！真幸福！"林小妹忍不住咯咯笑起来。"雨停了，太阳出来了，小青虫继续爬，爬着爬着，小青虫有些累了，太阳太热了！需要找个凉快的地方休息一下。"教师将手移到了林小妹的脖子处。"咦，这里有一些树荫，爬过去休息一下吧。"教师在林小妹的脖子下挠痒痒，林小妹笑得更厉害。如此，教师根据故事情节，反复在林小妹身上挠痒痒，引起她发笑。

2. 树立简单的快乐情绪

教师把林小妹伤心的表情和开怀大笑的表情照片一同放在班级电脑上(笑的照片多几张，不开心的照片仅一张)，请林小妹说出喜欢哪一张，说出为什么。林小妹做出选择，教师在全班小朋友面前表扬林小妹："今天林小妹很大胆地把她的想法告诉了老师。作为奖励，老师把她自己选择的照片设为班级电脑的背景。你们看看是不是也喜欢这张照片?"教师接着强调："每天打开电脑我们都会看到一张笑脸，就会觉得很高兴。以后我们每周都挑选咱们班的明星笑脸作为电脑的背景图片。老师会随时抓拍你们的笑脸，所以要注意啊！看谁每天最快乐!"

3. 增加信心，提高表达能力

教师出示表情脸谱，请林小妹对着镜子做出相同表情，然后让她说一说为什么会有这样的表情?(如痛苦，可能是牙痛；恐惧，可能看到怪兽……)说得好就有一枚粘贴作为奖励。说得不好，教师就帮助她分析，指导她表述。

五、害羞

(一)案例——害羞的萌萌

萌萌，3岁，父母比较严谨、内敛，对孩子的要求也比较严格。在班级中，萌萌总是不好意思，特别害羞，从不出风头。

早晨萌萌入园，老师主动说："萌萌早上好!""老师好!"萌萌发出又弱又怯的声音。老师又问："萌萌早上怎么来的呀?"萌萌只是微笑，脸开始发红。老师接着说："是爸爸开车送你来的吗?""是!"之后，萌萌再也不出声。

教学活动中老师提出了一个问题请萌萌回答，可萌萌低着头不肯开腔。老师轻声启发她："别着急，抬起头来，你看看挂图就能说出来。"萌萌头低得更低，脸蛋红得如熟透的苹果，无奈老师只好请她坐下。

体能活动，老师发现萌萌的徒手操做得很好，就请她到前面给小朋友做一个示范动作。可萌萌躲在壮壮身后红着脸，就是不肯出列。

(二)分析

害羞是人类交往中的一种自卫行为，在幼儿期表现更为普遍。但像萌萌这样把害羞变为行为常态，长久下去就会造成她社会接触障碍，表现为性格孤僻，不爱交朋友，对其学习与发展都非常不利。教师需要运用奖赏的方式鼓励她，引导她增强自信，尝试大胆展示带来的乐趣和喜悦，从而达到消退、减弱害羞情绪的效果。

(三)对策

萌萌能力很强，但最大的问题就是害羞。因此，教师要采取奖赏、削弱、负强化的策略，减弱她的害羞情绪，鼓励她迈出展示自我的第一步。

1. 逆向操作，“迫使”萌萌展示自己

教师带领全班小朋友做“小鸡做操”的律动，请小朋友听口令回到座位上，如男宝宝回座位、草莓组小朋友回座位……小朋友可以回到座位上继续做操，但留在活动区中间的小朋友要坚持一直做。教师故意将萌萌和其他两位小朋友留在最后，然后问大家她们做得好不好，请大家给她们鼓励。

2. 通过鼓励、支持，使萌萌肯于在毛绒玩具面前展示自己

教师与家长沟通，晚上离园可以晚一点接萌萌。离园时教师带领小朋友一起做“小鸡做操”的律动，家长来接的小朋友自动离开，最后留下萌萌。教师陪她一边做给班级的毛绒玩具们看，一边做操。教师还会“让”毛绒玩具为萌萌拍手鼓励。当家长来接萌萌时，给家长做一次，教师和家长一起夸奖萌萌。

3. 树立自信，帮助萌萌表现自己

晨间活动，教师鼓励萌萌践行昨天的约定，站在教师旁边一同带动班级小朋友做“小鸡做操”的律动。小朋友们可以在座位上做，也可以到活动场地上做。做得好的小朋友有奖励，做得最好的小朋友（萌萌）奖励她喜欢已久的小毛绒玩具。

六、焦虑

（一）案例

新托班开班第一周是幼儿入园的适应周，家长陪同幼儿在园，度过半日生活。多数幼儿都寸步不离家长的左右，一旦出现家长不在幼儿视线中的情况，幼儿就会哭闹着找家长，表现出焦虑的情绪。

小甲专注于一套插塑玩具的“研究”，爸爸借机去洗手间。当小甲发现爸爸不在身边时，立刻哇的一声哭起来，冲向门口，并大叫：“找爸爸，找爸爸。”老师试图抱住他，可他拼尽全力摆脱，幸好爸爸及时出现。

小乙因为父母工作不便，是由奶奶来陪伴适应周的。她对玩具不感兴趣，一直拉着奶奶的手，小声哭泣，念叨着：“回家，回家。”奶奶让她和小朋友玩，她躲闪不去，并表现得更加难过。

小丙背着小书包，手里拿着一辆玩具车，与小朋友玩玩具时，明显玩具车妨碍了他的活动，但他也不肯放手。老师试图让他摘掉书包，他恐惧地往后退，摇着头说：“不的，不的。”

（二）分析

幼儿初入幼儿园，生活环境、生活规律、交往人群都会发生改变，离开了亲人的照顾，自己能力又达不到独立应对幼儿园生活的条件，很容易产生焦虑感。焦虑会引起幼

儿生理上的应激反应，容易使幼儿抵抗力下降，所以刚入园的幼儿很容易感冒、发烧、肚子疼等。教师带领幼儿去熟悉环境、人物和事情，变陌生为不陌生，并通过游戏帮助幼儿树立分离只是暂时的意识，从而减少陌生感和分离感，达到缓解焦虑的效果。

(三)对策

分离焦虑是指婴幼儿因与亲人分离而引起的焦虑、不安或不愉快的情绪反应。幼儿面对陌生的环境、陌生的人甚至作息习惯的改变，都会产生焦虑情绪。因此，教师运用塑造、负强化的策略减缓幼儿的分离焦虑。

1. 了解幼儿园的场所及设施

带领家长和幼儿了解幼儿园环境。教师组织家长和幼儿玩"观光车"游戏，通过教师的介绍和实地"观光"使幼儿认识活动室、寝室、盥洗室、操场等场所。

2. 与教师进行亲密接触，减少陌生感

请小朋友每天来园、离园时和教师进行一个拥抱。教师对幼儿也多进行身体接触，如摸摸头、拍拍肩、握握手等。

3. 练习独立做事情，增强技能

如宝宝自己吃、提裤子小训练、听故事睡觉等，减少家长帮助，让幼儿自己尝试独立完成，教师及时给予鼓励和奖励。

4. 让幼儿了解分离的事物只是暂时消失，还会出现的

教师组织家长和小朋友围坐在一起，然后在圆圈内放入3~5个毛绒玩具，请小朋友把玩一会儿。请家长把小朋友的眼睛蒙上，偷偷将其中一个玩具放到圈外。然后，请小朋友们看一看缺了什么？找一找它在哪？找到了有奖励。

5. 建立与亲人短暂分离的意识

教师发给每名家长一个面具，然后叫小朋友到老师处取糖果，家长趁机"藏"在活动室的角落处，小朋友自己寻找家长，找到者获得面具奖励。

七、恐惧

(一)案例——胆小的小雨

7:20—7:25　早晨，小朋友们高高兴兴地来上幼儿园，见到老师都大声问好。小雨却紧紧拽着姥姥的手，走进幼儿园。见到老师用几乎听不到的声音对老师说："老师好!"然后就一小步一小步地往班级里蹭，从正门到班级只有20米，小雨走了10分钟。

7:30—7:40　"我找赵妈妈"，突如其来的哭声让我马上意识到。我着急组织幼儿到盥洗室洗手，忘记领着小雨了，小雨看不见我的身影就会大哭。

7:40—7:50　当当当，随着一阵敲盆的声响，全园的小朋友都纷纷从班级里有序地跑出来。这是幼儿园在进行消防演练呢。小雨听到敲盆声，吓着大声哭喊："赵妈妈，

不好了，大灰狼来了……”

（二）分析

胆怯的孩子，更需要老师的耐心呵护和关爱，并用正确的方法增强幼儿自信心和勇敢精神。在此案例中，教师可采用不断削弱和奖赏的方法，有针对性地解决小雨的胆怯行为。

（三）对策

个别幼儿在幼儿园会表现出因胆怯而带来的恐惧情绪，这个情绪的产生源于家庭教养方式不当。小雨的爸爸妈妈不在身边，是姥姥带大的。姥姥为了约束小雨的行为，经常说一些吓唬小雨的话，如不能哭，大老虎听到你哭，就把你给叼走……姥姥不当的教育使小雨变得依赖心理强、胆怯。为了帮助小雨克服胆怯行为，教师采用削弱、奖赏的方法，让小雨变得勇敢起来。

1. 让小雨知道动物也有家，消除小雨对动物随时出来吃人的害怕心理

（1）请小雨观看教师表演。

第一场：

小朋友扮演者说：“今天姥姥不在家，我一个人在家不害怕。”

老虎扮演者说：“我的家在长白山，又搬到动物园。动物园的家铁栏杆好结实，我想出也出不去。”

大灰狼扮演者说：“我的家在很远很远的大草原，可是也搬家到了动物园。动物园的家铁栏杆好结实，我想出也出不去。”

第二场：

老虎扮演者说：“听，有小孩子又唱又笑，我去吃了他。”使劲撞铁栏杆，然后无奈地说：“铁栏杆好结实，我想出也出不去！”

大灰狼扮演者说：“听，有小孩子又唱又笑，我去吃了他。”使劲撞铁栏杆，然后无奈地说：“铁栏杆好结实，我想出也出不去！”

小朋友扮演者说：“我一个人在家不害怕，大老虎、大灰狼听到我的歌声、笑声也出不来。”

（2）当表演结束后，提问小雨：

①大老虎、大灰狼听到小孩子的歌声出来吃小孩子了吗？

②为什么大老虎、大灰狼没吃到小孩子？

③小雨，现在还担心大老虎、大灰狼来吃你吗？

当小雨回答正确时，教师奖励小粘贴。

2. 带小雨敲击各种物体，知道物体发出的声音并不可怕

①让小雨走进音乐室，和小雨一起敲击乐器，声音由小变大。当小雨能大声敲击乐器时，教师就给予鼓励。

②告诉小雨，还有不是乐器的物体也会发出声音。然后去食堂敲击炊具，声音由小变大。当小雨能大声敲击炊具时，教师就给予夸奖。

③在消防演练中，带着小雨敲盆，小雨敢独立敲盆时，教师给予夸奖。

3. 帮助小雨找到自己的好朋友

①请小雨在班级里找到一位自己喜欢的小朋友，当小雨找到好朋友时，就给小雨一个小粘贴。

②当小雨找到更多好朋友时，会换来更多的小粘贴。每超过 10 个粘贴，教师就应单独带小雨和他的好朋友去玩。

③经常让这几位小雨的好朋友带小雨玩。每当小雨只用好朋友陪着玩，不用教师陪着玩时，教师给予夸奖。

4. 练习小雨独立做事的胆量

①教师带小雨到对门班级送本。

②教师带小雨到对门班级，请小雨自己把本子送到班级，只要小雨做到，教师就给予奖励。

③教师站在本班门口，请小雨到对门班送本，只要小雨做到，教师就给予奖励。

④请小雨自己去送本，只要小雨做到，教师就给予奖励。

在此案例中，教师采用四个游戏，在不断削弱和奖赏的过程中，有针对性地解决小雨的胆怯行为。首先，情境表演是削弱小雨对动物的恐惧，正确地认识动物习性，纠正姥姥“种”在小雨心中大老虎听到哭声出来吃人的不正确认识。当小雨能正确说出问题答案时，老师及时奖励。在第二个游戏中，老师带着小雨敲击物体，从小声到大声，从一个物体到多个物体。通过敲击使小雨知道生活当中的物体都会发出声音，声音本身并不可怕。当小雨勇敢地敲击物体发出声响时，老师就会给一个拥抱，并夸奖他，使他的胆量越来越大。在第三个游戏中，帮助小雨寻找好朋友，让小雨知道好朋友是可以依赖的，从而不再感到孤单。第四个游戏训练小雨的独立能力，让小雨从离不开老师到自己独立办事，使小雨渐渐战胜自己的胆怯，勇敢地走出班级。在对小雨进行训练时，教师做到只要小雨完成一次任务，就给予奖励。教师的奖励让小雨更加自信，渐渐地小雨战胜了胆怯，做事不再有恐惧情绪。

八、悲伤

(一)案例

小军今年 6 岁了，在活动中，他一副不专心的样子，老师问他发生了什么事。他不愿意讲，旁边的小美说：“老师，他家养的 Lucky 死掉啦。”没想到这一讲又勾起小军的伤心回忆。他眼眶泛红，不一会儿就号啕大哭。哭完后小军到美工区，拿画笔画了一只小狗，旁边有一辆汽车。小美拿来一个玩具狗要送给小军，小军说：“我不要，我只要

Lucky 回来。”接着又开始大哭。

(二)分析

对于小军来说，宠物不只是玩伴，有时候和小女孩的洋娃娃一样，像是知心好友。面对生离死别小军无法释怀，悲伤的情绪郁结在心里是正常的表现。对此，教师采用游戏一心爱的小狗去了哪，让幼儿知道小动物最后都会死亡。为此，我们要珍视生命。在游戏二中通过小朋友共同纪念 Lucky，让小军缓解了对 Lucky 的思念。同时，教师又把 Lucky 照片贴在班级，小军的情感得到老师和小朋友的认同，思念 Lucky 的情绪削弱了，慢慢快乐起来。

(三)对策

小军的宠物死掉了，他的生活就像少了一块拼图，回家看不到 Lucky，睡觉也不再有 Lucky 陪伴。对于小军来说，这是一件非常悲伤的事。如何让小军理解“死亡”的含义，让小军从悲伤中走出来。教师采用削弱的方法，引导小军学习纪念 Lucky 的方法化解小军的思念，让小军快乐起来。

1. 认定“死亡”的小狗再也回不来了

(1)教师给幼儿一个美好的想象：小狗去了一个美丽的地方。

(2)带领幼儿看录像《生命的历程》，了解死亡的含义。引导小军理解：小狗遇到车祸、停止了呼吸，就再也回不来了。

(3)和小军谈话：“老师告诉你一个秘密，小狗说要在天空中看到你每天都快乐，它才高兴，你能做到吗?”观察小军接下来在各项活动中的表现，如果能高兴，就奖励一个微笑的粘贴。

2. 用各种纪念方式帮助小军缓解悲伤

(1)请全班小朋友一起观看 Lucky 的照片。

(2)小军的 Lucky 在一起车祸中死去了，小军非常思念 Lucky，小朋友想想办法，帮助小军一起来纪念 Lucky。

(3)小朋友有的做花、有的画画，还有的小朋友提议给小 Lucky 开一个追悼会。小军在小朋友安慰下，情绪一下子好多了。教师提议，Lucky 的照片可以摆到班级美术区，小军想念时，可以随时看得见。慢慢小军的情绪恢复了，还和小朋友说：“我的 Lucky 在天上看着我，它希望我每天都开心。”

九、紧张

(一)案例

陈述一：

外教课上，外教老师教小朋友们一个新单词，然后请每位小朋友看着单词卡片读一遍。前面几位小朋友读得都很顺利，当单词卡片举到陆陆面前时，陆陆读了一遍。但外教老师觉得发音不是很准确，就为他示范了一次。然后再次把卡片举到他面前请他再读一遍。这时，陆陆表情很纠结，小嘴试着张了张也没发出声，小手扯着衣角反复地卷。外教老师又示范了一遍，陆陆好不容易读了出来。当外教老师进行到下一名小朋友时，陆陆才松弛下来。

陈述二：

晚上离园前，老师请陆陆为小朋友们讲故事，这是陆陆平时最拿手的事情。陆陆声情并茂地给小朋友们讲成语故事《盲人摸象》。这时，园长来到班级检查工作。她饶有兴趣地停下来，听陆陆讲故事。陆陆看到园长阿姨在听他讲故事，立刻表现出局促的样子，脸开始发红，声音有些发颤，手上的动作没有了，故事也没有先前讲得流畅。

(二)分析

当外界事物发生改变、自己的预期目标过高或面临重大事情时，幼儿都会产生紧张情绪。适度的紧张，可使大脑警醒水平提高、兴奋性增强。但是，经常性的或过度的紧张，却不利于问题的解决。幼儿若长期、反复地处于紧张状态中，就容易急躁、激动，有损于身体健康。教师可通过一些活动让陆陆认识自己的紧张情绪，做一些放松身心的操作，并通过增强勇气和信心，逐渐地帮助他消除紧张心理。

(三)对策

陆陆的行为是一种紧张情绪的表现。日常活动中，当他遇到一些困难或者重要事件时，他总会表现出不安、紧张的情绪。为了缓解他的紧张情绪，教师决定采取塑造和负强化的方法，帮助陆陆初步学会放松，增强信心和勇气。

1. 谁都会紧张

组织全班小朋友观看刘翔比赛的视频。第一次播放比赛全过程，第二次只播放运动员上跑道要开始比赛的部分。提问：“为什么这时现场很安静？”“如果你参加比赛，你会怎么样？”帮助幼儿感受比赛前现场的气氛，了解每个人都会紧张。请陆陆和其他几名幼儿扮演运动员模仿比赛现场，说一说自己的感受。

2. 通过听音乐，做舒缓的事情，初步学习放松心情

请陆陆带上耳麦边听轻柔的音乐，边玩小游戏“梅花开”(游戏介绍：游戏画面是一枝梅花的枝干，游戏者单击一下鼠标左键，会在单击处缓缓开放一朵梅花)。此游戏可以根据班级情况选择拼图、精细涂色等比较安静、舒缓的活动。

3. 通过与教师、园长的反复接触，减缓幼儿的紧张感

在班级设立一个“外事员”的职务，请陆陆来担任。要求“外事员”帮助老师处理与其他班级打交道的事情，如请陆陆到隔壁班级取教具，或去请园长阿姨来班级观看小朋

友的演出，或帮助老师去其他班级通知事情，等等。最初由教师带领陆陆一同去办理，并教陆陆用什么样的语言表述把事情办好，慢慢地尝试让陆陆自己去办理事情。每次做完事情教师都要详细地询问事情经过，并有粘贴或糖果的奖励。

思考题

1. 情绪是由什么引起的?
2. 幼儿的情绪表现有哪些?
3. 对幼儿情绪行为的教育指导可从哪些方面进行?
4. 如何对幼儿嫉妒的情绪进行指导?

知识链接

日本女作家黑柳彻子曾经在《窗边的小豆豆》中讲述过一段自己的经历。幼时的黑柳彻子——小豆豆把钱包掉在学校的粪池里，为了找回钱包，她决定把粪池里的粪水用大勺子全部掏出来。正在做得起劲的时候，校长小林宗作路过，看到了她，就问："你在干什么呢?"小豆豆说："钱包不小心掉进去了。"校长淡淡地说："是吗?"便踱走了。

快掏完的时候，校长再次路过这里，见小豆豆还在，旁边掏出来的粪堆已经很高，便过来问："找到了吗?"小豆豆满脸汗水，回答说还没有呢。校长又说："干完了，记得都放回去哟。"

多年后，长大的黑柳彻子回忆这段经历时写道，校长没有像一般的大人那样，说"太危险了，快停止吧!"或者"我来帮你"，而是像朋友一样嘱咐自己"干完了记得都放回去哟"，让小豆豆觉得"校长完全信任我，接纳我的想法和行为，把我当作能为自己的行为负责任的人来看待"，从而觉得"校长真是最可亲近的人哪"。事实上，小豆豆也确实在掏完之后，按校长的嘱咐把掏出来的所有东西都送回了粪池里，还细心地考虑到了"尿水已经渗到泥土里了，所以要刮一点泥土送回去"。

小豆豆的妈妈在听完她讲述的这件事时，也在想"校长真是个了不起的人!"

孩子需要的，就是这样简单的一句话："干完了，记得都放回去哟。"他们不需要你放弃自己的时间、花费自己的精力去帮助他们找钱包，只需要接受孩子的想法，认同孩子的情绪和行为，就是对他们最大的鼓励、尊重和爱。①

① 来源于网络，http://www.babytree.com，2017-03-15。

推荐阅读

《积极情绪的力量》，由芭芭拉·弗雷德里克森著，王珺译，中国人民大学出版社2010年版。

芭芭拉·弗雷德里克森是北卡罗来纳大学杰出教授，也是最杰出的积极情绪研究者，曾因在积极心理学领域的杰出贡献，被美国心理协会授予坦普尔顿奖，坦普尔顿奖的影响力及其奖金额堪比诺贝尔奖。

本书关注的是我们每一个人都不同程度地拥有和追求的情绪、动机、潜质、美感和价值，在我们对现实生活的热情参与中，在我们对父母长辈的敬爱感激中，在我们对良师益友的欣赏钦佩中，在我们对自然生命的思考敬畏中……我们汲取、生成、充盈和传递着这些幸福健康的活跃元素。而人生的意义正是由这样无数的积极点滴汇聚而成，其中的一些不幸被我们察觉、关注、领悟和珍藏了，而更多的却可能被平凡琐碎淹没了。本书正是在揭示这些常常被人们忽视的心理状态的迷人事实的基础上，激发读者在他们自己的生活中开始尝试产生积极情绪，对于生命中的积极性，多一些失而复得，多一些品味珍惜，多一些憧憬期待。

我们每个人都如一枝玉簪花，积极情绪为我们洒下阳光和雨露，消极情绪带来狂风和暴雨。没有了积极情绪，我们会很快枯萎凋零，而没有适当的消极情绪，我们也会不堪一击。获取和调整情绪是我们与生俱来的天赋，我们可以通过自己的努力，实现欣欣向荣的美好未来。

第八章　幼儿语言发展的教育诊断

学习目标

1. 本章导学：语言是人类最重要的交际工具，人们借助于语言交流思想，互相了解；言语是人们用语言进行交际和思维的过程，二者既有联系又有区别。幼儿期是获得和发展语言的关键时期，本节着重论述了语言和言语的内涵、幼儿语言发展的教育指导和幼儿不良语言行为的矫正。通过本章的学习，未来的幼儿园教师应掌握幼儿语言发展的特点，学会有针对性地开展各年龄班的语言教育，了解幼儿在语言发展过程中存在的常见问题，掌握解决方法。

2. 教学重点、难点：幼儿语言发展的指导、不良语言行为的矫治。

3. 教学课时：教学课时6课时，实践课时2课时。

第一节　幼儿语言和言语的内涵

一、什么是语言

(一) 概念

语言是思维工具和交际工具。它同思维有密切的联系，是思维的载体、物质外壳和表现形式。语言是符号系统，是以语音为物质外壳，以语义为意义内容的，音义结合的词汇建筑材料和语法组织规律的体系。语言是一种社会现象，是人类最重要的交际工具，是进行思维和传递信息的工具，是人类保存认识成果的载体。

（二）语言的特点

语言具有稳定性和民族性。语言是人类的创造，只有人类有真正的语言。许多动物也能够发出声音来表示自己的感情或者在群体中传递信息但是这都只是一些固定的程式，不能随机变化。只有人类才会把无意义的语音按照各种方式组合起来，成为有意义的语素，再把为数众多的语素按照各种方式组合成话语，用无穷变化的形式来表示变化无穷的意义。

二、什么是言语

（一）概念

言语是一种心理现象，是人类通过高级结构化的声音组合，或者通过书定符号、手势等构成的一种符号系统，同时又是运用这种符号系统来交流思想的行为。言语是把语言符号按照语言的规则排列起来表达具体的内容的。

（二）言语的特点

言语是对语言的运用，它有两个意思：一是指人的说和写的过程，是人的一种行为，叫做言语活动，也叫做言语行为；二是指人说出来的话，写出来的东西，也叫言语作品。

三、语言和言语的关系

人们说话是一种复合现象，至少可以分为下面三个方面：

（1）张口说话的动作，即“说话”的动作、行为，称为言语动作和言语行为。

（2）说话所使用的一套符号，“说话所使用的词语、规则”。

（3）“说话”的结果，即所说的话语。

其中，（1）、（3）就是言语，（2）就是语言。

四、言语和语言的区别

言语是利用语言进行交际的行为和结果。言语是个人的，语言是社会的；言语是具体的，语言是抽象的；言语是有阶级性的，语言是全民性的。语言制约着言语，指导人们进行言语实践；语言存在于言语之中，存在于人们的交际过程之中，存在于言语行为和言语作品之中。语言不能够脱离言语，言语也不能脱离语言，它们是不可分离的。

案例分析

整理小书包①

大班下学期我园开展了一系列幼小衔接活动，孩子每天背书包来园是其中之一。这样一来问题出现了，不是这个孩子的铅笔不见了，就是那个孩子说书找不着。而地上的文具到处都是却又无人认领，还有些孩子书包里的物品五花八门，有时甚至有“危险品”；有些孩子书包里的文具数量很多摆放杂乱，要拿东西时总是翻来翻去找不到；还有些孩子书包用完后到处乱放不收拾。可见，孩子对于书包里到底该放些什么、放多少、怎么放是不清楚的。这怎么能适应小学生活呢？让孩子学会整理书包、文具，养成良好的学习习惯是亟待解决的问题！

我想，能不能通过孩子们喜欢的数学活动来解决这些问题呢？因为孩子们对分类、统计的学习很感兴趣，每天自发在数学区分图形、在建构区分积木，并能根据不同的形状画标记进行统计、记录，数学区、建构区被他们整理得整整齐齐。何不抓住孩子的兴趣点，将他们的经验迁移到整理书包中来呢？这也正符合《幼儿园教育指导纲要》“幼儿要学习用简单的数学方法解决生活和游戏中某些简单的问题”的精神。

于是，我组织了一次学习整理小书包的活动：首先，以“我要上小学了”的话题导入，让孩子们拿出书包，和同伴相互说说书包的外形和内部结构，了解书包的作用。然后提问：“你们书包里都装了些什么呢？”孩子们七嘴八舌地议论开了。接着我又问：“我想知道你们书包里每种物品的数量？谁能告诉我？”孩子们都在安静地思考着，有孩子在书包里翻来翻去。这时候机灵的孔宇超说：“我可以先把我书包里的东西分分类，再数一数。”他的意见得到了孩子们的认可，园园插嘴说：“哪些分为一类呢？铅笔和水彩笔可以分为一类吗？”“不行，不行，铅笔是写字的，水彩笔是画画的，不能分在一起”讨论非常热烈。孩子们最后达成了共识，属性相同的文具为一类，如铅笔分为一类、课本分为一类、作业本分为一类等。

【案例分析】

这是一段在幼儿园日常生活中教师与幼儿运用语言进行交往过程的叙事性

① 来自网络，http://www.age06.com/,2017-02-20。

文字，其中教师为了使幼儿关注自己书包内的物品，使用的语言工具是“你们书包里都装了些什么呢?”，随后，出现了交往的场景：孩子们七嘴八舌地议论开了。这个过程中，“你们书包里都装了些什么呢?”是语言，当教师把这句话当着幼儿的面说出来时，即教师运用语言与幼儿进行“交往”，交往的结果是：幼儿纷纷关注书包里的物品，并与周围的伙伴一起讨论书包里的物品，并引发一系列的“行动”。教师紧接着使用了第二句话：“我想知道你们书包里每种物品的数量?”这把幼儿的思维集中到书包中物品的数量上来，并通过“谁能告诉我”鼓励幼儿报告思维的结果，教师的三句话，从表面上看只是教师说出了三个句子——语言符号，但是实际上却直接导致了教师与幼儿发生了交往，幼儿首先关注“自己的书包”、进而关注“书包里的物品”，还尝试说出“书包里每种物品的数量”，因此，这种教师在说话的过程中运用“语言”表达自己的思想，与幼儿展开交际交往的过程就是“言语”，言语交往过程中使用的工具就是“语言”。

第二节　幼儿语言发展的教育指导

《3~6 岁幼儿发展指导纲要》指出语言是交流和思维的工具。幼儿期是语言发展，特别是口语发展的重要时期。因此，应为幼儿创设自由、宽松的语言交往环境，鼓励和支持幼儿与成人、同伴交流，让幼儿想说、敢说、喜欢说并能得到积极回应。幼儿语言教育是为了丰富和发展幼儿的语言而进行的教育。

一、3 ~ 6 岁幼儿语音的发展

语音是口头语言的物质载体，是由人类发音器官发出的表达一定语言意义的声音。幼儿期是掌握语音的关键时期，这一时期幼儿已基本掌握了本民族的全部语音。

我国很多学者对幼儿期的语音发展进行了考察和研究，概括起来主要有以下三个方面的特点：

(一) 发音水平随着年龄的增长逐渐提高

3~4 岁是幼儿语音发展的飞跃期，4~5 岁语音进步最明显。朱智贤主持的“中国儿童青少年心理发展与教育”研究发现，4 岁幼儿发音正确率为 32%，5 岁幼儿发音正确率为 57.7%，但是直到 6 岁幼儿仍有发音不合目标语音的情况。

(二)幼儿发声母比发韵母困难，错误较多

幼儿发声母困难的原因，主要是没有掌握某些声母的正确发音方法并很好地控制发音部位。研究者发现，幼儿较难掌握的声母主要集中在 z、c、s、zh、ch、sh、r、n、l。如幼儿常将“老师”说成“老西”，把“很热”说成“很乐”，把“吃饭”说成“期饭”等。而韵母幼儿一般较易掌握，只是 ang、eng、ing 等后鼻音容易发得不准，如将“蒙住眼睛”说成“门住眼金”。

(三)幼儿语音发展受到方言的干扰与影响

有专家在对十省市 3~6 岁儿童的语音调查中，比较研究了幼儿跟读和背绕口令的情况，发现幼儿跟读的正确率(84.7%)远高于背绕口令的正确率(49.5%)，也就是说，幼儿跟读成人发音的正确率高于幼儿自动发音时的正确率。研究者把这种差异归结为当地语言的发音习惯对学前儿童的正确发音产生了严重的障碍作用。

针对以上三点，幼教工作者在对幼儿实施语音教育时应特别注意以下几个方面：

第一，了解本班幼儿的语音发展特点和每个幼儿语音掌握的基本情况，针对幼儿的语音发展现状，制订相应的语音教育计划。

第二，小班幼儿发音错误率较高，且 3~4 岁是幼儿语音发展的飞跃期。因此，小班语音教育的重点任务是培养幼儿正确发音，重点应该放在听力和发音练习上，尽量在日常生活和游戏中进行，增强趣味性，一次练习时间不宜太长，一般控制在 10 分钟左右。例如小班听说游戏“小白兔吃青草”，重点练习“吃、草”，教师扮演兔妈妈，带小白兔们到外面吃青草，幼儿边跳边念儿歌：“小白兔，跳跳跳，一跳跳到草地上，吃吃吃，吃青草，吃吃吃，吃个饱。”反复念后，一只“大灰狼”跑出来大吼一声“大灰狼来啦”，扮演小白兔的幼儿须纷纷跑到妈妈身边蹲下，表示回到家受到了妈妈的保护，否则就会被大灰狼吃掉。

第三，中、大班幼儿语音发展日趋完善，发音错误率较低。因此，这一时期语音教育的重点是对个别幼儿发音的矫正，将正音渗透在各类教育活动和日常生活的各个环节中。

第四，教师可以利用生动有趣、结构短小的儿歌和绕口令帮助幼儿练习一些难点音、易混淆的音和方言干扰音。如中班练习“sh”、“z”音的儿歌《柿子红》：柿子红，柿子红，柿子黄，柿子柿子甜如糖，卖柿子咯。再如大班练习“顾、醋、布、兔”易混淆音的绕口令《打醋买布》：有位爷爷他姓顾，上街打醋又买布，打了醋、买了布，回头看见鹰抓兔。放下醋，搁下布，上前去抓鹰和兔。飞了鹰，跑了兔，打翻醋，湿了布。

二、3～6岁幼儿词汇的发展

词汇即词的总汇。幼儿期是儿童语汇发展最迅速的时期，主要表现在词汇数量的增加、词类范围的扩大以及对词义理解的深入三个方面。

(一)词汇数量不断增加

随年龄增长，幼儿的词汇量不断增加。国内外的研究表明，幼儿各年龄段的词汇量大体如下：3～4岁1600个词左右；4～5岁2300个词左右；5～6岁3500个词左右。还有研究进一步表明，3岁左右是幼儿词汇增长的高速期。但是同一年龄阶段幼儿掌握词汇数量的个体差异很大，这与幼儿的生活经验和成人的教育有很大关系。

(二)词类范围不断扩大

幼儿词汇的发展还表现在词类范围日益扩大。研究表明，幼儿先掌握实词，后掌握虚词。实词中，幼儿掌握得出现最早、数量最多、比例最大的是名词，其次是动词，再次是形容词。其他实词如副词、代词、数词，虚词如连词、助词、介词等，幼儿掌握较晚，比例也较小。儿童掌握的词类与概念的发展有着密切关系。名词、动词、形容词反映事物及其属性，幼儿较易掌握。副词、代词等比较抽象，幼儿掌握较难。虚词反映事物之间的关系，因此，幼儿掌握起来就更困难。

比如，小班幼儿一般掌握的都是生活中最常用的一些名词、动词、形容词，以及一些常用的副词“不、没、又”和代词“我、你、这、那”等。到了中、大班，幼儿掌握的各种词类范围更加丰富，而且还掌握了一些连词，如“因为……所以……”“如果……就……”“不但……而且……”等。

(三)对词义的理解不断确切和深化

在词汇量不断增加，词类不断扩大的同时，幼儿所掌握的词义也逐渐确切和深化了。随着年龄的增长，幼儿不仅能够掌握词的一种意义，而且能掌握词的多种意义；不仅能掌握词的表面意义，而且能掌握词的转义。幼儿掌握的词义越是丰富和深刻，他用词的积极性就越高。

当然，由于受到思维发展水平的制约，过于抽象的词或远离幼儿生活的词，幼儿理解和运用还有困难。例如，幼儿常会用错一些表示时间概念的词，如“我明天去过我奶奶家了。”“我昨天就要去植物园玩了。”直到大班，幼儿对于这些表示时间概念的词的理解才相对比较清晰。幼儿期对量词的理解也相当困难。例如，幼儿期存在明显的“个化”和“只化”倾向，即在不知道该用什么量词的时候，就用“个”或“只”来顶替，如“一个被子”、“一个蛇”、“一只衣服”、“两支筷子”等。

当幼儿词汇贫乏或词义掌握不确切时，还有一种有趣的“造词现象”，就是自己造一个词来帮助表达。例如，有一天下阵雨，一幼儿不高兴地说："今天天气真不好，总下隔雨。"这里的"下隔雨"就是"下阵雨"的意思。

针对以上幼儿词汇发展的特点，幼教工作者在对幼儿实施词汇教育时应注意以下几个方面：

第一，在各类教育活动和日常生活中渗透词汇教育，尤其可以通过文学作品、早期阅读和游戏等途径引导幼儿学习新词，扩展词类，丰富词汇量。如中班听说游戏"奇妙的口袋"，重点引导幼儿学习使用量词。

案例分析

中班听说游戏：奇妙的口袋

玩法与规则：

(1)教师手拿一个大口袋，里面装有多种物品。

(2)教师说儿歌"神奇的口袋东西多，我请小朋友来摸一摸，看看摸出的是什么？"幼儿将手伸进口袋摸一件物品，猜出物品名称，并且用正确的量词说出物品，如"一辆汽车"。

(3)幼儿如果猜对了物品名称，并且用了正确的量词，就由幼儿充当下一轮手拿口袋提问的人，或者给幼儿一个小奖品。

第二，教师要帮助幼儿正确理解词义。其中，很重要的一条途径就是让词和词所反映的事物同时出现。例如，每当带幼儿散步经过灭火器时，教师就在一旁说："小朋友们，这是用来灭火的工具，叫灭火器。"几次之后，幼儿自然而然就知道这样的东西都叫做灭火器了，而且知道灭火器是用来灭火的。教师还可以借助图片、录像、多媒体课件等直观材料，给幼儿提供词汇的直观信息，辅助幼儿正确理解词义。例如故事《月亮姑娘做衣裳》中，有这样一句话"凉风吹得她有点冷，她就撕了一块云彩裹在身上"。幼儿对于其中的动词"裹"理解有困难，教师就可以准备一张裹着云彩的月亮图片，生动形象地展示"裹"的词义。

第三，教师应鼓励幼儿大胆运用新词，而对于幼儿错用或误用词汇，教师更应采用恰当的方式反馈与引导，切忌直接指出错误打消幼儿表达的积极性。如幼儿说："周末妈妈带我一边去动物园，一边去超市。"对于这种用词错误，教师要先对幼儿的表达表示理解，然后用正确的表达方式暗示幼儿，如"哦，你是说周末妈带你去了动物园，还去了超市"，并且教师还可以刻意将连词"还"读出重音。

三、幼儿语法的发展

语法是由一系列语法单位和有限的语法规则构成的。幼儿语法系统(主要是句法)的发展，呈现以下规律和特点。

(一)由不完整句到完整句

儿童最初的句子结构是不完整的，句子成分常缺漏主语或宾语。比如，幼儿说“老师，吃饭”，其实他是想说“老师，我要吃饭”。还有的幼儿说“我要抱”，其实他想说“我要妈妈抱”。儿童的不完整句大多发生在2岁以前，2岁以后逐渐能说比较完整的句子。并且，完整句的数量和比例随年龄增长而增长。有研究表明，2岁儿童的简单句中完整句占64%，而6岁幼儿则占98%以上。

(二)由简单句到复合句

幼儿期主要使用简单句，随年龄增长，复合句所占比例逐渐增加。但到幼儿晚期，复合句的比例仍然在50%以下。幼儿使用的复合句中，联合复句(如并列复句)出现较早，大概在3岁少量出现，偏正复句(如因果复句、假设复句、转折复句)出现较晚，大概在4岁以后。幼儿使用的复合句缺乏连词，结构松散，仅由几个单句并列组成，如“幼儿园朋友多，我喜欢幼儿园”。幼儿在3岁时开始使用极少数连词，随年龄增长有所增加，但直到6岁，使用连词的复合句仍不多，仅占复句总数的四分之一左右。

(三)由陈述句发展到多种形式的句子

幼儿最初掌握的是陈述句，且整个幼儿期，陈述句是最主要的句型。然后，疑问句、祈使句、感叹句等非陈述句逐渐发展。例如，李宇明的研究将儿童疑问句的发展划分为四个阶段：萌芽期、产生期、发展期、完善期。他认为3岁以后幼儿的疑问句进入完善期，各种疑问句式都逐渐出现。特别是4岁以后，原因问句大量使用，出现了较多的“求解性”问句，如“什么叫愉快啊?”

但在整个幼儿期，幼儿对被动句、反语句、双重否定句等形式复杂的句子仍难以正确理解。

(四)由无修饰句到有修饰句

幼儿最初使用的简单句是没有修饰语的，如“宝宝睡觉”、“汽车走了”等。有的语句即使有修饰语，也是当作一个词来使用，如“大西瓜”、“小白兔”等。朱曼殊等学者的研究发现，2岁儿童句子中有修饰语的仅占20%左右，3岁已达50%以上，到6岁时上升到91.3%。

针对以上幼儿语法发展的规律和特点，幼教工作者在对幼儿实施语法教育时应注意以下几个方面：

第一，在教育活动和日常生活中鼓励幼儿完整表达。比如，当幼儿说“老师，牛奶”时，教师可以帮他把话说完整：“老师，我要喝牛奶。”并让幼儿重复一遍。教师也可以引导幼儿说：“老师没听清楚，刚刚是谁说想喝牛奶啊？”若幼儿直接回答“我”，教师可以进一步启发幼儿说：“那请你完整地说清楚，好吗？”教师要切忌幼儿没有表达完整或清楚时就“心领神会”或是“包办代替”。

第二，通过游戏引导幼儿学习新的句式或巩固句式表达。例如，大班听说游戏“盖楼房”。

案例分析

大班听说游戏：盖房子

玩法与规则：

(1)将幼儿分成两组进行盖楼房比赛。

(2)请幼儿用“××越×越×”的句型说一句话，讲得正确又不重复同伴内容的，就可以盖一层楼房。

(3)哪组楼房盖得高，哪组就获胜。

(此游戏也可以替换练习其他句型)

第三，在幼儿已能将语句表达清楚完整的基础上，教师可以适当鼓励幼儿给句子加入修饰成分，让语句表达更加生动形象。例如，在看图讲述《兔子搬家》中，教师可以提出问题：“天空发生了什么变化，你们猜猜接下来会发生什么？”鼓励幼儿用恰当的语言描述天空的变化，比如有的幼儿在教师的启发下，说出“黑黑的天空中飘着几朵乌云，马上就要下大雨了……”

四、幼儿语言运用能力的发展

语言运用能力的发展是幼儿语言发展的一个重要方面。幼儿的语言运用是指幼儿在学习和获得语言的过程中不断操作和使用语言进行交流的现象。幼儿在语言交流过程中发展语言运用能力，主要表现为如何运用适当的语言形式表达自己的交往倾向，如何运用适当的策略与他人交谈，如何根据不同情境的需要运用适当的方法组织语言表达自己的想法。

重视儿童语言运用能力的发展，是近年来国际儿童语言教育领域的一个共同趋向。

有关儿童语言运用的理论一致认为：早期儿童语用技能的获得是在儿童与他人交流互动过程中，逐渐形成和发展起来的。由此可见早期儿童语言运用能力的发展，很大程度上取决于儿童所处的教育环境，良好的语言教育环境和师生积极有效的互动促进了儿童语用能力的获得和发展。

以布鲁纳为代表的社会交往学说研究的正面证据显示，人们经常可观察到成人在与儿童进行语言交往所使用的语言对儿童语言习得的影响。不同教育环境中的教师是儿童语言发展的重要他人，教师在语言教育活动中的教育观念、教学策略和活动设计以及教师在活动中使用的言语特点都将直接影响儿童语用的发展。

我国有关幼儿语言运用发展的研究起步较晚，成果还不够丰富。我国教育部 2001 年颁布的《幼儿园教育指导纲要(试行)》明确提出“儿童语言能力是在运用的过程中发展起来，因此，发展幼儿语言的关键不是让幼儿强记大量的词汇，而是创设一个能使他们敢说、想说、有机会说并能得到积极应答的环境”，并强调“要利用图画书、绘画和其他多种方式，促进幼儿早期阅读能力的发展”。这是国家第一次以教育法规的形式明确地提出重视儿童语言运用的要求。我国幼儿语言运用发展的几个特点：

(一)语言运用的清晰度越来越高

幼儿早期运用语言会借助更多的手势和表情等。随着年龄的增长，语言发展逐步完善，幼儿语言运用也就更加清晰，语用水平就越高。

(二)语言运用的交往倾向类型逐步扩展和增加

幼儿的语用交往倾向类型呈现不断增加的过程。比如，幼儿早期只会交流出现在眼前的事物，后来逐步学会交流想象情境中的事物，或者是过去、将来发生的事情。

(三)语言运用的敏感性和灵活性不断发展

随着年龄的增长，幼儿在语言运用过程中感知语言交流环境的敏感性和语言运用的灵活性。研究发现，4 岁幼儿就能根据听话人的能力调节说话内容。比如，当他在向 2 岁儿童介绍一种新玩具时，话语简短，多用“看着”、“注意”等词引起和保持对方的注意，说话时自信、大胆、直率。对成人说话时则话语长、结构比较复杂，表现较有礼貌和谨慎。由此可见，幼儿可以根据语言交流环境变通语言内容和方式，更灵活自如地运用语言来产生不同的交往效果。

为了更好地发展幼儿的语言运用能力，幼教工作者可以从以下两方面入手：

第一，创设支持性语言环境，对幼儿各种需求和行为做出反应，激发幼儿运用语言进行交流的积极性。正如《幼儿园教育指导纲要(试行)》(以下简称《纲要》)中所说：“创造一个自由、宽松的语言交往环境，支持、鼓励、吸引幼儿与教师、同伴或其他人交谈，体验语言交流的乐趣。”

第二，面向全体幼儿，注重个体差异。幼儿的语言发展具有非常明显的个体差异。

因而，教育工作者应关注每一位幼儿的语言发展，多与幼儿进行个别交流，让每一位幼儿都有交流和表达的机会，提高每一位幼儿的语言运用能力。

思考与练习

请根据《幼儿园教育指导纲要(试行)》中的幼儿语言教育的目标与内容及指导要点，评价案例中的两位教师的幼儿语言教育观念。

案　例

红鞋子（一）

幼儿：老师，你看我有新鞋！

教师A：啊！真的。好漂亮！

幼儿：还有小豆豆！

教师A：什么小豆豆？

幼儿：是啊！小豆豆！你看，在旁边(指鞋上的扣子)！

教师A：(恍然大悟)啊！你是说有扣子！扣子、扣子、扣子。

幼儿：(感到有趣跟念)扣子、扣子、扣子。

教师A：对了，扣子。你会不会自己扣上？

幼儿：不会，可是我会自己穿鞋子。

教师A：呀！你。

幼儿：对啊！我会穿鞋，把脚塞进去，袜子变成红红的。

教师A：啊，我看到了，脚弄痛了没(有)？

幼儿：不痛，我脚全是汗，所以鞋子的红颜色跑到脚上了！

教师A：回家脱鞋子时，脚变成红红的。

幼儿：(若有所思地笑)对。红红的，好像穿上红鞋上床了！(又笑)妈妈会骂我说：我把脚弄得红红的！

红鞋子（二）

幼儿：老师，你看我有新鞋！

教师B：是的。我看见了。很漂亮！告诉老师新鞋是什么颜色的。

幼儿：(稍停)红的！

教师B：说对了，再看看你鞋子边上那个叫什么？就是那个！（老师指着扣子）

幼儿：会留下红印子。

教师B：我不是说这个，我是问那个东西叫什么！（又指扣子）

幼儿：不知道。

教师B：那叫扣子。“扣子”会不会跟着我说？

幼儿：帮我扣起来。

教师B：老师刚才说的那个奇妙的字叫做什么？

幼儿：（稍停）老师，帮我。

……

教师B：帮你做什么？

幼儿：帮我扣起来。

教师B：（虽未显出不悦，但仍固执地要幼儿说）那个叫什么？我刚才告诉你的。

幼儿：（沉默不语）

教师B：（耐心地）刚才老师告诉你的，那个叫做什么？“扣子”，那是扣子！

幼儿：扣子！

（当老师替他扣好扣子，幼儿即一言不发地跑开了。）

第三节　幼儿不良语言行为的矫正

语言能力是人类智能机构中最重要的基础能力之一，是未来许多能力得以发展、成熟的先决性条件。但是幼儿在语言发展的过程中，由于受到先天或后天因素的影响，幼儿或多或少会存在一些不良的语言行为。根据人类心理学发展关键期的研究结果来看，这些行为的矫正最好在幼儿期进行早期干预与教育。

一、发音困难或发音不准

（一）原因分析

发音困难是指幼儿不能准确发出某个单音节的读音。随着发音器官的成熟，以及听觉系统及大脑机能的发展，幼儿发音能力不断提高，4岁以上的幼儿能够掌握本民族语言的全部语音。这时，由于自身发音系统的异常或方言的影响，就会出现发音困难问题。

1. 生理因素

(1)发音器官发育不够成熟。3 岁左右的幼儿由于生理不够成熟，不能恰当地支配发音器官，不能正确掌握发音部位和发音方法，存在发音错误。因此，在教学中，教师应该充分发挥成人语言的榜样作用，尽量做到发音正确，吐字清晰和语言规范。不仅让他们学会发音还要让他们懂得怎样发音，要着重帮助幼儿更好掌握发音部位和发音方法，可以用儿歌、绕口令等方法，引导他们多做发音练习。在日常生活中要幼儿努力做到发音清楚。

(2)舌根系带过短。所谓的舌根系带，就是人的舌筋。我们口腔内舌下面的黏膜薄而平，反折时与舌下区的黏膜相延续，此时在舌中间形成舌根系带，就是我们常说的舌筋。舌根系带过短，会影响发音。常表现为舌不能自由前伸，具体表现在舌头伸出后不能碰到上唇、舌头在口内不能顶到上腭、舌头伸出后呈 M 字形、或者舌头伸出后有小沟。当然，舌根系带到底有没有过短，只有正规口腔专科医师才能检查诊断。

(3)疾病影响。首先主要的是先天生理缺陷，如先天性唇裂和腭裂、牙齿缺失或畸形以及舌根系带过短等情况都会造成发音不准确。其次，是后天疾病所致，孩子小时候因病致使高级神经系统受损，或是由于头部外伤，使大脑的语言运动区受损，或因听力受损等情况造成听不准音，孩子无法正确模仿，以致说话不清。

2. 环境因素

环境的影响也会造成孩子说话发音不准确。一个只讲方言的地区，孩子出生后一直听着方言长大，学起普通话来自然不佳。孩子周围的成人说普通话不够标准，甚至含糊不清，那么孩子说话也就会受到影响。值得提醒的是父母应该在孩子小时候就注意纠正孩子说话和发音，如果学说话初期不注意纠正，那么时间一久，孩子很容易形成习惯，发音不清晰就不容易纠正。

(二)治疗或训练矫正

1. 舌根系带过短的疾病的治疗

据有关医院通过手术实践研究，认为手术最好在 1 岁以内或 6 岁以前。3~6 岁儿童在手术中会在舌根系带外进行麻醉。术后只要保持口腔清洁，经常漱口。一般一周后就可拆线。但是并不是做过手术，发音就一定会准确，也有部分舌根系带过短者虽经手术，口齿仍不清晰，其术后的训练是非常重要的。因为人类完成语言表达是一个十分复杂的过程，须依靠大脑和中枢神经系统、口腔、鼻腔等诸多器官共同完成。而口齿不清一般主要是舌卷音和舌腭音含糊，所以应加强这方面的语音训练，这样会起到事半功倍的效果。盲目剪掉舌根系带会对孩子造成伤害。一般情况下，小儿舌根系带的发育多数是正常的。有些幼儿在婴儿期发现舌根系带前部的附着呈紧张牵拉状态，这只是暂时性的生理现象，而并非是真正的舌根系带过短。随着年龄的增长和乳牙的萌出，舌根系带会逐渐松弛，舌的活动度也会变得更加灵活。

2. 发音困难或发音不准的训练与矫正

幼儿学说话的过程是一个模仿的过程。除了唇音能完全模仿外，如舌音等需成人耐心演示后幼儿才能正确掌握的。成人可以准备一张汉语拼音发音图，仔细指给幼儿看，发音时各器官该处于什么位置，舌头该怎么放。等幼儿有了感性认识后，学起话来就事半功倍。对于大多数幼儿来说，口齿不清只是语言发育过程中的一个正常的生理现象，如遇到幼儿将“东”发成“公”、“高”发成“刀”、“裤子”发成“兔子”等情况时，我们应意识到随着发音器官进一步完善，这样的现象逐渐会得到改善的。研究表明，唇音和舌根音发育最早，而舌尖前音及舌尖后音发育较晚，如 zh、ch、sh、r 一直要到 4~5 岁时才能发育成熟。在教育活动中，教师要坚持以普通话教学，在日常生活中，幼儿家长也要积极配合，为幼儿创设良好的语言环境，以促进其语言的良好发展。

二、口吃

口吃是语言的节律障碍、说话中不正确的停顿和重复的表现。幼儿口吃，部分是生理原因，更多是心理原因所造成的。口吃一般出现在 2~4 岁。2~3 岁一般是口吃开始发生的年龄，3~4 岁是口吃的常见期。

(一) 成因分析

1. 发育性口吃

幼儿在 2~3 岁学习说话时，由于言语功能发育不成熟，掌握词汇有限，说话太过紧张，想的比说的快，就不能迅速选择词汇，造成口吃，这是言语发育的正常现象。出现这种情况，家长和教师不要指责、训斥，以免加重幼儿心理紧张。应该耐心倾听幼儿讲话，并带着他慢慢地说。

2. 模仿性口吃

模仿是幼儿学习的最重要的方式，幼儿模仿口吃的人，不自觉地养成习惯，形成了口吃。这时，家长和教师应采取“忽略”的方法，口吃的情形会逐渐减少。

3. 社会性口吃

主要是精神刺激(如家庭不和、父母离异、受到了强烈的惊吓等)引起恐惧、焦虑、愤怒等紧张情绪的结果。这时，家长和老师要多给其温暖和关怀，不要提出不切实际的要求和期望，尽量减少和消除引起精神紧张的因素；消除其自卑的情绪，鼓励幼儿树立信心，多接触他人，创造与人言语交流的机会；进行语言训练，逐字逐句模仿，由易到难，逐渐掌握讲话流利的规律；避免嘲笑或模仿，避免惩罚或歧视，不要强行纠正，否则会使幼儿心理更为紧张，使口吃更为严重。

(二) 口吃的矫正与教育指导

成人对幼儿口吃存在误区，以为幼儿口吃的现象会随着年龄而减轻，实际上对于幼儿口吃的治疗越早越好，如果延误治疗，错过了最佳的治疗和训练时期，幼儿口吃反而会将变得更加严重。主要教育干预方法有：

1. 节拍训练法

孩子说容易结巴的语句时，您可以打拍子，打一拍说一个字，一字一字慢说，也可以利用音乐节拍伴奏练习。这样的节拍训练往往会收到立竿见影的效果。可以玩拍手歌：小/青/蛙，宽/嘴/巴，唱/起/歌/来/呱/呱/呱。白/肚/皮，绿/衣/裳，游/泳/跳/高/本/领/大。

2. 角色扮演法

教师与幼儿扮演角色说话，幼儿也就忘掉了自己的“口吃”，让幼儿借游戏之机，扮演某一角色，使他感到不是自己在说话，而是“角色”在说话。以后再逐渐地转移到日常用语中来，口吃也就会不知不觉得到了矫正。例如在《小熊过桥》这首诗歌的朗诵时，可以让幼儿扮演“小熊”或“鲤鱼”，体会儿歌节奏的角色对话。附：《小熊过桥》小竹/桥，摇/摇/摇，有只/小熊/来过/桥，立/不稳，站/不牢，走到/桥上/心乱/跳。“妈妈，妈妈/快来/啊，快把/小熊/抱过/桥！”头上/乌鸦/哇哇/叫，桥下/流水/哗哗/笑，河里/鲤鱼/跳出/水，对着/小熊/高声/叫：“小熊、小熊/别/害怕，眼睛/向着/前面/瞧！”一、二、三，走过桥，小熊/过桥/回头/笑，鲤鱼/乐得/尾巴/摇！

3. 正确示范法

教师或成人用一种和蔼温柔的表情和态度，从容不迫地说出一句话，让幼儿跟节奏学习讲话。幼儿开始如果讲不好，切忌急躁，应耐心引导。幼儿稍有进步，马上赞扬鼓励，让孩子对说话不会产生畏惧。例如：小白/兔，白又/白，两只/耳朵/竖起/来，爱吃/萝卜/和青/菜，蹦蹦/跳跳/真可/爱。

4. 唱歌朗读法

教师可以有意识地和孩子一同唱歌、背绕口令、念儿歌，口吃的孩子在唱歌或朗读儿歌时并不口吃。这是因为这种语言活动中的节奏感所致。让幼儿在朗读中掌握语言的节奏，再一点点地过渡，引导治疗。许多幼儿歌曲和儿歌中都有大量重复的句子和反复地句式，有利于幼儿掌握语言节奏，学会流畅的表达。例如幼儿歌曲《春天来》：春天/来，春天/来，花儿/朵朵/开；红花/开，白花/开，蜜蜂/蝴蝶/都飞/来。又如，幼儿歌曲《碰一碰》：找一个朋友碰一碰，找一个朋友，碰一碰，碰哪里？鼻子碰鼻子！既可以按节奏朗读，也可以按歌曲节奏歌唱。

三、语言交往障碍

幼儿语言运用是指幼儿在学习和获得语言的过程中不断操作和使用语言进行交流的现象，主要表现为幼儿运用适当的语言形式表达自己的交往倾向，如何运用适当的策略展开与他人的交谈，如何根据不同情景的需要运用适当的方法组织语言表达自己的想法。一般来说，入学前的幼儿，在与成人的长期交际过程中，口头语言已经有了很大发展，掌握了一定数量的口头词汇，这些词汇足以保证儿童与成人的正常交际，他们能运用简短的语句来表达思想，并且具有一定的连贯性，但是由于环境、教育等条件的影响，幼儿语言交往能力在发展中也会存在一些障碍。

(一)成因分析

1. 方言影响，不愿开口或听不懂别人的话语

我国是多民族国家，各地方言众多，有道是：十五里地就有一种方言。不少幼儿出生后即随父母或成人使用方言进行交往，在3岁进入幼儿园后，幼儿园普遍使用普通话开展教育教学活动，有部分幼儿会出现听不懂普通话，或由于自己的方言别人听不懂而出现语言交往障碍。具体表现为两种障碍：一是发音障碍，别人无法正确接收。表现为幼儿不能使用普通话或普通话不标准，造成发音怪异，使别人无法听清或听懂其所说的内容。“听”是一个接收、理解、存储语言信息的循环往复的过程，首要环节就是言语知觉阶段，即对句子的声音模式进行分析。由于幼儿发音存在问题，这一环节就出现阻滞，“听”的过程无法继续，因而形成障碍。二是接收障碍，幼儿听不懂别人说话的语音。对来自幼儿园的老师、小朋友发出的语音指令、协商、提问、问候等语音信号无法接收，无法做出相应的语音接收和信息内化。

案例分析

不愿说话的她①

可可小朋友是个性格内向的孩子，无论什么活动都不积极、不主动，有时甚至站在一边，不敢靠近。无论提出什么问题，气氛多活跃，她一向扮演的是观众角色。在一次活动课上，我示意让她起来回答，可喊她名字三次，她都无动于衷。还有与人交流时从来不说普通话，记得一次放学时，她妈妈来接她，她用土话和我说：“老师，再见。”我故意和她说：“可可，你说什么？我没听见啊！”并亲切地恳求她：“再和老师说一遍好吗？”当时可可难为情地看了看我，什么都没说，就跑开了。

2. 缺乏语言交往的环境或条件

有的幼儿由于入园焦虑、分离焦虑或感觉在幼儿园生活无趣时，会出现不愿与人交谈的现象。特别是有的幼儿，在家时言语鲜活，活泼可爱，在幼儿园却胆小、谨慎，不

① 摘自网络：http://www.chinazhaokao.com/tuijian/49579.html。

愿交谈。甚至有幼儿在说话表达时紧张不安，造成暂时“失语”的现象，这是由于幼儿缺乏相应的听说训练，自信心不足，造成幼儿当众进行言语交往时紧张畏惧。

3. 缺乏语言运用的技能

为了能够与同伴和成人进行顺利的交往、交际，幼儿需要一定的语言知识和技能。但是，幼儿由于心理和生理发展水平的限制，幼儿在交际过程中对语言的操作表现出明显的不成熟。例如，幼儿的语言简略、丢音、换音较多，音调较高，很多话语不符合语法规则，他们使用具体、形象的词汇较多，抽象词汇少，词不达意的现象时有发生；语言重复较多，使用的句型以疑问句、祈使句为主；为了弥补言语表达的不足，他们常在交际过程中不断使用手势和身体动作等非语言手段，幼儿常用改变音调和音高等方式表达自己的交流意图，倾向于用同样的声音、同样的语调模式表达同一意思，幼儿这些不成熟的因素在一定程度上影响了他们与他人言语交往效果，他们说出的话可能不易被人理解。

（二）矫正建议

1. 学说普通话

普通话已成为中国的通用语，学会普通话，幼儿即可与外界进行广泛的沟通。特别是 4 岁之前，在幼儿能用本民族语言或方言进行日常交际的基础上，要求幼儿学说普通话，如果不抓住这段有利的时机让幼儿学说普通话，那么 4 岁之后，当幼儿的民族语音或方言音已基本定型时，若再想让他们学习普通话的音节就比较困难了。年龄越小，学说普通话的效果越好。因此，在儿童有话要说，有话可说的情况下，应鼓励幼儿说普通话。为幼儿提供多种内容和多种学习活动，使他们普通话水平得到提高。一般可从三方面着手，一是以普通话语音为标准，对方言与普通话的发音和声调有差别的字词，进行重点的辨音和发音训练；二是区别普通话与方言相同内容的不同表述，学习规范的普通话；三是独立运用普通话交谈，回答提问，朗诵诗歌、散文和讲述故事等。

2. 创设语言交往环境(物质、心理)，激发幼儿的说话动机

研究表明，幼儿在没有与成人交往，只与实物接触的环境下，10 天才能学会的东西，在与成人交往的情况下，一天即可掌握。说话就是表达，表达是需要内部动机的。言语动机就是推动幼儿说话的内部驱动力，它表现为幼儿渴望表达自己的思想感情，想说、敢说、喜欢说。幼儿有了想说的愿望时，言语活动就会表现出很大的自觉性和独立性，从“要我说”变成“我要说”，而幼儿的语言交往能力也就在积极的言语活动中得到锻炼和发展。利用各种开放性问题不断刺激幼儿的思维，使幼儿有话可说。对幼儿游戏、活动、生活中发生的一些问题，让幼儿来讨论解决办法，例如针对教材《老消防车的新工作》、秋天主题中的《树叶》等，设计提问“你还能为老消防车找到哪些工作呢?”“还有哪些小动物会来捡树叶？他们会用树叶做什么呢?”等，让幼儿自由想象，帮助幼儿学会多角度看问题，并组织语言表达自己的意见。还可利用日常空间设计一些问题，如“如果你是魔术师你会做些什么?”“国庆节要来了我们怎样布置教室?”等，帮助幼儿活跃创造性思维，运用语言进行表达，促进幼儿语言运用能力的发展。

案例分析

为幼儿创设语言交往的游戏情境①

案例背景：

2~5岁是幼儿语言发展关键期，充分利用关键期，为幼儿“创造一个自由、宽松的语言交往环境，鼓励幼儿与同伴或老师交谈，体验交流的乐趣，学习使用适当的、文明的语言交往。”在这一教育理念的指导下，我不失时机地为幼儿创设语言交往的环境，让幼儿在情境中，更加容易理解和掌握交往语言，进而会去运用语言交往。

案例实录：

情境一：我和你做朋友

今天的数学活动是学习3以内数与量的匹配，我为孩子们准备了人手一张的数字卡和实物卡，请拿着实物卡的幼儿去找拿着相同数量卡的幼儿，找到了还要说：“我有3个苹果，我们都是3，我和你做朋友。”闫吕祎拿着两条鱼的卡片，找到了聂可欣，聂可欣拿着数字2，闫吕祎对聂可欣说：“我是2个鱼，我们做朋友吧。”聂可欣说：“不对，你是2条鱼，我是数字2，我们是朋友。”然后手拉手走到我面前，让我看看对不对。

情境二：比高矮

今天的数学活动是学习比较高矮，我给部分幼儿发一些同伴的照片，请他们找到照片上的同伴，然后礼貌地邀请他和自己比高矮。辛栋蔚找到了曹津铱，高兴地说：“曹津铱，我拿的是你，我们来比一比。”张智钦拿的是李俊承昊的照片，找到昊昊之后却什么也没说，拉着昊昊的胳膊让昊昊转过去，自己站在昊昊背后比了比。我看到后对张智钦说：“你可以对他说‘李俊承昊，我们俩比比个子好吗?’”张智钦小声地学了一遍，我赞许地对张智钦竖了竖大拇指。

案例分析：

情境是指对学习新知识和新能力产生影响的各种情况。本学期我的研究重点就是创设情境培养幼儿的交往能力。以往的数学活动，基本上是教师先组织集体活动，然后幼儿操作材料或完成作业单。我打破了以往的惯例，让孩子们在游戏情境中学习，同时鼓励他们用语言进行交流，这样的活动使得幼儿学习的积极性更高，在游戏情境中运用了数学知识，同时也发展了幼儿的语言交往能力。

---

① 案例来自空军西安蓝天幼儿园王冬梅。

《幼儿园教育指导纲要(试行)》中指出:“教师应成为幼儿学习活动的支持者、合作者、引导者。”还指出:“善于发现幼儿感兴趣的事物、游戏和偶发事件中所蕴含的教育价值,把握时机,积极引导。”这就要求老师留心幼儿的日常生活,抓住教育教学的契机。从以上的情境与片段中发现,只要给幼儿一定的环境,他们会在其中得到很好的发展,他们会与人商量着做事情,在得到允许的情况下做事。老师创设的情境,为幼儿提供了表现与讨论的机会,幼儿也显得更加积极与主动,在轻松自然的状态下交流沟通,情感在此得到满足,也提高了幼儿的语言交往能力。

案例反思:

交往是一种社会机制,是人际关系的反映。幼儿交往的过程应该是自愿的、轻松愉快的。因为他们在与友伴交往中,地位是平等、互惠的。在教育活动中我发现,善于交往的幼儿性格是乐观的,心情是愉快的;而不懂得交往的幼儿,性格显得压抑、孤独。因此,培养幼儿交往的技能是合作的基础。

从幼儿的心理发展规律来看,幼儿在言语情感、行为等方面,都已表现出一定的合作倾向。如果我们能正确训练,幼儿就会在各方面表现出更强的合作性。根据幼儿的这些特点,我们注重环境的创设,积极创造温馨和谐的环境,充分提供幼儿自由交往的机会。

“幼儿的生活就是游戏。”幼儿在身体和心理上各种机能仍未成熟,因此游戏是这个阶段幼儿的主要活动,我们如果能真正做到“一日生活的游戏化”,它就可以为促进幼儿身心全面发展提供最优条件。

3. 加强幼儿的“语言运用技能”的学习

语言运用技能的发展是幼儿语言发展的一个重要方面,幼儿的语言运用技能是在言语交际过程中表现出来的,为了能够与同伴和成人进行顺利的交际,幼儿需要掌握一定的语言运用知识和技能。幼儿的语言运用技能一般从语言操作能力、对交际外部环境的感知能力和心理预备能力三个方面进行考察。

(1)语言操作能力。它是指交际双方根据交际的实际需要,灵活而有效地调出已有的语言以及与其有关的非语言知识,并恰当地用于交际过程的能力。它包括说话人的语言表达能力和听话人的语言理解能力。例如,有幼儿园为了让幼儿学会真诚地道歉,在幼儿园设置了“握手桥”,它要求幼儿不光要学会“对不起,我错了。”“不好意思,我说错了。”“是我不好,我道歉。”等道歉话语,还在桥的两边提示幼儿可以用“握手”等辅助性语言手段配合交际,往往可以取得意想不到的交往效果。还有幼儿园要求幼儿向老师或长辈问候时,除了要说“您好”、“欢迎您”外,还要求幼儿要用眼睛看着长辈或来访者，或用“鞠躬”、“招手”等非语言的动作、表情加以配合，养成幼儿掌握良好的“语言+非语言”式的交往语言操作技能，提高语言交往的效果。

(2)对外部环境的感知能力。感知言语环境的外部环境的能力，就是对言语交际情景的诸多要素的敏感性和根据需要实现其语言转换的能力。它包括对交际对象本身特征的敏感性，对实际交际情境变化的敏感性和对交际对象反馈的敏感性，如在角色游戏中，出于游戏的需要，幼儿必须以角色的身份出现，用角色的口吻表达自己的愿望与情感。如在“娃娃家”游戏中，如果扮演妈妈的幼儿对同伴态度不好，同伴就会提出抗议：“妈妈说话是很轻的，不是你这样的。”于是，“妈妈”或会与之辩白：“我是假妈妈。”或改变自己语言输出方式，尽力去模仿妈妈温柔地说话，体贴地照顾孩子，并友好地与周围人交往，语言技巧在游戏交往中自然地得到了实际锻炼和运用。

(3)心理预备能力。如果交际双方没有交往动机、愿望，不具备交流信息的必要知识储备，就难以产生交际行为或者已产生的交际行为也难以维持。所以，言语交际行为的顺利完成还有赖于交际的双方对言语交际的心理预备能力的提高。这类心理预备能力包括交际双方调解自己的情感、兴趣、动机并使之指向言语交际行为的能力，对同一语题的保持能力和对有关交际内容知识的组织能力等。例如，在《小猴子摘桃》这个故事中，讲述的是一群小猴子跟着妈妈上山摘桃，沿途要钻过一个山洞、走过一座独木桥，最后到达山坡的桃树下摘桃。教师可以设置一个综合语言游戏，设定的活动目的为：学习句型“你不推、我不挤，一个跟着一个钻(走、摘)”。还可以让幼儿戴上头饰扮演小猴，教师扮演猴妈妈，与幼儿一起来到“山洞”前，猴妈妈开始问：“哎呀，小猴子，前面是什么呀?”“是山洞。”猴妈妈继续：“山洞那么小，我们人那么多，怎么过呀?”这时，幼儿会争先恐后地讲述自己的已有经验：“不要一起钻，一个一个钻!”“不能推别人的!”“也不能挤！要不会碰到头的!”把幼儿的话串起来，就成了本次活动要学习的交际句型。教师可以在幼儿园的许多活动中，激发幼儿交往的动机、愿望，并提高其交往的能力。

个案观察

来自幼儿园教师对一名大班幼儿语言交往能力的观察记录

观察方式：个案观察

观察对象：李治儒

观察周期：2010年9~10月

一、个案基本情况

教师方面：李治儒，活泼好动，性格开朗，平时很喜欢帮老师和小朋友做事情。但一直以来与其他幼儿的战争不断，他也不是主动打人，但只要妨碍他，他从不用语言却总用行为来解决问题，因此他的朋友很少。另外自控能力差，别人不让他做他想做的事，他控制不了自己。另外他特别喜欢动，跑跳的时候总是又急又快又危险。

家长方面：孩子在家很调皮，经常把家里弄得乱糟糟。孩子脾气倔强，别人批评他时就不理人，所以我们都顺着他，依着他。

个案生活背景：孩子平时基本是老人带，老人对他百依百顺，比较宠爱，想管好孩子但是一见孩子生气就软下心来，顺着孩子。

二、观察与教育记录

2010年9月13日　　星期一

晨间活动小朋友们在玩“找朋友”的游戏，当老师说：“三人一组”的时候，李治儒积极地向朱沈裁冰跑去，没想到朱沈裁冰把他推开另外找了自己的两个好朋友，而他偏偏光往这组插。一来一去，别人都拉好手了，就他落了单，当时就撅起了小嘴巴，叉着腰，用脚跺了两下地，其他幼儿看见了哈哈地笑了起来，这更惹恼了他，他便挥着拳头向讥笑他的幼儿打去，嘴里还说：“叫你笑话我，打死你！”老师见了拉开他，让他冷静了一会儿，问他：“你认为打了那些笑话你的小朋友，就会有小朋友和你做好朋友了吗？”他想了想皱着眉摇了摇头。“遇到问题别急，动动脑筋，打人可不行，你好好想想。”听老师说完，他挠挠头，接着点了一下头，说了句：“嗯！”接着老师拉过了他的手说：“我来做你的朋友，咱们两个人一组。”后来的游戏中老师经常和他一组，再叫其他幼儿加入，所以他再没有落单过。

情况分析：幼儿在游戏和活动中，会遭遇同伴有意或无意的阻碍，像上面李治儒找朋友被拒绝或者受到其他幼儿的批评嘲笑，这样的事件往往让幼儿很生气，引起的是幼儿直接的攻击行为，我们应该让幼儿明白解决问题的真正方法。

2010年9月20日　　星期一

今天在玩接力游戏的时候，李治儒跑得特别快，在与后边的小朋友交接的时候停不住，一下子撞到了朱沈裁冰的身上，这下朱沈裁冰不乐意了，两个人打了起来。老师见状很快将两个人拉开，看着两个气呼呼的小家伙，老师让两个人先在一旁冷静。过了一会老师见两人都安静了下来，问明了原因后问李治儒：“你觉得这件事是谁的错？”他还有点不服气：“我不是要撞他的，他打我的脸了！”朱沈裁冰更委屈地说：“他先撞的我。”老师说：“李治儒，的确是你先撞的人呀！”“那——对不起！”小家伙涨红了脸，朱沈裁冰接着说了句没关系，两人之间好像也不像刚才那样横眉冷对了，于是老师还让这两个“敌人”

相互进行了一场接力比赛，很快这两个人就又开始了游戏。

情况分析：幼儿在活动中，会发生无意碰撞，不小心影响到了他人，幼儿面对这样的状况，不会解决，导致其处理争执的方式要么打起来，要么告状，从而引起不必要的冲突，这是典型的幼儿由于语言交往能力欠缺造成的冲突。在成人的世界里，如果我们不小心影响到别人，会说声“对不起”来解决问题，然而幼儿往往要么不会说“对不起”，要么很不情愿地去说“对不起”。这些都可以造成幼儿间很多不必要的争执，应当注意培养幼儿的礼貌习惯。

拓展阅读

我国儿童言语障碍发病率逾4%①

在中国3~6岁儿童言语障碍发病率已超过了4%，然而针对儿童言语康复训练的机构却屈指可数。在日前由上海市国际医学交流中心发起的“妈妈加油”公益项目上，儿科专家强调说，儿童言语发展障碍问题要早发现、早干预，并且长期坚持语言训练，这才是确保成功的康复之道。

中国言语障碍儿童的数量将倍增。一份来自上海新华医院的报告显示：3~6岁儿童的言语障碍发病率至少为4%~6%。这些言语发展障碍的儿童，包括自闭症、智力障碍、听力障碍、单纯的言语发展障碍等各种状况，与环境与遗传因素相关，但具体病因仍不明。

复旦大学附属儿科医院李慧萍介绍说，在发达国家言语发展障碍儿童，一般从出生18个月开始得到诊断，一直持续至小学阶段，整个童年期间都会进行言语治疗干预。由于言语发展是一个综合复杂的过程，与感觉运动、认知理解、社交情感这三大方面的能力发展密切相关，所以干预的方法也是综合的，包括言语构音治疗、语言认知训练、社交游戏活动，感觉统合与肢体运动训练等。

上海国际医学交流中心负责人指出，儿童言语障碍的干预是一个长期的过程，美国每年花费在言语沟通康复的费用多达上千亿美元。然而，中国言语障碍儿童的家庭，80%是自行承担康复训练费用，而有相当一部分家庭由于经济能力不足，无法承担孩子的言语康复训练。鉴于目前国内专门从事儿童言语康复训练的机构凤毛麟角，言语发展障碍儿童的家长所面临的压力和困难很大。如果这些家长能在早期认识孩子的问题，尽早寻求专业机构的帮助，并掌握一些言语康复训练的技巧，会让他们减轻压力，更好地帮助孩子康复。

① 陈青：《我国儿童言语障碍发病率逾4%》，载《文汇报》2015年8月10日。

思考题

1. 什么是语言？什么是言语？语言与言语有何区别？

2. 请记录一段幼儿园的教师与幼儿的谈话或对话，分析其中的“语言”和“言语”。

3. 各年龄段幼儿语言发展在语音、词汇、语法及语言运用方面有何特点？在教育中应注意哪些问题？

4. 为什么说“重视儿童语言运用能力的发展，是近年来国际儿童语言教育领域的一个共同趋向”？请联系个人成长经验谈谈语言运用能力的重要性。

5. 幼儿常见的不良言语行为有哪些？应该如何矫正？

第九章　幼儿异常行为的教育诊断

学习目标

1. 本章导学：行为是人类在生活中表现出来的生活态度及具体的生活方式，是对外界环境做出的能动反应。幼儿的异常行为涉及幼儿生活和学习的诸多方面，对幼儿的健康快乐成长构成了极大的威胁。异常行为儿童在幼儿园并不多见，但一旦出现了，会给幼儿园和家庭带来许多的麻烦。及早发现与识别异常行为儿童，对其行为的矫正与治疗及其人格与社会性发展，都起着重要的作用。

2. 教学重点、难点：了解异常行为的含义，常见异常行为的表现，异常行为的矫正方法。

3. 教学课时：4 课时。

第一节　幼儿的异常行为

案例分析

雨欣，今年 4 岁，性格很内向，独立性很差。早上入园总是哭闹，也不让老师抱。习惯一人缩在墙角或门后，不喜欢参加集体活动，也不爱讲话。吃饭时，不端碗，喜欢趴在桌子上，老师叫时总是哭。上课时，她总是躲在一边，活动中她也是一人玩，不和其他小朋友交往。在组织活动中，不管老师怎样启发她也不跟着做。她在家有时也这样，性格很内向。不过你和她熟悉之后，她便会和你说话，嬉笑。其实，雨欣是一个很让人喜欢的漂亮小女孩，只是有点孤单。

案例分析：

雨欣是一个典型的独生子女，与外界交往较少。由于生活的压力，平时家长忙于工作，忽视了孩子心理的需求，对孩子的关心与照顾也较少。在幼儿园的集体生活中，暴露了一些异常的行为，如不爱说话，行动缓慢与退缩，不合群。①

专家建议：

1. 幼儿园方面

(1)用爱感化她幼小的心灵。早上入园，雨欣都让妈妈抱着进班，在接待时，老师把她抱进怀里，让她感受到同样的爱——老师像妈妈一样地爱她。活动时她喜欢独处，老师可以拉着她的手和她笑笑，说说话。鼓励她大胆地说，同时要求她要坐到小朋友中间，让她感受到与小朋友在一起游戏的快乐。

(2)加强注意力的训练。把她安排在老师顾及到的地方，在各项活动中多注意她的表现，看看她或摸摸她的头，多培养她的注意力并多给予表扬。让她感受到老师时刻在关注她。逐步培养其耐心，专注的习惯。

(3)在游戏中培养集体感。在每次的游戏中，雨欣都很认真地听，但就是不做。有意让她和老师或其他小朋友一起进行表演，让她感觉到小朋友也很喜欢她，逐步喜欢集体活动。

2. 家庭教育方面

(1)创设适宜环境进行交流。在家里，父母与她多交流，告诉她幼儿园里的生活很好玩。老师像妈妈一样的爱她，让她在心理上想上幼儿园，喜欢老师和小朋友。

(2)多与大自然接触。要求雨欣的父母平时多带她到外面与同龄孩子玩耍。让她多接触外面的环境，开阔眼界，培养她多种兴趣，为她提供宽松的环境。引导她与他人相处要有礼貌。对她做错了事，不要大声斥责，要心平气和地和她说明，教给她正确的方法。

(3)重视不良社会因素的影响及时进行教育。孩子辨别能力较差，对于周围环境的不良行为都会给孩子带来巨大的冲击。如嘈杂的地方尽量少去，有暴力行为的电视剧不能让孩子看，要给她提供舒适的生活环境。

什么是异常行为？若从异常心理学的角度来看，对于其的理解将是一个比较复杂的概念。在本章中，我们认为异常行为是相对于正常行为中的偏差行为而言的，是由轻度发育障碍而引发的行为。例如，自闭症、多动症、口吃、行为障碍、学习障碍等常见的

---

① 案例来源：http://new.060s.com/article/2008/10/22/136336.htm。

问题行为即异常行为的范畴。对于异常行为的幼儿，由于病因不确定，但有些轻微的病症，会随着孩子年龄的增长，异常行为会慢慢地消失或者症状减轻。因此，作为家长和医务工作者，不要过早或轻易对幼儿的行为下结论。教师的责任就是对行为异常的幼儿采取正确的教育方式，以逐步矫正其异常行为。

一、异常行为的传统判别维度

在现实生活中，我们常常看到或听到有关异常心理和行为的专门术语，如“人格分裂”、“精神分裂”、“神经过敏”、“癔症”等。这说明大众对行为异常有个粗略的认识，但为了更好地区分，可以从三个维度来判别异常行为。

（一）心理机能的不平衡

心理与行为是密不可分的整体，心理的异常往往可以通过异常行为反映出来。心理活动中的认知和情感共同组成整个心理机能，两者处于两个维度上，相互作用才使得人能够保持一个正常的精神状态。若两者之中的任何一方占据了主导地位，就会造成心理机能的失调，从而造成行为的异常。比如一个人对一切都表现得十分乐观，对任何事物都表现出良好的自我感觉，但个人情绪极不稳定，稍有挫折就会失去信心，当事情有了转机时，烦躁的心情就会好转。传统意义上这个人很可能被划入躁郁性精神躁狂症的范畴。然而，心理机能的不平衡不足以作为评判心理障碍的唯一标准。因为心理失调引发的症状被认为是在一个连续的维度上，而不是浅显地观察到的症状出现或不出现。

（二）个体的痛苦感

心理障碍和行为异常与内心的矛盾冲突有关。也就是说，一个人的内心感到极端痛苦，就符合异常心理的标准。这是传统意义上判别异常心理和行为的一个重要指标，此指标所蕴含的医学意味很浓，也就是将医学意义上的躯体病痛替换成个体内心的痛苦感。个体痛苦感这个指标并不具有广泛的代表性，因为人们在社会环境中生存，难免会遭遇一些痛苦，这不可能改变。

（三）非常态的行为和非社会认同行为

就统计学意义上来说，异常是任何来自统计学的平均数的偏离。有很多异常行为发生的频率很低，但因为偏离了正常值，就成为了异常。

传统意义上的异常心理与行为的判断标准从医学、法理学、生理学等方面给出了异常行为的评判标准，从单一维度来评估行为显然是不专业的，也会遇到各种各样的麻烦，但从以上三个维度综合考虑，也会在很多问题上出现两难的冲突。所以希望传统意义的判别方法对于异常行为的界定起到一个积极的参考作用。

二、常见的异常行为

虽然医学上目前很难将异常行为的根源解释清楚，但是我们可以根据一些显而易见的行为表现去判断幼儿的行为是否异常。下面介绍几种常见的异常行为，以便给幼儿园教师在实际的工作中提供参考。

(一)自闭症

一般以社会性障碍、交流障碍、想象力障碍及由此产生的特定行为模式的先天性脑功能障碍。自闭症源于脑功能障碍而非心理性因素。

社会性障碍的行为表现：对他人缺乏关心，经常独自一人玩；缺少目光接触；不能很好地理解他人的情绪；缺少表情变化等。

交流障碍的行为表现：无法对话；重复对方说话的内容；不理解别人的语言；被叫到名字也不做出回应等。

其他行为表现：喜欢转圈；摇晃身体；喜欢斜眼看人；不善于玩过家家等象征性游戏。

(二)多动症

一般以多动、注意力不集中为主要症状的中枢神经系统的发展障碍，产生原因无法确定。由于从小就受到周边负面的评价，很容易产生抑郁和自卑，这也可能导致他们被其他幼儿欺负或嘲笑等。

多动的行为表现：无法安静下来；说话过多；来回奔跑；喜欢爬高上梯等。

注意力不集中的行为表现：开小差；发呆；容易被外界刺激吸引，注意力容易分散；经常遗忘或丢失东西等。

(三)学习障碍

医学上的定义是指那些在“读、写、计算”等方面存在问题的儿童。教育界的定义，是在医学定义上加了“听、说、推理”这三个方面。

行为表现：无法理解应用题；会念出字，但不明白是什么意思；知道一个词，但找不到它的近义词；无法理解对方说的话；无法表达自己的思想等。

(四)轻度智力障碍

智力障碍是指智力商数(IQ)的得分在平均线以下(IQ≤70 或 IQ≤75)。在交流、生活自理、社会交往等方面存在或多或少的缺陷。

(五)口吃

口吃是一种口语障碍，特征是频繁地重复或延长声音、音节或单词，或频繁出现停顿，以致破坏讲话的节律。口吃多在幼儿期发生，也最容易在幼儿期得到纠正。如果在幼儿期得不到及时纠正，口吃也可能伴随终生。

(六)其他行为障碍

1. 退缩行为

在无特殊原因的情况下，表现出特别胆小、害怕，不愿意与小朋友交往，遇到陌生人和进入陌生人的环境中就退缩。此类幼儿常常拒绝上幼儿园。

2. 不良习惯

经常吸吮手指、咬指甲、咬衣襟，有时则表现为经常摆弄生殖器。

3. 过度焦虑

这类幼儿对外界事物较一般幼儿反应敏感，特别是对陌生人和陌生的环境表现出惶恐不安。多度焦虑的幼儿常说头痛、呼吸急促、咽喉堵塞或肠胃不适。

4. 暴怒

对愤恨或不满以戏剧般性格爆发来表现。发作时，幼儿异常激动，如尖叫、挥动手臂、用力踢脚、扔东西、哭骂、摇头和其他愤怒的过火行为。

第二节　幼儿异常行为分类

一、异常行为的分类

在幼儿中多见的异常行为大致可以分为以下六大类。

(一)情绪化行为

这类幼儿多表现出情绪不稳定，浮躁多动，注意力不集中，分心走神，容易冲动和激动。

(二)抑郁行为

此类幼儿具有神经质焦虑，自闭倾向或孤独倾向，态度消极被动，心情压抑，自觉无能，多幻想或做白日梦，有疑心病。

(三)攻击行为

此类幼儿多反抗权威，暴怒或狂暴地发泄不满，苛求别人，常搞恶作剧，爱捉弄人，喜欢制造冲突，好打架。

(四)退缩行为

此类幼儿恐惧失败，常逃避责任或不完成作业；有严重的嫉妒心，很霸道、专制，经常啼哭畏缩和胆怯。

(五)堕落行为

此类幼儿有偷窃行为，极端残暴，有破坏行为，好说谎，性行为异常，如暴露欲、经常手淫，行为古怪，冷漠无情。

(六)心因性心理症状

遗尿、失眠、噩梦、夜惊、厌食、吸吮手指等都属于心因性心理症状的范畴。

二、常见的行为异常儿童评估标准

(一)自闭症(孤独症)

自闭症的诊断标准：

(1)通常起病于3岁(36个月)以内；

(2)人际交往障碍，至少须具备下列中的两项症状：

①极度孤独，明显缺乏社会情绪反应，不能与别人(包括父母亲)产生正常的情感交流；

②不能用注视、表情、姿势或手势进行交往；

③不能与其他儿童建立伙伴关系，对集体游戏缺乏兴趣，不能对集体的欢乐产生共鸣；

④遇到挫折或疾病时，不会寻求支持或安慰；当别人遇到挫折时，也不会主动给予支持或安慰。

(3)言语障碍，至少须具备下列中的两项症状：

①言语发育延迟或不发育，例如不会牙牙学语，可有以手势或其他形式来代替言语交流的倾向；

②刻板重复一些词语，而与环境或正在进行的活动无明显联系；

③言语的声调、速度、节律、重音等方面异常；

④言语的理解能力明显受损；

⑤2 岁以前言语功能发育正常，但 2 岁后出现障碍，甚至完全不会讲话。

(4) 兴趣和活动异常，至少须具备下列中的一项症状：

①兴趣刻板、狭窄（如专注日期、广告、气象报告等）；

②对某种东西特别依恋；

③强迫性地进行某种特殊的仪式性行为；

④刻板重复的动作和姿势；

⑤对某些东西（如玩具）的非主要部分特别感兴趣（如对气味、表面感觉、产生的噪音等）；

⑥对个人生活环境不愿或拒绝作任何变动。

(5) 排除儿童精神分裂症、Asperger 综合征、Heller 综合征和 Rett 综合征。

自闭症的早期诊断较为困难，尤其在 2 岁以前，主要因为：患儿的表现在 2 岁以前可能不明显；多数家长认为孩子的行为异常和语言落后会随着年龄的增长而有所好转；非儿童精神专业的医务人员对本病的认识不足。对此，建议使用婴幼儿孤独症筛查量表进行筛查，对可疑患儿应该转介到有关专业机构进一步确诊。

(二) 多动症

多动症的诊断标准：

(1) 注意障碍，至少有下列四项：

①学习时容易分心，听见任何声音都要去探望；

②上课很不专心听讲，常东张西望或发呆；

③做作业拖拉，边做边玩，作业又脏又乱，常少做或做错；

④不注意细节，在做作业或其他活动中常常出现粗心大意的错误；

⑤丢失或特别不爱惜东西（如常把衣服、书本等弄得很脏很乱）；

⑥难以始终遵守指令，完成家庭作业或家务劳动；

⑦做事难以持久，常常一件事没做完，又去做别的事情；

⑧与他说话时，常常心不在焉，似听非听；

⑨在日常活动中常常丢三落四。

(2) 多动，至少有下列四项：

①需要静坐的场合难于静坐或在座位上扭来扭去；

②上课时常做小动作，或玩东西，或与同学讲悄悄话；

③话多，好插嘴，别人问话未完就抢着回答；

④十分喧闹，不能安静地玩耍；

⑤难以遵守集体活动的秩序和纪律，如游戏时抢着上场，不能等待；

⑥干扰他人的活动；

⑦好与小朋友打斗，易与同学发生纠纷，不受同伴欢迎；

⑧容易兴奋和冲动，有一些过火的行为；

⑨在不适当的场合奔跑或登高爬梯，好冒险，易出事故。

(三)精神分裂症

精神分裂症的诊断标准：
①起病于2.5岁以后和14岁以前；
②思维不连贯，讲话内容上下句没有联系；
③思维内容奇特古怪，乱讲乱说，脱离实际，甚至达到妄想程度；
④感知障碍：例如有视幻觉或听幻觉等；
⑤情感不协调，无故哭笑或焦虑、恐惧不安；
⑥表现孤僻，不与人来往，兴趣减少；
⑦言语不正常：如语言减少，重复讲话或模仿言语等；
⑧动作行为改变；
⑨已排除脑器质性精神障碍、感染性精神障碍、中毒性精神障碍和精神发育迟滞；
⑩病程至少3个月。

(四)儿童躁狂症

儿童躁狂症的诊断标准：
(1)症状以情绪高涨或易激惹为主要特征，而且相当持久。
(2)具备下列症状中的四项：
①语言增多或滔滔不绝；
②意念飘忽，思维奔逸；
③多动、精神运动性兴奋；
④易激惹，好打架，冲动，破坏行为或反社会秩序行为；
⑤注意力不集中，随境转移；
⑥夸大自己的能力；
⑦自我感觉良好，感到头脑灵活，身体特别强壮，精力充沛，不知疲劳；
⑧睡眠减少；
⑨首次发作，情绪障碍至少持续两周；
⑩应排除感染、中毒、脑器质损害或药物所致的情绪障碍。

(五)儿童抑郁症

儿童抑郁症的诊断标准：
(1)症状以抑郁情绪及行为为主要特征，且相对持久。
(2)首次情绪障碍至少持续两周或更长时间，且至少具备下列症状中的四项：
①对日常活动丧失兴趣，失去愉快感；
②诉述疲乏，软弱无力；

③活动减少，动作缓慢或呆板；
④食欲缺乏或明显的体重减轻；
⑤失眠、早睡或睡眠过多；
⑥自责或感到自己一切不如别人；
⑦不愿上学；
⑧成绩下降；
⑨反复出现死亡的念头，或有自杀意念和行为；
⑩应排除感染、中毒、脑器质性损害或药物所引起的抑郁症状。

第三节　幼儿异常行为的矫正

当前，有自闭症、多动症、注意力分散和情绪障碍问题的孩子越来越多。许多家长错过了孩子干预治疗的关键时期，造成终生的遗憾。抓住儿童发展的关键期进行感觉统合训练，有极其重要的应用价值和非常紧迫的现实意义。根据感觉统合发展规律，6岁之前是感觉统合发展的重要时期，也是感觉统合训练的最佳时期，所以6~10岁是感觉统合失调的最佳治疗期。如果家长与教师在儿童6岁之前就发现孩子的异常对孩子进行有针对性的训练就会有很大的改观。

越来越多的儿童出现多动、注意力分散和情绪障碍问题。经过医学鉴定，这些孩子的问题并不全是由某种疾病引起，许多是因为孩子大脑的整合功能发育不良所致。这种现象被称为感觉统合功能失调，即外部的感觉刺激信息无法在大脑神经系统中进行有效的组合，孩子的大脑对身体各器官失去了控制和组合的能力而使机体不能和谐运作的现象。这些问题不仅在特殊儿童身上会出现，普通儿童出现的比率也有增加的趋势。许多家长对感觉统合相关问题不甚了解，也很少去关注孩子的感觉统合问题，当孩子长大入学后出现了问题才想着解决，结果错过了感觉统合训练的关键时期。如果我们能够对儿童感觉统合能力的发展有较好的理解，抓住儿童感觉统合能力发展的关键期，给予孩子充分的感知觉刺激和活动机会，做好预防，那么儿童出现感觉统合失调的可能性将大大降低。①

一、自闭症

一般来说，发现有自闭症倾向的儿童，最好送到特殊学校或专业机构进行治疗。在专业机构里，有专业人员采用多种方法，通过情感、认知、行为训练等帮助患儿减轻症状。虽然不能痊愈，但可以增加自闭症儿童的兴趣爱好，提高交往能力。如果症状减

① 莫春梅：《儿童发展敏感期，你不知道的秘密》，载《中国教育报》2015年6月28日第2版。

轻，也可以由教师负责辅助治疗。

(一) 教育训练

一般来说，自闭症儿童都很怕看见陌生人，不会主动开口说话。所以，教师想要帮助他们，首先要取得他们的信任。要想办法使他们感受到老师，并且意识到老师的存在对他们没有威胁。平时可以循序渐进地多表现出对自闭症儿童的关心。比如和儿童平等地相对而坐，用一些他们感兴趣的玩具引发他们的注意；多摸摸他们的脸，主动与他们交流。当他们感受到老师的温暖后，会逐渐建立一种信任，也许他们还不会主动跟老师说话，但可以为以后的训练奠定一个良好的基础。

1. 交往训练

自闭症儿童在集体生活中最困难的事情就是与同伴建立良好的关系。由于他们不爱说话，不愿意与人一起玩，所以其他小朋友也不会去理睬他们了。教师可以鼓励自闭症儿童多参与到游戏中，并告诉小朋友，他们很想跟大家一起玩，大家要主动地多关心他们。另外，自闭症儿童需要更多的时间了解游戏的规则，教师可以事先逐条向他们解释清楚规则，以便他们更好地融入游戏中去。此外，还可以多创造出一些合作性游戏，使孩子们相互间配合着完成游戏，促进同伴间的交流。当自闭症儿童做得很好时，要当众表扬他们的行为，以强化他们的情感体验。

2. 言语训练

对于几乎不开口说话的自闭症儿童，可从语音训练开始，逐步引发他们对声音的关注。比如教他们吹风车、吹小纸条、吹泡泡等。对于偶尔说出少量单词的孩子，可以鼓励其多说，并及时给予表扬。在教育活动中适当多地提供机会，让其想说和多说。如果遇到不愿意说的孩子，教师可以做些示范或口型的提示。如果他们肯配合，就要及时夸奖。这样可以增强他们继续说话的自信心。

(二) 行为矫正

行为矫正主要采用强化和惩罚的策略。如当自闭症儿童表现为大喊大叫、满屋子乱跑、想干什么就干什么时，教师的批评和教育都没有用时，可以采用适当的惩罚。如惩罚他们在活动室站几分钟，直到他们安静下来。而他们在不用督促的情况下稍微有所好转时，就要及时给予表扬或用一些好玩的东西作为奖励。例如，有个儿童不自觉，不遵守纪律，但很喜欢玩积木。若他出现了不合理行为，可以暂时剥夺他想玩积木的行为，告诉他等他表现好了，就可以玩。并用语言提示说，是因为你刚才听了老师的话，遵守了纪律，所以才可以玩的。

在训练过程中，要多注意与自闭症儿童家长的沟通与交流，因为多方面的配合，可以使自闭症儿童的症状减轻很多。

二、多动症

近年来，儿童多动症的问题越来越受到人们的关注。儿童稍微活泼好动点，家长就会担心孩子是不是得了多动症。前面我们介绍了多动症的一些典型行为表现，家长可以用来参考。如果孩子出现了大多数的表现，建议家长找心理医生或专家做进一步的诊断，以免延误了治疗的最佳时机。有时候，大家会将多动等同于好动，教给大家一个简单的方法：无论孩子活动多么过度，当不准许他活动时，能安静下来的可以看作是好动；只是活动过多，而没有注意障碍的，也可以看作是好动。

多动症的治疗虽然比较困难，但也不是不治之症。如果发现及时，治疗措施得当，症状一般都能得到减轻，不会对孩子的性格和智力发展有太大的影响。当然，长时期的综合治疗比较重要，需要教师和家长的积极配合。

(一)药物治疗

一般来说，除非症状十分明显，且严重影响了幼儿的生活，否则最好不要用药。因为用药会出现心跳加快、反胃恶心等副作用。用药前要进行详细的生理和神经系统检查，即便用药也要在医生的指导下进行。如果儿童行为障碍是由先天缺陷引起的，可优先考虑用药物治疗。常用的药物有：

(1)兴奋剂：如右旋苯异丙胺和哌甲酯。用药1~2周后，有显著疗效。

(2)安定剂：如氯丙嗪和硫利达嗪，在兴奋剂治疗无效时可采用。

(3)其他维生素：大量服用维生素，对改善多动症儿童的行为有一定的效果。

(二)行为治疗

主要是训练儿童采用合适的认知活动，以改善注意力，克服分心的行为。其次是通过特定的训练程序，减少儿童过多活动并纠正不良行为，培养儿童的自我控制能力。通过行为指导，当儿童行为趋向良好时应及时予以肯定和表扬，以增强其自信心。对多动症儿童进行教育，要循循善诱，切忌粗暴批评、讽刺打骂等损害儿童自尊心的不良做法。

(三)饮食治疗

儿童多动症与饮食营养关系密切，家长和教师要让孩子好好吃饭。在食物中尽量避免人工色素调味品、防腐剂和水杨酸酯等，限制西红柿、苹果、橘子等。应多食含锌、铁、铜、钙丰富的食物，酌加咖啡因，配合兴奋剂的治疗，可增加疗效。

三、学习障碍

(一)感觉统合训练

感觉统合训练是矫正学习障碍用得最广泛的一种方法。所谓儿童感觉统合能力就是指儿童的感觉在接收信息后，传至大脑，组合成为正确信息的能力。通过一系列设计好的训练，可以帮助孩子增强大脑对接收到的信息的统合能力，这就是感觉统合训练，简称感统训练。例如，对阅读障碍的儿童可设计一些手眼协调的训练，如穿珠子，可以促进大脑半球优势能力的发展，进而提高阅读能力。

(二)学习技能策略训练

学习障碍儿童在学习上存在某些方面的特定障碍，我们可以对这些障碍进行特别训练。例如，用游戏的方式帮助儿童区分特定音节。还可以教给儿童一些即时监控的手段，如让儿童再次重读学习的内容，并不断地问自己正在读的内容是什么，根据学习的结果给予强化。

四、攻击行为

在幼儿园，我们经常见到一些幼儿对其他小朋友很不友好。如看到好玩的玩具就要与人争抢，想要自己独占，不愿意与人分享；还有些幼儿对同伴大打出手。这些是在幼儿园常见的攻击行为，攻击行为在不同的年龄阶段会有不同的表现，在幼儿阶段，主要是咬人、吵架、打架等，这是对他人进行身体上的攻击。大一点的孩子会使用更多的语言攻击，如谩骂和诋毁等。家长和教师该如何帮助他们改正这些不良行为呢？

首先，在幼儿园，给幼儿创设宽松、温馨的环境，不要因无意间的拥挤和碰撞而引发冲突。另外保证玩具的数量，避免幼儿间的争抢。在日常生活中，避免暴力的东西。

其次，家长要以身作则，不要在孩子面前做出攻击行为，更不能因为怕孩子受到欺负而鼓励其攻击别人。看到自己的孩子出手打、抓、踢别人时，要及时制止，绝不能置之不理。

最后，家长和幼儿园教师可以采用多种方法引导幼儿改正不良行为。如转移注意力法、冷处理法、惩罚法、心理安慰等方式逐步矫正幼儿的攻击行为。

五、退缩行为

有些幼儿表现得孤僻、胆怯、害羞，不愿意与人交往，宁愿自己一个人玩，也不愿在幼儿园和小朋友一起滑滑梯，遇到陌生人会赶紧躲避。这些都可以看做是退缩行为的表现。遇到有退缩倾向的幼儿，家长和幼儿教师可以通过下面两种途径去矫正不良行为。

第一，建立良好的亲子关系。良好的亲子关系能使幼儿产生归属感和安全感，促使其建立自信心。家长要表现出对孩子的关系和爱护，看到孩子的优点要及时给予表扬，对于所犯错误要以说服和引导为主。平时，多鼓励孩子与同伴交往，创造机会让孩子做力所能及的事情，适当放手让孩子更独立一些，学习自己管理自己。

第二，游戏法。游戏是幼儿最基本的活动，也是一种独特的实践活动。游戏的设计要根据退缩幼儿的不同情况而定，在家里或幼儿园都可进行。刚开始，可在家庭内部进行。家长鼓励孩子多说话、多参与到游戏中来。当孩子慢慢熟悉这种游戏后，在征得其同意的情况下，可以找一些熟悉的小朋友一起参与到游戏中，以消除孩子与他人交往时的焦虑与紧张。当孩子与熟悉的小朋友玩得很好后，就鼓励其在更多的人面前表演。长此以往，孩子的退缩行为便会得到很好的改善。

六、说谎行为

说谎是指幼儿有意或无意地说假话。一般来说，幼儿是天真无邪的、诚实的，但在实际生活中，幼儿也有说谎的时候。家长和教师要认真区分幼儿说谎的原因，要具体问题具体分析。

首先，家长要以身作则。在平时的生活中，注意自己的言行，不能间接教孩子说谎。其次，不要简单、粗暴地对待孩子犯的错。遇到问题要冷静，以正面教育为主，让孩子明白说谎的不良后果，不要使孩子因想要逃避惩罚而说谎。最后，采用一些方法帮助孩子改正。如有针对性地给孩子讲一些故事，让孩子自己说出自己的想法，帮助其认识到说谎是一种不好的行为。也可借助生活中的实例给孩子讲道理。如果发现孩子有诚实的表现，就及时给予表扬和鼓励，强化其诚实行为。

七、口吃

口吃俗称结巴，是言语节律性和流畅性障碍。一般在幼儿期开始出现，男性比女性稍多。幼儿出现口吃的原因很多，部分是生理因素所致，更多的则是由心理因素引起的。

对于口吃的矫正治疗，先要排除生理上的问题，然后从消除引起幼儿口吃的心理因素下手。第一，消除幼儿的紧张或焦虑情绪。不要过分注意和议论幼儿的口吃，不要嘲笑或训斥幼儿，避免精神上的紧张。如发现孩子模仿口吃，要耐心讲解，鼓励孩子自己改正。对于因缺乏自信而口吃的幼儿，父母可以与其一起唱歌、朗诵，在轻松愉快的环境中纠正孩子的口吃。第二，帮助孩子正确发音，流畅表达。例如，家长或教师先一个字一个字地发音，让孩子模仿，随后让其模仿整句。当孩子发出正确的音时，给孩子一些喜欢的玩具或称赞或亲吻，来强化孩子愿意说的行为。接着可以逐渐提高训练难度，和成人一起慢慢地朗读，即便中间出现了口吃的现象，也要继续鼓励，直到孩子完成全部的内容。

知识链接

幼儿教师应对儿童问题行为的基本策略①

作为一名幼儿教师，最重要的工作就是帮助儿童学习和消化社会规则和期望。儿童在成长的过程中一直在不断地学习哪些行为是可以被人们接受的，而哪些行为是不能被人们接受的。教师对于幼儿问题行为适宜的策略有助于保持儿童的积极行为，消除儿童的问题行为。

一、强化策略

教师在应对儿童的问题行为时，最重要也是最应该优先考虑的策略就是积极强化的策略。教师在使用这种策略改变儿童的问题行为时，应该注意选择恰当的时机。如果儿童在表现出适宜行为时得到成人的积极强化，那么适宜行为就会得到保持。例如，如果一名儿童常常打人，那么教师就应该在这名儿童能用适宜方式和同伴进行互动时，对其进行强化；如果一名儿童平时说话喜欢哼哼唧唧，那么老师就应该在这名儿童能好好说话时，对其进行表扬；如果一名儿童喜欢扰乱集体活动，那么教师就应该在这名儿童能积极参与集体活动时，对其进行肯定。

教师要注意，在使用语言进行强化的时候，语言要有意义，要真诚，空洞的表扬和敷衍都不能传达给儿童积极的信息。此外，教师还要明白，语言并不是进行强化的唯一方式，他们可以通过很多方式在不经意间向儿童表达自己对他们行为的认可，例如一个微笑、一个触摸、一个眼神交流或者一个拥抱都可以告诉儿童，他们的行为是值得赞赏的。这些非言语的强化方式可以起到同语言强化一样的效果。

二、忽视策略

忽视是一个非常有效的策略，但确实也是一个运用起来不是很容易的策略。当某个儿童重复做某些让教师感到生气或者是扰乱课堂秩序的事情时，忽视策略就是一个不错的选择。例如，某个儿童做出某种问题行为就是为了引起教师的注意，那么皱眉、叹气或者其他一些非言语信号就很容易被这类儿童注意到，让他们了解到教师正在关注他们的行为，从而导致忽视策略无效。

① 赵允丽：《幼儿教师应对幼儿问题行为的基本策略》，载《吉林省教育学院学报》2012 年第 8 期。

因此，如果教师要采用忽视策略来消除或者改正儿童的问题行为，一定要注意自身的行为或动作。另外，尽管这种策略有助于消除儿童那些让人生气或者调皮捣蛋的行为，但是教师要记住：要适时地使用强化适宜行为的策略来辅助忽视策略。因为运用忽视法只能让对方减少那些不良的行为，却不能让他出现良好的行为，所以，一旦他的良好行为出现时，教师要给予特别的注意及赞许，这样他才会学到多去表现那些良好的行为。

三、自我控制时间策略

教师应该谨慎地运用自我控制时间策略，它应该主要被运用在当儿童已经伤害或者可能伤害到其他儿童或者他们自己的情况下。而在决定运用自我控制时间策略之前，班里的所有教师应该就持续使用这种策略达成一致意见。同一班级的所有教师需要事先讨论好哪些行为应该使用自我控制时间策略，这种策略应该在哪个地方被开展以及如何运用这种策略等。教师需要清楚的是，自我控制时间策略并不是一种惩罚方式，而是给儿童提供一个时间让他们平静下来，重新控制自己。

四、预防策略

在某种问题行为出现之前，采取一些预防措施是一种很好的策略。然而，要运用预防的策略，成人必须仔细地观察这名儿童，以了解是什么引发了他的这种行为。例如，假如教师注意到，某一名儿童在参与活动时如果不能取得成功就很容易沮丧，然后会把这种沮丧情绪转移到一旁的同伴身上，那么教师就不能错过这名儿童在参与活动时会遇到困难的任何场景。但是，这并不意味着教师这样就能解决儿童的所有问题，而是说这样的话他们就具备了解决问题的技能和技巧。

五、转移注意力策略

针对那些年幼的学前儿童，特别是 2 岁左右的儿童，另外一种有效的策略就是转移注意力。教师可以通过提供玩具或者材料把儿童的注意力从一个活动转移到另一个活动上。2 岁大的儿童还不会与他人分享，也不具备幼儿园要求的一些社会技巧，这就要求教师帮助他们逐渐获得这种技巧。例如一名儿童喜欢吸吮手指，并且在吸吮的时候不参与其他任何活动，那么教师就可以提供一些可以替代吸吮手指的活动来转移儿童的注意力。例如为了确保幼儿园的大多数活动都能让幼儿活动起来，在讲故事的时候，教师可以让儿童配合着故事情节用手和胳膊做手势；或者在幼儿园的课程中多设置一些具有感官刺激的活动，如水、沙子、泥巴、黏土、塑料泡沫、肥皂水等，这都是一些具有独特特性的材料，而这些材料能满足儿童不同的感官刺激体验；另外通过多设计一些新的活动、新的活动区域以及改变活动日程等来进行调整，来重新点燃儿童的兴趣。

六、其他策略

针对一些年龄比较大的儿童，还可以采取讨论策略、创造性的问题解决策略以及光荣榜策略等，因为年龄较大的儿童，认知和社会性都得到了一定的发展，这个时候教师可以采取一些更符合这个年龄段儿童的策略和方法。例如教师可以做一名很好的倾听者，能够倾听儿童、接纳儿童的想法，以及认识到儿童的主体地位。

总之，在塑造儿童的积极行为方面，教师运用的指导策略非常关键。本文简略地介绍了这几种改变儿童问题行为的策略，对于教师在面对儿童问题行为的时候，提供一些建设性的指导意见。但是策略的运用还取决于儿童和问题行为本身，因此，教师要注意：这些策略的运用要基于对儿童和他们行为的一些日常观察之上，从而根据教师自己的判断来决定这些策略是否适合于某个儿童，以及选择的策略用在那种情况下是否合适。

思考题

1. 结合见实习经历，描述在幼儿园发生的异常行为，说明这些行为的典型表现。
2. 如何区分多动症与好动？
3. 设计1~2个游戏来矫正幼儿的多动症。
4. 设计1~2个游戏来矫正幼儿的自闭症。
5. 口吃产生的原因有哪些？如何矫正幼儿的口吃？

推荐阅读

《幼儿问题行为矫正策略》阅读链接：http://wenku.baidu.com/view/a48d330f52ea551810a68791.html。

参考文献

[1][美]安·S. 爱泼斯坦. 学前教育中的主动学习精要：认识高宽课程模式[M]. 霍力岩等，译. 北京：教育科学出版社，2016.
[2][美]贝齐·埃文斯. 你不能参加我的生日聚会：学前儿童的冲突解决[M]. 洪秀敏等，译. 北京：教育科学出版社，2016.
[3]陈帼眉，冯晓霞，庞丽娟. 学前儿童发展心理学[M]. 北京：北京师范大学出版社，1995.
[4]陈帼眉，姜勇. 幼儿教育心理学[M]. 北京：北京师范大学出版社，2007.
[5]陈晶. 关注幼儿园里的“厌食儿童”[J]. 学园，2013(7).
[6][英]理查德·C. 伍尔夫森. 解密幼儿行为[M]. 林丽萍，译. 广州：广东旅游出版社，2006.
[7]但菲. 幼儿心理发展与教育[M]. 北京：高等教育出版社，2011.
[8][美]戴维·H. 乔纳森等编. 学习环境的理论基础[M]. 郑太年等，译. 上海：华东师范大学出版社，2002.
[9][法]弗朗索瓦兹·多尔多. 儿童的利益——学会尊重孩子[M]. 上海：上海社会科学院出版社，2012.
[10]甘剑梅，刘黔敏. 学前儿童社会教育[M]. 北京：高等教育出版社，2013.
[11]高岚. 幼儿心理教育与辅导[M]. 长春：东北师范大学出版社，2003.
[12]韩春，李洁. 婴幼儿行为习惯培养[M]. 北京：中国人口出版社，2004.
[13]韩进之. 教育心理学纲要[M]. 北京：人民教育出版社，2003.
[14]Hoffman. M. L. Interaction of Affect and Cognition in Empathy[M]. New York：Cambridge University，1984.
[15]黄锐. 幼儿行为分析与教育对策[M]. 北京：中国轻工业出版社，2012.
[16][美]Gary D. McKay，Joyce L. MCkay，Daniel Eckstein，Steven. Maybell. 培养孩子的交往能力[M]. 付艳霞，译. 北京：中国轻工业出版社，2002.
[17][美]Janice J. Beaty. 幼儿发展的解读与评价[M]. 郑福明，费广洪，译. 北京：高等教育出版社，2011.
[18][美]加拉格尔. 解释学与教育[M]. 张光陆，译. 上海：华东师范大学出版社，2009.

[19][美]K. E. 艾伦，J. S. 施瓦兹. 特殊儿童的早期融合教育[M]. 周念丽等，译. 上海：华东师范大学出版社，2005.
[20][美]劳拉·E，贝克. 儿童发展[M]. 吴荣先等，译. 南京：江苏教育出版社，2007.
[21][美]劳拉·贝尔克，亚当·温斯勒. 鹰架幼儿的学习[M]. 谷瑞勉，译. 南京：南京师范大学出版社，2007.
[22]李传英，李姗泽. 影响5岁幼儿有意说谎的因素及教育对策思考[J]. 中国德育2008，3.
[23]李桂英. 学前儿童心理发展与咨询辅导[M]. 北京：经济管理出版社. 2012.
[24]李季湄，冯晓霞. 3~6岁儿童学习与发展指南[M]. 北京：人民教育出版社，2013.
[25]李晓文. 学生自我发展之心理学探究[M]. 北京：教育科学出版社，2008.
[26]李艳荣，周燕军. 幼儿故事教学指导与创新实践[M]. 南宁：广西人民出版社，2006.
[27]李燕，赵燕. 学前儿童发展心理学[M]. 上海：华东师范大学出版社，2008.
[28]林正文. 儿童行为的塑造与矫正 [M]. 北京：北京师范大学出版社，1998.
[29]林崇德. 发展心理学[M]. 北京：人民教育出版社，1994.
[30]刘金花. 儿童发展心理学[M]. 上海：华东师范大学出版社，2006.
[31]刘晶波. 师友互动行为研究[M]. 南京：南京师范大学出版社，1999.
[32][美]Eva Essa. 幼儿问题行为的识别与应对[M]. 王玲艳等，译. 北京：中国轻工业出版社，2015.
[33]刘文. 幼儿心理健康教育[M]. 北京：中国轻工业出版社，2008.
[34]刘英. 幼儿进餐教育存在的问题和解决策略[J]. 早期教育(教师版)，2008(1).
[35]罗秋英，周文华. 儿童行为观察与研究[M]. 上海：复旦大学出版社，2011.
[36]马伟娜. 异常心理学[M]. 杭州：浙江大学出版社，2009.
[37]莫源秋. 幼儿园心理卫生保健工作指导[M]. 南宁：广西人民出版社，2005.
[38]莫源秋. 幼儿心理需要与教育[M]. 南宁：广西人民出版社，2011.
[39]莫源秋. 幼儿常见心理行为问题——诊断与教育[M]. 北京：中国轻工业出版社，2015.
[40]庞丽娟. 论教师指导儿童社会性发展的原则[J]. 学前教育研究，1997(3).
[41]裴小倩. 移情训练对帮助5~6岁幼儿学习社会交往技能的有效性研究[D]. 上海：华东师范大学，2001.
[42]秦金亮. 儿童发展概论[M]. 北京：高等教育出版社，2008.
[43]饶淑园. 幼儿心理健康教育与指导[M]. 北京：高等教育出版社，2015.
[44]石娟. 童心解码：0~3岁幼儿常见行为的心理解读[M]. 北京：新时代出版社，2011.

[45]王烨芳. 学前儿童行为观察与分析[M]. 南京：江苏教育出版社，2012.
[46]宋文霞，王翠霞. 幼儿园一日生活环节的组织策略[M]. 北京：中国轻工业出版社，2015.
[47]沈雪梅. 学前儿童心理发展分析与指导[M]. 上海：复旦大学出版社. 2014.
[48]吴美玲. 幼儿社会退缩行为的成因与干预浅探[J]. 福建论坛(社科教育版)，2008(专刊).
[49]徐有为. 幼儿说谎行为的影响因素及管理策略分析[J]. 基础教育研究，2016(11).
[50]David R. Shaffer. 发展心理学：儿童与青少年(第8版)[M]. 邹泓等，译. 北京：中国轻工业出版社，2009.
[51]姚金爽，蔺雪茹. 老师，不是我不爱吃[J]. 早期教育(教师版)，2008(2).
[52]殷红博. 幼儿语言发展关键期基础训练[M]. 北京：中国戏剧出版社，1999.
[53]章永生. 异常心理与行为[M]. 广州：广东高等教育出版社，2008.
[54]赵恩光. 儿童口吃病的矫治原理与方法——谈谈幼儿语言发育中的若干问题[J]. 中国康复，1987(3).
[55]赵喜庆，张海丽. 幼儿心理与行为指导[M]. 北京：中国劳动社会保障出版社，2010.
[56]郑晓边. 现代幼儿心理保育与教育(上、下)[M]. 武汉：武汉水利电力大学出版社，1999.
[57]张明红. 学前儿童语言教育[M]. 上海：华东师范大学出版社，2006.
[58]周兢. 幼儿园语言教育[M]. 北京：人民教育出版社，2004.
[59]周莉. 不同教育环境中教师言语对幼儿语用能力发展影响的研究[D]. 西安：陕西师范大学，2008.
[60]周燕军. 幼儿早期阅读教育指导[M]. 南宁：广西美术出版社，2009.
[61]朱智贤，林崇德. 思维发展心理学[M]. 北京：北京师范大学出版社，1987.

图书在版编目(CIP)数据

幼儿心理行为的教育诊断/肖全民主编.—武汉:武汉大学出版社,2017.6
应用型学前教育专业系列教材/蔡迎旗主编
ISBN 978-7-307-19298-0

Ⅰ.幼… Ⅱ.肖… Ⅲ.学前儿童—心理健康—健康教育—高等职业教育—教材 Ⅳ.B844.12

中国版本图书馆CIP数据核字(2017)第103884号

责任编辑:谢群英　　责任校对:李孟潇　　版式设计:韩闻锦

出版发行:**武汉大学出版社**　(430072　武昌　珞珈山)
(电子邮件:cbs22@whu.edu.cn 网址:www.wdp.com.cn)
印刷:湖北民政印刷厂
开本:787×1092　1/16　印张:14.25　字数:311千字　插页:1
版次:2017年6月第1版　2017年6月第1次印刷
ISBN 978-7-307-19298-0　定价:38.00元